한우 비육과 번식

五星出版社

한우 및 육우 품종

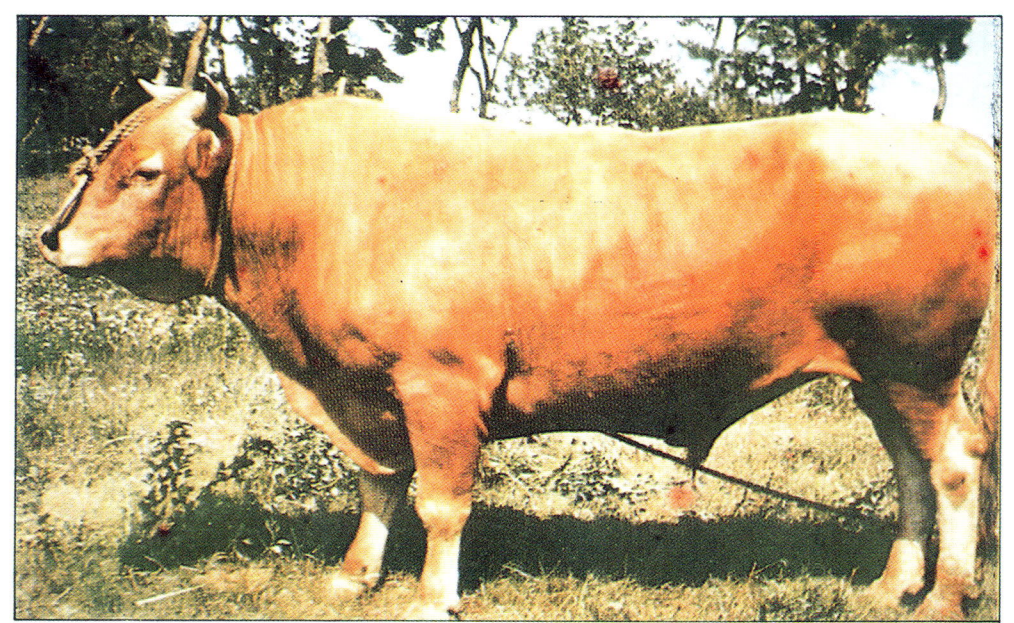

■ 한우(수소)

■ 한우(암소)

■ 애버딘 앵리스(암소)

■ 헤어포드(수소)

4

■ 심멘탈(수소)

■ 샤로레(암소)

■ 쇼트호온(수소)

■ 부라만(수소)

송아지 분만과정

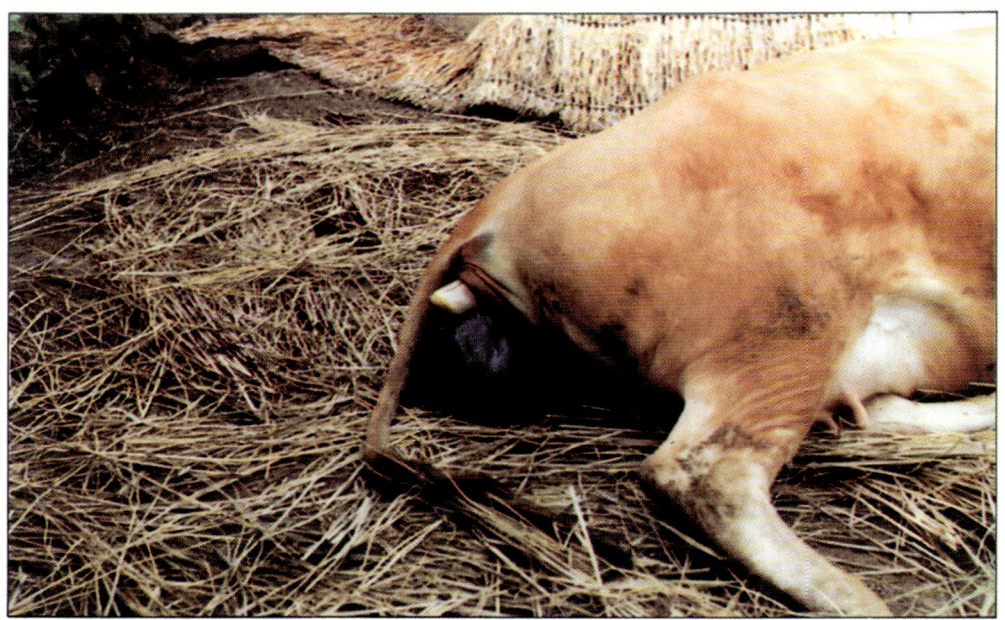

■ 태포와 송아지 앞발이 보임

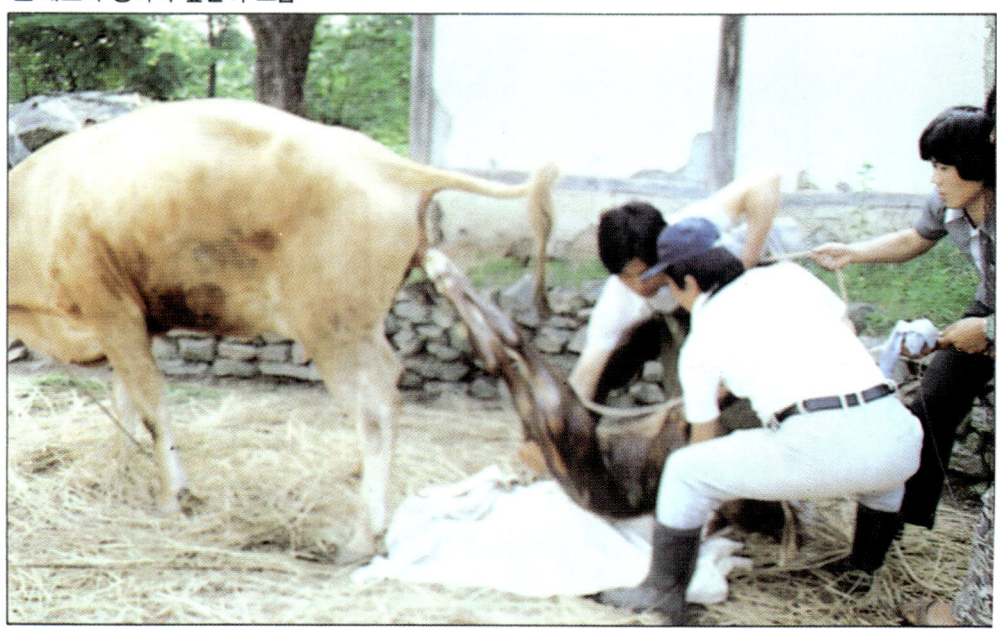

■ 송아지를 조심스럽게 받아냄

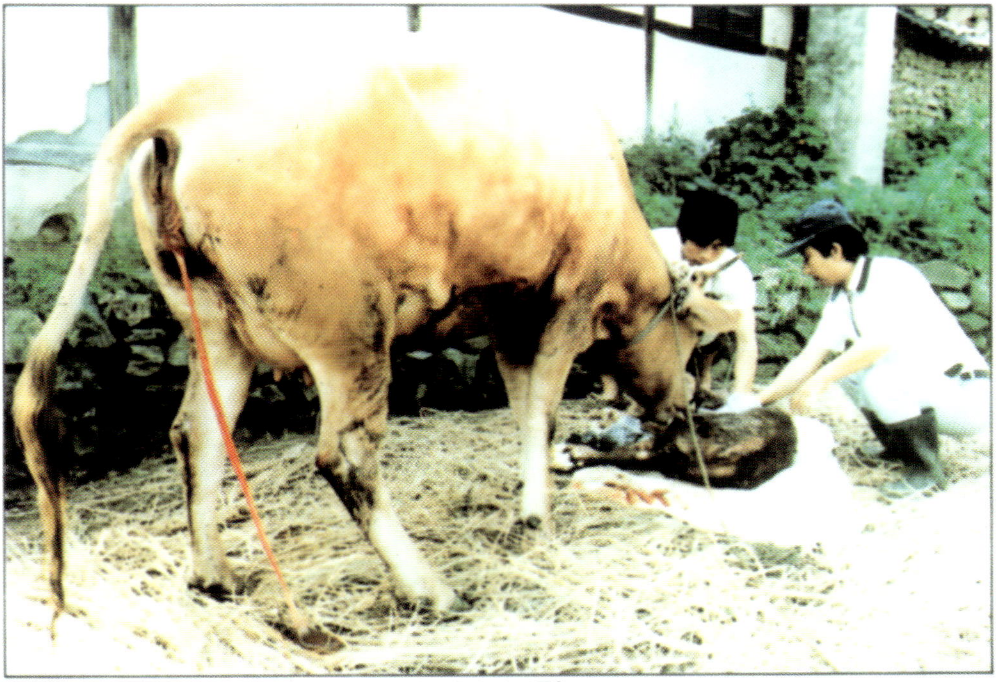

■ 분만된 송아지 점액 닦기(코, 입 주변을 먼저 닦아줌)

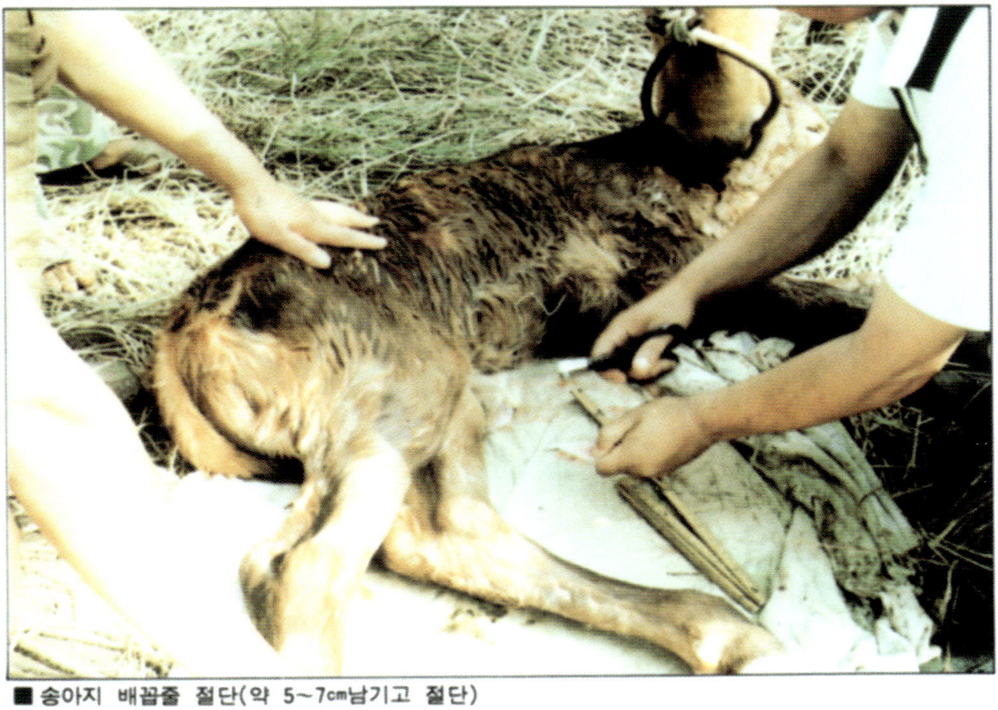

■ 송아지 배꼽줄 절단(약 5~7㎝남기고 절단)

한우와 교잡우의 비교

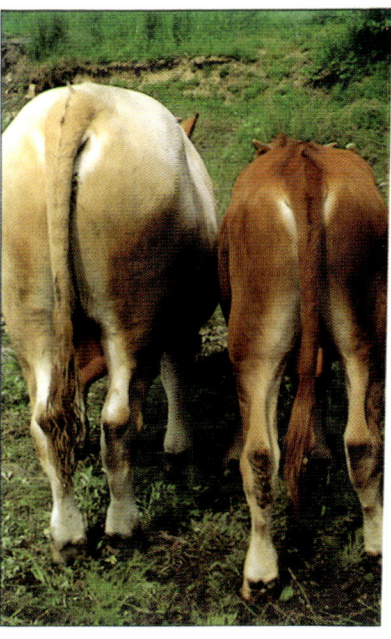

■ 가축 품평회에 출품된 종모우들

소의 체중측정법

■ 우형기를 이용한 체중측정(우형기는 여러 종류가 있음)

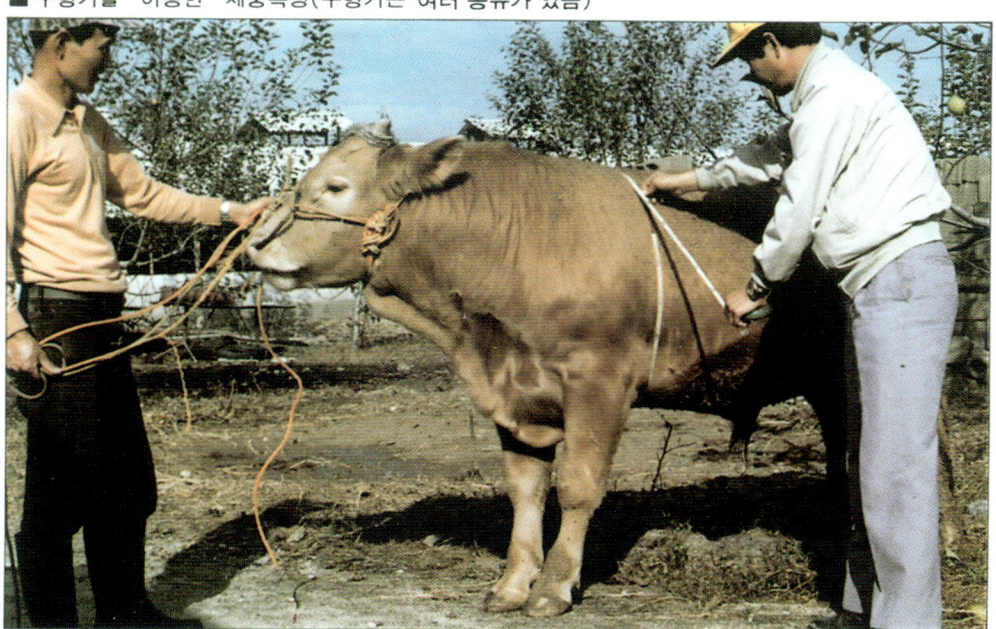

■ 줄자를 이용한 간이 체중측정

기타 관리

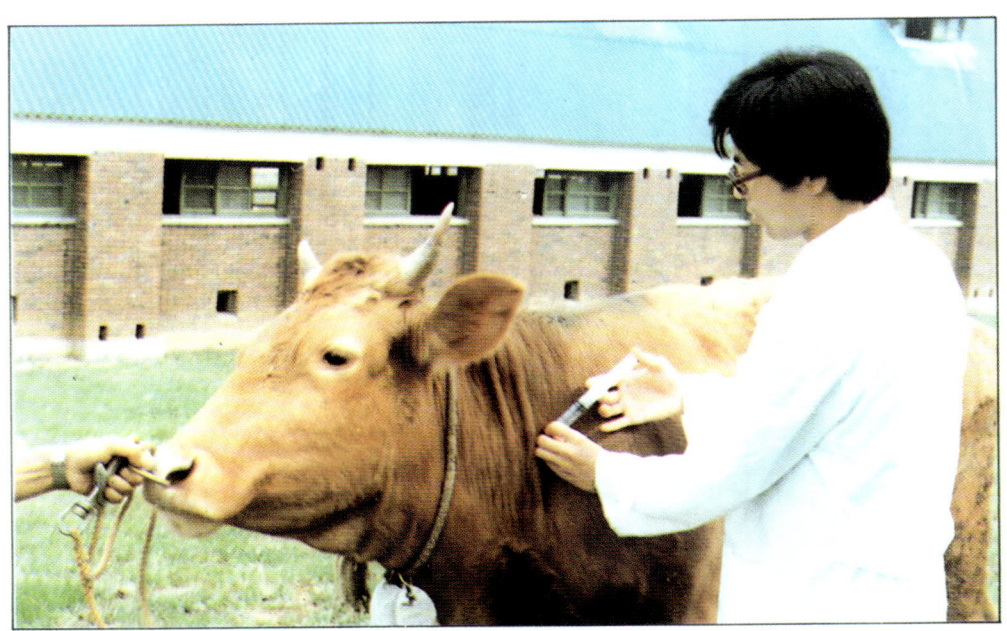

■ 소 예방접종(각종 질병 예방을 위해 적기에 실시)

■ 소 인공 수정(적기 수정을 수태율 향상)

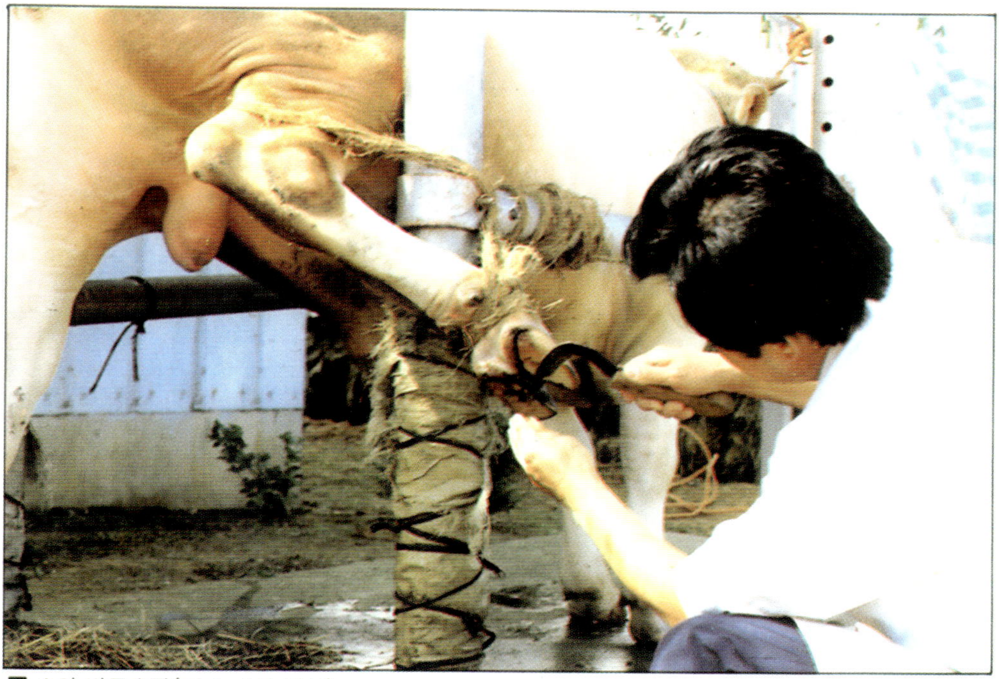

■ 소의 발굽손질(년 2~4회 실시)

■ 비육우 출하(트럭에 싣고 있음)

사료작물재배 및 이용

■ 이탈리안 라이그라스 재배

■ 풋베기용 호밀 재배(답리작)

■ 담근 먹이용 옥수수(황숙기 수확)

■ 옥수수를 이용한 담근먹이 조제

목초의 종류

■ 오차드 그라스⇧

⇩■ 톨 페스큐

■ 화본과 목초의 부위별 명칭

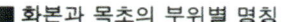

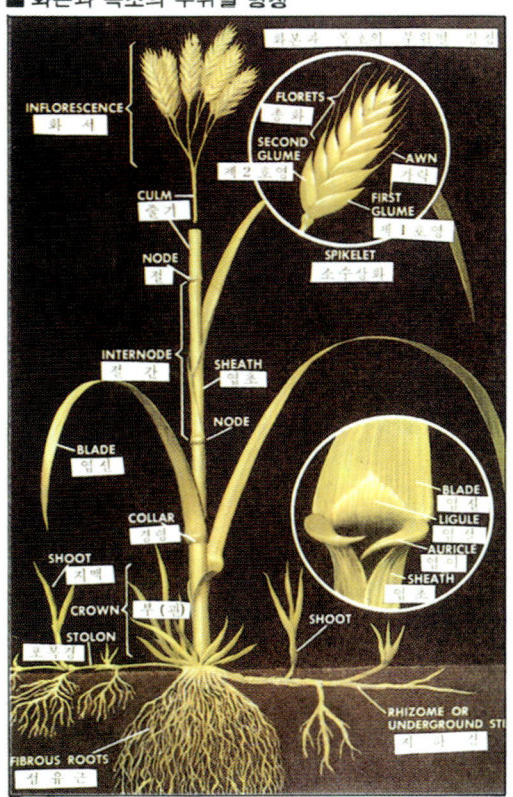

화본과 목초의 부위별 명칭

INFLORESCENCE
화 서

FLORETS
소 화

SECOND GLUME
제2호영

AWN
까락

FIRST GLUME
제1호영

CULM
줄기

NODE
절

SPIKELET
소수(소화)

INTERNODE
절 간

SHEATH
엽초

NODE

BLADE
엽신

COLLAR
경령

SHOOT
지 맥

BLADE
엽신

LIGULE
엽 설

AURICLE
엽 이

SHEATH
엽 초

CROWN

STOLON
포복경

부 (관)

SHOOT

FIBROUS ROOTS
섬 유 근

RHIZOME OR UNDERGROUND STEM
지 하 경

■ 이탈리안 라이그라스⇧ 　⇩■ 화이트 클로버　　■ 켄터기 부르그라스⇧ 　⇩■ 레드 클로버

소의 간질

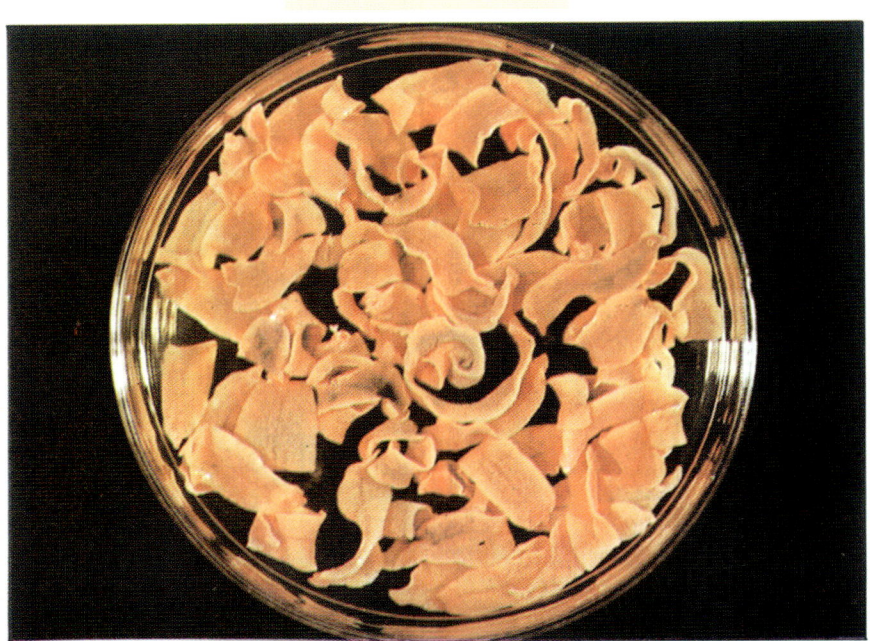

■ 간질 감염소의 담관에서 채취한 간질

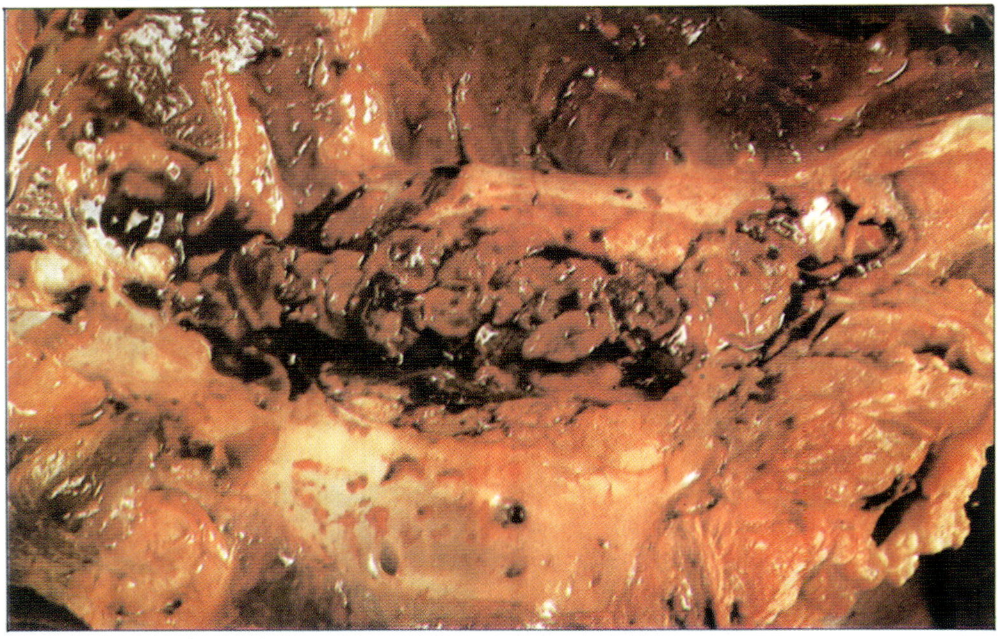

■ 담관안에 기생하는 간질

■ 머리말

한우란 우리나라 농촌에서 기르고 있는 소를 일컫는 말로 특히 예로부터 써레질이나 짐을 운반하는 등 경종농업에 이용된 대표적인 가축이다.

그후 오늘날에 이르기까지 수천년 동안 농업 경영의 형태도 많이 변천하여 농업의 기계화로 각종 농기계가 농가의 일꾼으로 등장하게 되었다.

그 결과 한우는 과거의 농업 형태 역할에서 보다, 역용의 역할이 점차 줄어들게 되었다.

이러한 농업 기계화의 변화에 따라 한우는 역용에서 육용으로 변화하게 되었고 국민의 식생활이 향상됨에 따라 우량형질 선발육성 및 고기소와 교잡하는 등 고기생산능력 향상위주로 개량되고 있다.

한동안 한우의 가격이 높아짐에 따라 많은 농가에서는 한 두마리의 소를 사육하는 소작제도가 있었는데 현재는 소값이 불안정하여 사육을 기피하고 있는 실정이다. 그러나 사육두수의 적정유지 및 가격이 안정되면 한우는 다른 축산업에 비해 농가수익을 올리는데 보다 큰 몫을 차지하게 될 것이다.

요즈음은 여러 품종의 외국 소들이 수입되고 있지만 육용에 있어 한우의 질은 그 어느 품종보다 월등하다고 볼 수 있다.

이 책은 그동안 한우가 역용으로만 이용되어 오던 재래식 사육방법에서 탈피하여 과학적이고 집단적인 육용사육을 할 수 있는데 역점을 두어 서술한 책이다.

특히 한우는 몸이 강건하고 관리하기에 편하므로 초보자나 부녀자, 소년들도 쉽게 관리할 수 있는 이점을 지니고 있어 다른 축산업에 비해 농가육성 보급을 권장하는 바이다.

이 책은 보다 과학적인 비육과 번식을 위해 우사 설계도와 비육우 고르는 법, 사료의 선택 등을 자세히 수록하였으므로 한우 사육자들에게 많은 도움이 되어 보다 효과를 거둘 수 있기를 바라는 마음 간절하다.

편 집 부

차　례

과학적인 다두사육 방법과 축사설계도

한우 비육과 번식

編輯部 엮음

五星出版社

제 1 장   한우 사육 현황

1. 한우와 우리나라 농업

(1) 한우의 유래

한우(韓牛)란 보통 우리나라 농촌에서 기르고 있는 소를 일컫는 말이다. 지금까지의 예를 보면 극히 일부분의 사람을 제외하고는 모두 그대로 소라고 부르며, 다른 외국종과 비교할 때에만 한우라고 하는데, 앞으로는 한우의 우수성을 계속 발굴 육성하여 국내 뿐만 아니라 외국에까지 널리 발전, 육성시켜야 할 것이다.

① 한우의 역사

우리나라에서는 단군신화시대부터 이미 소를 사육한 사실(史實)이 그 시대의 유물 및 화석(化石)에서 나타나고 있다. 비교적 확실한 것으로는 경남 김해 패총(貝塚)에서 발견된 우골(牛骨)로서 약 2,500년 전의 것으로 추정되고 있다. 이 시대에는 이미 소를 농경에 사용하고, 또 고기도 식용에 이용한 듯하다.

삼한시대에는 농경은 물론 승용(乘用)에까지 이용한 사실이 전해지고 있으며, 고구려에서는 소의 도살을 마음대로 하지 못하도록 보호법을 제정하였고, 또 평남 용강군 지운면에 있는 쌍영총 벽화중의 우차의 그림은 그 시대에 이미 소를 교통수단으로 이용한 사실을 말해 준다.

또한 백제 때에는 가축 보호를 목적으로 육부(肉部)를 설치하였고, 무왕(武王) 때에도 불도(佛道)에 의한 살생 금지로 소가 많이 증식된 기록이 있다. 신라 때에는 권농 정책에 의하여 역용(役用)으로 소가 많이 증식되었고, 문무왕 때에는 김유신 장군 등이 고구려 정복에 2,000여 다리의 소를 군량(軍糧) 운반용으로 이용하였다.

고려 때에는 소를 외국에 수출한 사실이 있고 전투용으로 각 지방에 목장을 설치하여 사육하였으며, 특히 소의 사료를 청초기(靑草期)와 고초기(枯草期) 및 암소와 수소에 따라 일정한 표준에 맞추어 급여하였고 또 전구서(典廐署)를 설치하여 소에 대한 사무를 보게 하는 한편 우의방(牛醫方)을 만들어 소의 질병 예방과 치료를 돌보게 하였다.

이조시대에 와서 태조(太祖)는 사축서(司畜署)를 만들었고, 세종(世宗)은 농사직설(農事直說)을 펴내어 소의 거름의 이용을 권장하였으며, 또 세조(世祖)는 양우법(養牛法)을 편찬하여 소의 번식을 장려하였고, 영조(英祖)는 소의 도살금지를 명하여 많은 소가 증식되었다.

그 후 이조 말에 이르러서 수원에 권농모범장(勸農模範場)이 설치되어 근대적 축산이 시작되었는데, 이것은 1906년의 일이다.

② 한우의 계통

한우의 계통은 정확히 알 수 없으나 지금까지 주로 골격 및 체형에 의하여 비교 검토된 것을 보면 대체로 진정우아속(眞正牛亞屬)에 속하는 제부(Zebu), 즉 인도우(印度牛)와 원우(原牛)의 혼혈(混血)로써 성립되었으며, 이 중 원우의 혈액을 가장 많이 함유하고 있는 것이 한우이다. 다음 북부 중국의 장두형(長頭型)·몽고우(蒙古牛)의 순서이고, 구만주의 단두형(短頭型)은 오히려 제부의 혈액이 더 농후하다.

(2) 한우의 중요성

보통 한우라 하면 먼저 경종농업(耕種農業) 특히 농사를 연상하게 되고, 농사일 중에서는 봄철 모심기 할 때에 논을 갈고 써레질하는 소의 모습을 생각하게 된다.

소가 언제부터 경종농업에 이용되었는가에 대해서는 확실하지 않으나, 이미 삼한시대에 써레 또는 철제보습 등의 농기구를 제작하여 심경농업(深耕農業)을 경영한 사실(史實)이 있는 것으로 미루어 보아 적어도 2,000여 년 전부터의 일이라고 추측된다.

그후 오늘날에 이르기까지 수천년 동안 농업 경영의 형태도 많이 변천되었고, 또 과학문명도 고도로 발달되었으나, 소와 경종농업은 여전히 끊을 수 없는 불가분의 관계를 맺고 있다.

현재 우리나라에는 각종 가축이 사육되고 있으나 고유의 가축은 한우가 대표적이라 할 수 있다. 한우는 우리 민족의 역사와 함께 살아온 가축의 대종(大宗)으로 그 근면성과 강인성은 우리 민족성과도 같다고 할 수 있다.

한우는 지금까지 수천년 동안 농경에만 그 사육목적이 있었던 것은 아니며, 이밖에 수레끌기로 짐운반, 고기의 이용, 그리고 시대에 따라서는 전투용으로, 또는 무역품으로까지 이용된 일이 있었다.

　최근 농업이 기계화 되어감에 따라 한우도 역용에서 벗어나 점점 육용 즉 고기용으로 변화함은 물론 우량형질 선발육성 및 고기소와 교잡하는 등 고기생산능력 향상 위주로 개량되고 있다.

2. 한우의 특성

　① 농사에 있어 중요한 축력(畜力)을 얻을 수 있다

　우리나라는 봄·가을 두차례의 농경기가 있는데 특히 봄의 모심기 등에는 하루 이틀의 차이로 수확에 영향을 미치는 수도 있으므로 능률적인 축력을 이용해야 하며, 또 논갈이 등은 사람의 힘으로는 도저히 불가능한 경우도 많다. 그런데 한우의 연간 사역 시간은 평균 50~60시간밖에 되지 않으므로 앞으로 이점은 연구 개선되어야 한다.

번식우 사역시간 　　　　　　　　　　　　　　　　　　　　　　(단위 : 시간)

사육규모별	3 두미만	3~5두	5 두이상	평　　균
호　　당	69.1	29.7	59.4	59.4
두　　당	38.1	7.2	7.2	18.1

(자료 : 축협 '85)

② 매년 현금 수입이 있다

　한우의 가격이 높아짐에 따라 많은 농가에서는 한두 마리를 사육하고 있으며 번식우의 경우 매년 한 마리씩 분만하는 송아지를 판매함으로써 상당한 수익을 올렸으나 현재는 소값의 불안정으로 농가에서 사육을 기피하고 있는 실정이다. 그러나 사육두수의 적정유지 및 가격이 안정되면 다시 많은 농가에서 한우를 사육하게 될 것이다.

　옛날에는 소의 소작제도가 있었는데 이것은 송아지값이 다른 굴가에 비해 비교적 안정되었기 때문에 이런 제도가 성립되었으나 현재와 같이 쇠고기의 가격변동이 잦은 상황에서는 소작제도가 어렵다고 볼 수 있다.

　③ 구비(廐肥)의 생산이 있다

　농사를 짓는데 있어 비료값은 큰 비중을 차지하고 있다.

한우는 연간 약 6,000kg의 구비를 생산한다고 하며 이 중에는 대체로 질소 33kg, 인산 13kg, 칼리 32kg이나 되는데 이것을 현금으로 환산하면 큰 액수가 되며, 또 구비는 금비와 달리 토양의 이학적(理學的) 성질도 개량하는 장점이 있다.

④ 사료를 자급자족 할 수 있다

한우는 질이 좋은 풀만 먹어도 잘 육성 번식되는 특성이 있는데 이점이 한우를 많이 사육하는 이유 중의 하나이다. 더구나 농후사료가 비싼 우리나라의 농촌에 있어서는 산야에 무성한 야초만으로도 사육할 수 있는 한우야말로 우리나라와 같은 조건에는 적당한 가축이라 할 수 있다.

⑤ 몸이 강건하고 관리하기에 편하다

사양 관리면에서 여러 조건이 다소 불충분하더라도 별이상 없이 건강하게 사육되는데 이점은 다른 가축에서는 찾아 볼 수 없는 특성이다. 또 성질이 온순하여 부녀자나 어린 소년들도 관리할 수 있고, 특별한 훈련 없이도 몇 번 연습을 시키면 논밭을 갈 수 있다.

3. 한우의 사육과 설비

(1) 한우 사육에 필요한 사료

한 마리를 기르는데 필요한 사료량

소는 산야초 및 농산부산물인 짚, 적은 양의 겨 등으로 사육되어 왔기 때문에 소 한 마리에 대하여 어느 정도의 사료가 필요한가에는 별 관심이 없었다.

다음 표에서 생후 3~18개월까지를 육성우라고 하여 평균 소요량을 표

한우의 사료 소요량

		조사료(건조한 것)	농 후 사 료	깔 짚
육성우	1일량	2.8~3.2kg	0.6~1.7kg	2.0~5.0kg
	1년량	1,022~1.168	219~620.5	730~1,825
번식우	1일량	5.8~7.0	1.5~2.8	2.8~7.0
	1년량	2,044~2,555	547.5~1.022	1,022~2,555

시하였다. 또 생후 16~20개월이 되면 종부를 하여 임신이 되는 것이 정상적인 육성우라 할 수 있다.

(2) 한우 사육에 필요한 설비

예로부터 우리나라에서는 소를 사육하기 위한 우사(牛舍), 즉 외양간을 따로 설비해 주는 일은 거의 없었고, 집을 지을 때에 우사도 함께 붙여 설치하였다. 특히 옛날에는 부엌 옆에 우사를 두어 소의 사료를 끓여 먹이기 편리하도록 했으나 지금은 거의 찾아 볼 수 없게 되었다.

다음은 우사에 대한 현재의 실태와 앞으로 개선하여야 할 점을 몇 가지 살펴보기로 한다.

① 우사의 위치

대부분이 주택과 붙어 있고 일광에 대한 고려가 전혀 되어 있지 않은데 이것은 소의 건강이나 사람의 위생상으로도 좋지 않다. 그러므로 될 수 있는 한 주택에서 떨어진 곳에 남향으로 햇볕이 잘 쬐는 장소에 짓는 것이 좋다.

② 우사의 바닥

바닥은 콘크리트로 하는 것이 좋다. 옛날 우사는 대부분이 흙으로 되어 있는데, 이것은 구비로서 중요한 오줌의 손실이 많을 뿐만 아니라 위생상 좋지 않다.

③ 분뇨탱크

어미소 한 마리당 배뇨량은 1일 약 5~6 l 이므로 월 1회 퍼낸다고 하면 약 200 l 정도의 크기는 되어야 한다. 우사의 바닥은 뒤로 약간 경사지게 하여 오줌이 흘러내려오도록 하며 밑에 분뇨탱크를 만들어 두어야 한다.

한우 사육에 있어 구비의 생산이 농사에 얼마나 중요한가는 말할 필요도 없으나, 간혹 보면 똥은 중요시하면서 오줌에 대해서는 소홀한 면이 있는데 이것은 큰 잘못이다. 또한 분뇨탱크가 없으면 축사주변이 오줌, 똥으로 불결해질 뿐만 아니라 각종 질병발생의 위험이 따르게 된다.

④ 먹이통

한우의 먹이통은 우사의 앞쪽에 고정식으로 설치해 두고 있는 것이 대

4. 한우 사육 현황 33

부분인데 대체로 너무 높은 것이 많다. 소가 사료를 먹기에 적당한 높이는 소의 크기에 따라 차이가 있는데 대체로 소가 자연 상태로 있을 때 입의 위치보다 약 30~40㎝ 낮은 것이 좋다.

⑤ 퇴비사

아직껏 퇴비사를 따로 지어 놓은 농가가 별로 없다. 그러나 이것은 우사의 주요한 부속시설이므로 반드시 만들도록 해야 한다. 또한 퇴비사가 있다 하더라도 지붕이 없으면 중요한 비료성분이 증발되어 버리기도 하고 또비에 씻겨 내려가기도 하므로 손실이 크다. 그러므로 지붕은 꼭 만들도록 해야 한다.

4. 한우 사육 현황

우리나라의 어느 곳을 가든지 한우가 없는 부락이 없을 만큼 현재 우리나라에서는 많이 사육하고 있다.

과거에 8·15와 6·25동란 같은 역사적인 변동이 두 차례나 있었으나 우리 농민들의 한우 사육에 대한 끊임없는 노력과 정부의 강력한 밑받침 덕분으로 곧 원상 복구되어 최근의 한우 사육률은 과거 어느 때보다도 활발하며, 이것은 우리나라의 경종농업을 위하여 다행한 일이다. 한우도 이제는 종래의 역이용(役利用) 위주에서 벗어나 육이용(肉利用) 위주로 변모해 가고 있다.

종래에는 역우로서 주로 이용되어 왔으나 고기의 맛은 고기소로 전용된 것보다 우수하다. 그러나 한우의 지육 비율은 대체로 50~60％로 낮은 편이지만 비육 기술의 향상과 더불어 점차 개선되어가고 있다.

이와 같은 견지에서 한우의 장래를 전망해보면 육용으로의 강화에 보다 노력하여야 할 것이다. 한우의 경제 능력이 역용만이 아니므로 증식 목표는 농가 1호당 2마리 이상 계속 증식시키도록 해야 한다. 그리고 영농의 기계화가 강력히 추진된다 하더라도 우리나라 영농의 특수성과 한우가 차지하는 농가 경제의 비중 등을 고려할 때 앞으로 한우 사육은 점점 증가되어야 하나 소값의 변동에 따라서 사육두수는 크게 변화될 것이므로 정부에서도 소값의 안정화에 주력하여 적정두수 유지로 농가소득을 증대하여야 할 것이다.

년도별 한우 사육 현황　　　　　　　　　　　（단위 : 호.두）

년　　도	한　　　　우		육　　　　우	
	호　　수	두　　수	호　　수	두　　수
1962	1,092,501	1,252,550	155	861
1963	1,178,402	1,363,323	183	962
1964	1,182,577	1,350,684	259	907
1965	1,156,529	1,313,487	176	805
1966	1,132,495	1,289,695	414	1,139
1967	1,097,214	1,242,648	1,307	2,132
1968	1,029,389	1,193,457	1,699	3,301
1969	1,023,420	1,202,335	1,606	3,948
1970	1,101,448	1,283,646	838	2,738
1971	1,048,236	1,247,061	825	2,865
1972	1,106,289	1,333,353	1,171	4,868
1973	1,189,975	1,486,188	1,485	6,964
1974	1,358,346	1,777,711	961	7,449
1975	1,274,680	1,545,832	2,055	9,979
1976	1,193,258	1,451,486	2,450	12,107
1977	1,169,349	1,492,036	3,931	16,454
1978	1,169,784	1,624,301	6,081	27,054
1979	1,082,483	1,562,591	9,984	36,189
1980	988,933	1,389,648	8,259	37,552
1981	851,418	1,283,194	6,832	28,531
1982	895,827	1,525,644	…	…
1983	971,152	1,940,142	…	…
1984	1,036,806	2,317,692	…	…
1985	1,047,573	2,553,449	…	…
1986	990,720	2,370,011	…	…
1987	854,269	1,923,121	…	…
1988 3월	817,129	1,758,781		

※ 1982년부터 육우는 한우에 포함　　　　　（자료 : 농림수산부 '88）

시도별 한우 사육 호수 및 두수(88. 3월말 현재)   (단위 : 호.두)

	사육농가수	사 육 두 수		
		계	암	수
서　울	88	968	72	896
부　산	633	1,293	1,039	254
대　구	1,427	8,924	2,676	6,248
인　천	484	3,587	925	2,662
광　주	4,290	9,725	6,069	3,656
경　기	61,814	200,838	90,392	110,446
강　원	64,943	151,866	105,178	46,688
충　북	64,940	128,108	92,447	35,661
충　남	102,582	228,144	153,590	74,554
전　북	72,700	136,014	104,218	31,796
전　남	131,775	234,029	178,364	55,665
경　북	164,423	329,000	219,745	109,255
경　남	135,279	286,037	221,758	64,279
제　주	11,751	40,248	34,806	5,442
계	817,129	1,758,781	1,211,279	547,502

(자료 : 농림수산부 '88)

년도별 축산물 소비량 (총소비량 천M / T)

년도별	육 류				계 란	우 유
	육류계	우 육	돈 육	계 육		
'70	165	37	83	45	140	50
'75	225	70	99	56	165	162
'80	433	100	242	91	259	412
'81	394	93	210	91	253	558
'82	411	111	231	99	260	573
'83	532	118	295	119	260	743
'84	564	106	340	118	272	834
'85	593	120	346	126	296	1,000
'86	588	139	320	129	332	1,162
'87	660	147	379	134	346	1,342

년도별 축산물 소비량 (1인당 소비량 kg)

년도별	육 류				계 란	우 유
	육류계	우 육	돈 육	계 육		
'70	5.1	1.1	2.6	1.4	4.3	1.4
'75	6.3	1.9	2.8	1.5	4.7	4.5
'80	11.3	2.6	6.3	2.3	6.8	10.7
'81	10.2	2.4	5.4	2.4	6.5	14.4
'82	11.2	2.8	5.9	2.5	6.6	14.6
'83	13.3	2.9	7.4	3.0	6.5	18.5
'84	13.9	2.6	8.4	2.9	6.7	20.5
'85	14.4	2.9	8.4	3.1	7.2	23.6
'86	14.2	3.4	7.7	3.1	8.0	27.8
'87	15.7	3.6	8.9	3.2	8.2	32.2

5. 한우의 다두 사육

(1) 한우 다두 사육의 필요성

비육 경영의 다두화(多頭化)에는 다음에 기술하는 바와 같은 두 가지 필요성이 있다.

① 비육부문 소득으로 본 필요성

비육부문의 소득은 다음과 같은 공식에 의해 규제된다.

비육부문소득＝(판매－비용)×사육규모×소의 회전율

괄호안은 1마리당의 소득이다. 우선 판매금액을 크게 하기 위해서는 비육완성 체중을 상품가치가 높은 곳까지 끌어 올려서 지육 비율을 높게 하고 또한 지육 단가가 비싼 시기에 팔도록 노력해야 한다.

비용의 절약은 사육할 소를 싸게 잘 사고, 질이 좋은 풀사료를 이용하는 등 배합사료량을 줄여 사료비를 절약해야 하며 이밖에 노임, 금리 등도 가급적 적게 들도록 힘써야 한다.

그러나 이렇게 해서 한 마리당의 소득을 다소 증가시킨다해도 1가리만 사육했을 때의 수익은 얼마되지 않는다.

어느 정도의 사육 규모가 있고, 거기에 회전율이 높지 않다면 비육 부문의 소득은 증가하지 않는다. 종래의 큰소 비육은 그 규모가 그다지 크지 않더라도 회전율이 높아 이윤이 있었다.

　그러나 앞으로도 육성비육 위주로 사육해야 하므로 큰소 비육과 같이 3~5개월이면 회전되는 것은 생각하지 말아야 한다.

　그러므로 앞으로의 비육은 1마리당 소득의 저하, 회전율의 지연을 규모의 확대로써 보충해 나갈 필요가 있으며, 그러기 위해서는 한마리당 소득증대에 대한 꾸준한 노력과 동시에 작업의 능률화 등이 필요하게 된다.

우리나라 소 사육호수 및 두수

(단위 : 천호·두)

축종·규모		1985		1986		1987	
		호 수	두 수	호 수	두 수	호 수	두 수
한 (육) 우	1~2	777(74.2)	1,068(41.8)	770(77.8)	1,036(43.7)	697(81.6)	915(47.6)
	3~4	171(16.3)	572(22.4)	137(13.8)	455(19.2)	94(11.0)	314(16.3)
	5~9	76 (7.3)	469(18.4)	59 (5.9)	365(15.4)	43 (5.0)	272(14.1)
	10~19	18.2 (1.7)	230 (9.0)	18.8 (1.9)	244(10.3)	15 (1.8)	191 (9.9)
	20이상	5 (0.5)	213 (8.4)	5.9 (0.6)	270(11.4)	5 (0.6)	232(12.1)

　② 국내 한우 증식에서 본 다두 비육의 필요성

　국내 한우 증식의 필요성은 앞에서 상세히 기술한 바 있다. 그런데 한우 사육 농가는 일반적으로 감소하고 있으므로 이것을 달성하기 위해서는 1호당 사육규모를 확대해서 육류 수요에 대처해야 한다.

　비육경영은 송아지 생산경영과 달리 입지적 제약을 받을 필요가 없고 다두 사육 기술체계도 최근에 특히 발전되고 있다.

　또한 쇠고기 가격은 송아지값에 비해 상당히 강세에 있다는 장점이 있다. 앞으로 가격안정 및 기술지도가 계속된다면 비육농가 호수가 늘어나지 않는다 하더라도 그 비육농가 중에 다두 사육을 시도할 농가가 많아질 것으로 예상된다.

　아울러 농촌진흥청 등 관계부서에서 시험 연구를 계속함과 동시에 비육농가 기술향상에 노력해야 한다.

　농과 대학이나 농업고등학교에 있어서도 낙농, 양돈, 양계와 더불어 한우 사육에도 중점을 두어 한우 증식에 공헌할 농가의 후계자 양성에 각별히 전력해 주었으면 하는 바램이다.

(2) 한우의 다두 사육이란 어떤 것인가

한우의 다두 사육을 규제하는 요인은 사육 노동력, 사료 작물의 작부 면적, 자금이다. 다두 사육을 하기 위해서는 첫째, 사육 노동력 1인당 비육 두수를 증대하지 않으면 안 된다.

이것은 물론 성력(省力) 관리 기술의 습득도 중요하지만 성력화를 가능하게 하는 설비, 즉 축사의 개선, 기계의 도입 등이 필요하며 결국 어느 정도 자본을 투입할 수 있는가 하는 것이 한우의 다두 사육을 좌우한다고 볼 수 있다.

둘째, 사료 작물의 단위 면적당 비육두수를 증대하지 않으면 안 된다. 여기에는 작부(作付)체계의 확립, 사료작물 재배기술의 향상, 조사료 저장법의 검토, 조사료를 주로 한 비육 기술의 보급 등 주로 축산 기술면의 진보가 필요하다.

따라서 이 양면에서 충분히 검토하여 그 경영에서 무리가 없을 정도의 비육 두수를 증대하는 것이 본래의 다두 사육이 갈 길이라 할 수 있다.

일반적으로 한우의 비육에서는 우량 조사료에 의한 제약이 비교적 적고 주로 노동력만을 생각하고 다두화 시키면 되므로 다두 사육도 비교적 수월하다.

그러나 우량 조사료에 대한 의존도가 높은 한우 비육에서는 노동력 및 사료작물 재배면적에서 오는 제약이 강한 만큼, 다두 비육은 오히려 곤란성이 많다고 할 것이다. 만일 그 마릿수를 구체적으로 상정한다면 자립경영에서 성인 2인 이상 있는 농가는 약 20~30마리 사육이 가능하나 무엇보다도 중요한 것은 농가의 자금, 사료 등 모든 여건을 감안하여 농가에 알맞는 규모를 택하는 것이 바람직하다.

물론 전업 경영이라면 어느 비육이든 더 많은 두수를 사육할 수 있지만 이때에는 사육에 필요한 모든 조건에 맞는 두수를 결정하는 것이 좋다.

한우 비육에 소요되는 노동력은 극히 적으므로 농가에서는 남은 노동력을 활용하는 뜻에서 다른 가축의 사육 또는 작물재배 등 노동력을 합리적으로 활용하는 것이 바람직하다.

(3) 수익성으로 본 한우 비육의 특색과 다두 사육의 필요성

다음 표는 한우 비육의 분석표로서 다두 사육을 함으로써 소득이 높아짐을 알 수 있다.

소사육 경영비 구성과 소득 （단위 : 천원 / 두 / 년）

번식우

| | 조수입 | 경 영 비 | | | | 소 득 | 소득률 |
		총 액	가축비	사육비	기 타		
			%	%	%		%
'80	462	200	24.5	56.9	18.6	262	56.7
'81	707	289	30.5	52.3	17.2	418	59.1
'82	1,157	414	26.1	60.0	13.9	743	64.2
'83	1,088	431	25.8	60.6	13.6	657	60.4
'84	630	281	10.2	66.6	23.2	350	55.5
'85	414	257	8.3	65.6	26.1	156	37.8
평 균			20.9	60.3	18.8		
				(76.2)	(23.8)		

비육우

| | 조수입 | 경 영 비 | | | | 소 득 | 소득률 |
		총 액	가축비	사육비	기 타		
'80	892	518	46.8	45.5	7.7	375	42.0
'81	1,532	874	61.0	33.4	5.6	657	42.9
'82	1,846	1,049	62.8	32.3	4.9	797	43.2
'83	1,733	1,286	67.8	28.2	4.0	447	25.8
'84	1,627	1,130	63.0	31.5	5.5	497	30.6
'85	1,290	933	56.1	37.3	6.6	357	27.7
평 균			59.6	34.7	5.7		
				(85.9)	(14.1)		

※ （ ）내 수치는 가축비 제외시의 구성비율
자료 : 농축산물 표준소득 '80~'85

● 소비육 수익성

○ 조수입 (두당)

(단위 : 원)

사육규모 구분	단 기 비 육				장 기 비 육				평 균
	5두미만	5 ~ 9	9두이상	평 균	5두미만	5 ~ 9	9두이상	평 균	
소 판매 수입	1,627,649	1,734,966	1,749,275	1,713,503	1,713,503	1,709,926	1,688,462	1,720,771	1,709,926
구비, 기타	6,125	7,409	7,470	7,007	11,648	12,621	13,304	12,684	8,922
계	1,633,774	1,742,375	1,756,745	1,720,510	1,725,151	1,722,547	1,701,766	1,715,455	1,718,848

(자료 : 축협 '85)

○ 수익성 (두당)

(단위 : 원)

사육규모 구분	단 기 비 육				장 기 비 육				평 균
	5두미만	5 ~ 9	9두이상	평 균	5두미만	5 ~ 9	9두이상	평 균	
조 수 입 (A)	1,633,774	1,742,375	1,756,745	1,720,510	1,725,151	1,722,547	1,701,766	1,715,455	1,718,848
경 영 비 (B)	1,455,920	1,534,225	1,567,623	1,518,235	1,429,139	1,434,016	1,393,235	1,393,866	1,476,292
비용합계 (C)	1,593,068	1,651,225	1,657,906	1,634,842	1,631,286	1,595,795	1,547,586	1,561,686	1,609,964
소 득 (A-B)	177,854	208,150	189,122	202,275	296,012	288,531	308,531	321,589	242,556
순수익 (A-C)	40,706	91,150	98,839	85,668	93,865	126,752	154,180	153,769	108,884

• 주 : 회전당 수익성임.

(자료 : 축협 '85)

(4) 다두화는 왜 수익이 많은가

다두화 사육을 하면 수익이 많다고 하는데 그 이유를 알아보면 다음과
같다.

앞의 표는 비육우의 사육 두수별 한 마리당 생산비에 대하여 조사한 것
을 평균해서 산출한 것이다. 물론 금액은 현 시세보다 차이가 있겠으나 대
체로 기준이 되므로 참고로 하기 바란다.

각 비목별로 보면 다두화에 의해 가장 싸진 것은 사육 노동비로서 9마
리 이상 사육 농가는 5마리 이하 사육 노동비의 약 2분의 1이다.

이런 실정을 알기 위해서 비육우의 작업별 사육 노동 시간을 살펴보면 다음 표와 같다.

노동력 투하량(두당)   (단위 : 시간)

사육규모	구 분	사료조리 및 급여	야생초 예 취	구입및 출 하	치료및 손 질	청소및 기 타	계	노동구성	
								자가(自家)	노동
단기비육	5두미만	52.2	29.5	2.4	22.3	34.5	140.9	140.9	―
	5~9	48.2	21.1	3.3	15.8	23.7	112.1	93.4	18.7
	9두이상	34.1	12.0	3.7	13.1	18.2	81.1	51.3	29.8
	평 균	46.4	21.6	3.1	17.1	25.7	113.9	98.0	15.9
장기비육	5두미만	68.1	29.0	1.9	36.9	44.6	180.5	180.5	―
	5~9	51.5	21.8	3.7	17.3	36.7	131.0	109.6	21.4
	9두이상	45.7	12.1	2.8	15.6	36.2	112.4	92.5	19.9
	평 균	53.1	19.1	2.9	21.6	38.5	135.2	120.1	15.1
평 균		48.7	20.8	3.0	18.6	30.0	121.1	105.5	15.6

(자료 : 축협 '85)

위의 표에서 비육우 9마리 이상을 사육하는 농가에서 비육우 1마리를 완성하기 까지 소요되는 시간은 겨우 81.1시간 으로 5마리 이하 사육 농가의 140.9시간에 비하면 약 2분의 1이 되고 있다.

9마리 이상의 비육우를 사육하는 농가에서는 손질, 운동을 비롯한 각 사육 관리 작업에 있어서 어느 것이나 상당한 성력화가 이루어지고 있으며, 나아가서는 사육 노동비의 대폭적인 절약을 가능하게 하고 있다는 것을 잘 알 수 있다.

다음은 사료비에 대하여 살펴보기로 하자.

사료비도 사육 두수가 늘어남에 따라서 점차 금액이 줄어드는 경향이 있다. 물론 마릿수가 적을수록 비육기간이 길고 잘 비육된 소를 출하하는 것이 보통이므로 사료비가 더 드는 것은 당연한데 다두화를 하면 남는 사료의 융통성이 그만큼 편하게 된다.

'기타'로 일괄해서 정리하고 있는 항목 중 건물비, 농기구 등의 상각비는 항상 사육 마릿수가 많고 더구나 소의 회전율이 빠른 다두 비육농가가 싼 것은 당연하다.

또 위생비, 연료비를 포함하는 직접 재료비나 임대료, 사용료 등도 다두화할수록 싸게 된다.

이상과 같이 생산비의 각 항목별로 보면 확실히 다두화가 진행됨에 따라서 비육우 한 마리당의 생산비가 절약될 수 있다.

그러나 생산비가 아무리 싸진다 하더라도 중요한 비육우의 판매가격이
싸면 이익이 적으므로 소값 안정만이 비육우를 사육하는 농가의 바램이다.

한우 산지 가격 (단위 : 천원 / 두)

월 별		1	2	3	4	5	6	7	8	9	10	11	12
암송아지	'83	909	1,039	1,076	1,050	1,040	1,093	1,065	1,019	1,019	991	889	806
(3개월령)	'84	789	803	728	691	676	653	628	622	608	550	516	532
	'85	517	519	473	443	403	330	312	322	273	237	202	223
	'86	253	252	232	217	227	239	231	227	217	199	196	192
수송아지	'83	941	1,007	1,039	972	958	963	916	887	888	851	762	727
(3개월령)	'84	725	746	679	665	663	651	635	643	641	603	580	586
	'85	574	575	541	515	487	423	389	418	396	367	314	325
	'86	370	388	376	370	374	384	380	384	389	374	366	355
암 소	'83	1,598	1,713	1,765	1,781	1,739	1,717	1,674	1,651	1,652	1,614	1,556	1,502
(400kg)	'84	1,487	1,512	1,433	1,391	1,373	1,311	1,250	1,270	1,273	1,219	1,191	1,202
	'85	1,160	1,162	1,118	1,080	1,029	905	846	950	926	883	806	804
	'86	888	912	896	878	851	830	805	811	803	757	754	746
수 소	'83	1,568	1,570	1,549	1,500	1,464	1,457	1,455	1,520	1,565	1,565	1,536	1,495
(400kg)	'84	1,492	1,498	1,451	1,444	1,438	1,420	1,401	1,428	1,455	1,420	1,384	1,341
	'85	1,289	1,270	1,193	1,147	1,099	1,019	976	1,130	1,128	1,080	980	950
	'86	1,027	1,041	1,014	998	995	996	992	1,010	1,010	963	950	941

(5) 한우 다두 사육자의 조건

최근 축산 기술의 발전과 보급에 의해 한우의 비육 뿐만 아니라 낙농이
나 양돈에 3~4마리 이상의 사육에는 누가 하든 역시 상당한 성과를 올리
게 되었다.

그러나 일단 다두 사육이라고 볼 수 있는 10여마리 이상의 사육규모가
되면 역시 적성이라는 것이 있어 그 방면에 소질이 있는 사람이 하지 않
으면 성공하기 어렵다.

또한 경영을 다시 발전시키고자 하는 의욕을 항상 갖고 있는 것도 매우
중요하다고 할 수 있다.

한우를 다두 사육하여 성공시킬 수 있는 사람은 다음과 같다.

① 경영주로서의 적성

우선 적은 두수의 비육으로도 충분히 수익을 올릴 수 있는 사람이 다두화 비육을 하는 것이 좋다.

앞에서도 기술한 바와 같이 다두 사육이 유리하다는 것은 확실하지만 그렇다고 해서 지금까지 전혀 한우 비육으로 수익을 얻어 본 경험이 없는 사람이 갑자기 다두화 사육을 한다면 위험성이 크다.

한 마리를 사육했을 때도 적자경영인데 다두화를 하게 되면 흑자경영이 더 어렵기 때문이다.

둘째로 상행위를 할 수 있는 사람이어야 한다. 사육할 비육우의 판매, 혹은 사료의 구입 등을 잘하고 못함은 비육 소득에 크게 영향을 미친다.

사육할 소값은 일반적으로 적은 밑천이 들어야 이익도 많으며 싸게 살수록 사육자의 부담이 적게 된다.

비육우의 판매에 있어서는 시간적인 시세변동은 물론, 매월 평균해서 며칠 경에 시세가 높다는 등의 상식을 가진 다음, 시세에 관한 정보를 예민하게 포착하여 어느 시장이 좋다고 판단했다면 무리를 해서라도 즉시 출하하는 식의 상업기질이 있어야 한다.

또한 사료가격에 민감해야 한다는 것도 중요하다.

비육우의 생산비 중, 큰 비중을 차지 하는 것이 사료비이므로 현재 급여하고 있는 사료의 가소화양분 총량(TDN), 가소화 조단백질(DCP)이 얼마나 되는가 하는 것 외에 그 사료의 1kg당 단가를 알아두지 않으면 안 된다.

예를 들어 비육우에 1일 농후사료를 평균 8kg주며, 10마리를 기르고 있다고 하자. 이때 만일 사료가 1kg당 10원이 비싸졌다고 하면 1일 1마리당 80원, 10마리면 800원이 비싸진다.

따라서 월간으로는 24,000원, 연간으로는 무려 290,000원의 수입감소가 된다. 이 금액은 약 한 마리 분의 비육 차익과 거의 같다.

그러므로 다두 비육에서는 설령 1kg당 얼마 되지 않는 10원의 차이라도 사육마릿수가 많기 때문에 즉시 몇 마리분의 비육 차액에 해당하는 손익이 생기므로 사료의 질을 떨어뜨리지 않고 어떻게 하면 단가를 싸게 할 수 있는가를 항상 연구해야 할 것이다.

② 기술자로서의 적격성

다두 사육 기술로서는 소의 양부를 판별하는 기술이나 사양관리 기술도 물론 중요하다.

기르기 쉬운 소를 갖추어 체중이나 흉위를 재어서 증체의 정도를 정확히 인식하고 사료의 급여량을 사양 표준이나 사육기준에 의해 계산해서 주는 것도 필요하다.

그러나 무엇보다 중요한 것은 소의 관찰과 필요한 일은 즉시 실행해야 한다는 것이다.

우사에 들어갈 때마다 지금 소가 무엇을 요구하고 있는가를 알아야 한다. 가령 소가 사람의 땀을 핥으러 온다면 소금이 부족하고, 으사내에서 서서볼 때 소 앞쪽의 깔짚이 없을 경우는 사료가 부족하다는 증거이다. 대략 이와 같은 방법으로 판단해서 소가 필요로 하는 것을 즉시 투입해 주지 않으면 안 된다.

소의 비육에도 발굽깎기, 사료의 배합 비율을 변경하는 등 각각 그 시기에 필요한 작업이 있는데 전술한 바와 같이 관찰해서 즉시 실행하지 않으면 안 되는 일이 생기므로 이런 것은 계획을 세워 실천하거나 혹은 생각이 났을 때 즉시 단행하는 사람이어야 한다.

③ 향상 의욕이 있는 사람

무슨 일이든지 허풍장이가 되어 향상 의욕이 없으면 안 된다. 예로부터 한우 비육에는 허풍장이가 많았는데 최근 젊은 연령층에는 연구심이 강한 사육자가 늘어나고 있다.

자기의 경영 실태를 잘 인식하여 이것을 다시 진전시키기 위해서는 어디를 고치면 될 것인가 하는 것을 끝까지 연구해 보는 의욕이 있어야 함은 물론 경영에 대하여 기록하는 습관이 있어야 한다.

제2장 소의 품종과 비육자질

1. 한우·육우의 품종과 특성

(1) 한우

한우는 옛날부터 우리나라에서 길러오던 소로서 털색은 황갈색이 대표적이지만 이보다 색이 짙거나 또는 연한 것도 있으며 모두 뿔을 가지고 있다.

한우의 몸집은 크지 않은 편이지만 다른 소에 비하여 체질이 강건하고 성질이 온순하며 기후 풍토에 적응력이 강하고 조악한 사양관리에서도 잘 견딘다. 그러나 발육이 더디고 후구 발달이 빈약하여 고기 생산 능력이 낮다.

한우의 체중은 생시가 24kg 내외이며 성우암소가 350~400kg이고 수소가 450~500kg 정도이며 고기의 질은 좋으나 지육률이 낮은 편이다.

발 육 성 적
(단위 kg)

성 별	3 개월	6 개월	12 개월	18 개월	큰 소
수 소	94.9	157.4	259.7	361.5	524.4
암 소	88.9	144.3	214.0	274.5	405.8

(자료 : 축협 '83)

(2) 헤어포드(Hereford)

① 연혁

헤어포드는 영국의 잉글랜드 서부 헤어포드지방 원산의 육우다. 헤어포드지방은 서쪽의 웰스와 인접하여 있고 이 헤어포드라고 하는 소는 웰스의 소와 기원이 관계가 있다. 헤어포드는 영국의 토산우를 개량한 것인지 이 토산우와 웰스의 소와의 잡종에서 생겨난 것인지 또는 영국에 침입한 앵글로 색슨족이 가지고 온 소와의 잡종이 기본인지 또는 화란에서 수입된 소와의 잡종에서 유래된 것인지는 확실하지 않다.

② 외모

털색은 주로 적색이지만 농담(濃淡)이 있고 안면은 백색이다. 발목 둘레·하복부 하경(下頸)·기갑부·꼬리끝 등은 백색인 것이 많다. 그중에는 눈의 주위에 적모(赤毛)가 나 있는 것도 있다. 체격은 대형인데 체중은 암컷이 660kg정도, 수컷은 850 kg이다. 전형적인 육용형으로서 두부는 짧고 뿔은 납상(臘狀)의 황색이며, 뿔의 방향은 이마에 직각으로 전하방(前下方)으로 만곡(湾曲)한다.

암컷은 뿔의 끝이 위쪽으로 구부러져 있는 것도 있다.

어깨의 부착이 좋고 몸의 이행이 미끄럽다. 후구(後軀)는 엉덩이에 약간 경사가 있고 하퇴(下腿)가 엷은 것이 많았지만 수십 년간에 거쳐 이런 결점이 현저히 개량되어 엉덩이가 넓고 허벅다리가 두꺼운 것이 보통으로 되었다.

③ 능력

조숙 조비(早熟早肥)이지만 늑골에서 엉덩이의 둘레에 지방류가 붙기 쉽다. 기후에 대한 순응성이 강하고 좁은 면적에서 사육하기보다는 광대한 목야(牧野)에서 방목하는 것이 적당하다. 유량은 다른 품종보다 적으며 우수한 유기(乳器)도 별로 발견되지 않았다.

발 육 성 적   (단위 kg)

구 분	생 시	100 일	200 일	300 일	400 일	500 일
수 소	36	124	223	327	434	526
암 소	33	111	187	249	297	345

(3) 애버딘 앵거스(Aberdeen Angus)

① 연혁

애버딘 앵거스는 영국의 스코틀랜드 원산의 육우로 털색은 검고 무각(無角)인 것이 특색이다. 이 무각(hornlessness poll)의 기원에 대해서는 옛부터 상당한 논의가 있었다. 많은 과학자는 화석(化石)을 중심으로 고대의 소에 이미 이 무각성이 있었다고 하며, 고대의 달에 원형(原型)인 세쪽굽이 가끔 나타난 것과 같이 소에도 이 무각성이 가끔 나타나 온 것이라고 한다. 찰스다윈은 돌연변이하여 나타난 것이라고 주장했다. 이것은 야생의 소를 가축화한 초기 번식의 선발에 의해 고정된 형질이며, 대단히 오래 된 것으로 볼 수 있다.

② 외모

전형적인 육용형을 나타내는 흑모무각의 품종이다. 그중에는 적모(赤毛)의 것도 있지만 이것은 실격(失格)인 것으로 보고 있다. 절벽 및 유방부에 소백반(小白斑)이 있는 것이 있는데 특히 암소에 많다. 수소에는 이 부위에 백반이 있을 경우 이런 것은 기피되고 있다. 체중은 암소가 570kg, 수소는 800kg이다. 머리는 짧고 먹새가 좋은 상(相)을 하고 있다. 등폭은 중간이고 쇼트호온 및 헤어포드 보다 허리폭(腰幅)이 약간 좁고 또한 둥글게 되어 있다. 늑골이 길고 체심(體深)이 풍부하며 체형이 풍원(豊圓)하여 한 눈에 소화기관이 우수하다는 것을 알 수 있다. 꼬리밑둥이 융기하고 허벅다리는 두껍고 살집이 좋다. 몸 전체의 살집이 매우 균일하고 매끄럽다. 피모(被毛)는 헤어포드 보다도 부드럽다.

③ 능력

조숙 조비(早熟早肥)하여 다른 품종보다 육질이 우수하며 풍부한 것이 많다. 성질은 일반적으로 약간 신경질적인 편이며 쇼트호온 만큼 온순하지 않다.

발 육 성 적   (단위 : kg)

구 분	생 시	100 일	200 일	300 일	400 일	500 일
수 소	29	108	196	291	385	452
암 소	27	98	148	224	273	318

(4) 샤로레

프랑스의 샤로레 지방이 원산지이며, 재래종에 심멘탈과 백색쇼트혼종을 교배시켜 만든 것이 샤로레(Charolais) 종이다.

이 품종은 프랑스 소의 약 10%정도를 차지하고 있으며 현재 전세계적으로 사육되고 있으며 교잡종 생산이나 신품종 육성에 많이 이용되고 있다.

우리나라에서도 사육되고 있으며 특히 몇몇 대규모 목장에서는 많은 두수를 기르고 있다.

털색은 백색 또는 유백색으로서 뿔이 있으며 뒷몸이 잘 발달되어 고기 생산량이 많다. 그러나 송아지를 분만할 때 송아지 무게가 커서 난산율이 다른 소에 비해서 비교적 많다.

체격은 대형이며, 활력이 있고, 조숙(早熟)하다. 방목에도 잘 견디며 성질이 온순하여 다루기가 쉽다. 미국남부 및 서부에서는 잡종 생산에 이용된다.

발   육   성   적   (단위 : kg)

구 분	생 시	100 일	200 일	300 일	400 일	500 일
수 소	45	164	298	431	565	662
암 소	43	149	257	348	420	472

(5) 쇼트호온(Shorthorn)

① 연혁

쇼트호온은 영국 동북부가 원산지이며 육우로서는 가장 오래된 것 중의 하나다. 따라서 그 개량종도 여러 가지가 있으며 우수한 종류도 많다. 원산지는 다이스강을 중심으로 하여 그 연안의 옥야(沃野), 요크셔 및 더럼 일대에 걸쳐 있다. 미국에서는 이전에 쇼트호온을 더럼(Durham)이라 부른 것은 이 때문이다.

② 외모

체형은 육용으로서는 크고, 체중은 암소가 630~675kg, 수소는 810~990kg, 표준은 900kg이다. 털색은 여러 가지인데 적, 백, 혼색털 등이 있다. 뿔의 색깔은 광택이 있는 황색인데 짧으며 선단(先端)이 안쪽으로 휘어져 있다. 비경(鼻鏡)은 살색인데 그 중에는 암회색의 것도 있는데 이것은 대부분의 사육자들이 싫어한다.

어깨 끝이 돌출하고 어깨 안쪽이 충실치 못한 것이 많다. 그러나 늑골 붙임이 좋고 체폭(體幅)·체심(體深)이 풍부하며 후구(後軀)는 특히 두께와 너비가 있어 허벅다리가 매우 충실하다.

③ 능력

기르기 쉽고 살찌우기 쉬우나 체표부와 미근(尾根)에 지방류(脂肪瘤)가 붙기 쉽다. 유량은 다른 품종보다 많다. 본종 중에는 젖에 중점을 두어 개량한 것이 있어 유용 쇼트호온이라 부르며 성질은 대단히 온순하다.

발 육 성 적   (단위 : kg)

구 분	생 시	100 일	200 일	300 일	400 일	500 일
수 소	31	117	213	300	400	472
암 소	28	107	176	219	269	308

(6) 산타 카트루디스

미국 텍사스주 킹스빌에 있는 킹란치(King Ranch)에서 만들어진 육우가 산타 카트루디스(Santa Gertrudis)인데 브라만의 혈액이 들어 있어서 하나의 품종으로 인정되고 있다. 진드기, 열에 대한 저항이 크다. 1910년 경 킹란치는 브라만과 쇼트호온과의 잡종이 수소를 순수한 쇼트호온의 우군내(牛群內)에 방목하였다. 이것들의 잡종을 본종의 기초축(基礎畜)으로 사용한 것은 아니지만 1910년에서 1918년에 걸쳐 그것들의 능력은 대단히 좋아 킹란치의 환경에서 브라만의 혈액을 혼입할 가치를 충분히 보여 주었다.

여기에 힌트를 얻어 작출(作出)된 것인데 본종은 쇼트호온의 혈액을 $^5/_8$, 브라만의 혈액을 $^3/_8$ 갖는 것으로 되어 있다. 최초의 우군(牛群)은 3세의 혈액 $^7/_8$인 브라만 수컷 52마리와 2,500마리의 쇼트호온의 암컷으로 만들어졌다. 여기에서 적색의 좋은 암소와 수소가 선택되어 근친 번식이 되었다.

본종은 적색 또는 앵도색의 털색으로 피모는 짧고 미끌미끌하다. 피부는 여유가 있고 흉수(胸垂)·포피(包皮)가 크며 소의 표면적(表面積)을 크게 하고 있다. 견봉(肩峰)은 없고 체형은 육용형이며 체폭(體幅)·체심(體深)이 풍부하다. 활동적이지만 신경질적은 아니다. 생후 8개월에 평균 225kg, 거세우는 4세에 700kg이며, 지육 비율은 높고 육질은 쇼트호온에 떨어지지 않는다. 품종 작출의 역사로 보면 새로운 소의 한 품종이라고 할 수 있다.

(7) 인도소

인도 토산우를 말하는 것으로 곳에 따라 브라만(Brahman)이라 불리기도 하고 제뷰(Zevu)라고도 한다. 유럽·남미(南美)에서는 일반적으로 제뷰라고 하지만 미국에서는 흔히 브라만이라고 말하고 있다. 내서성(耐暑性)이 있고 진드기, 열(熱)에 강하기 때문에 세계적으로 열대 또는 아열대의 소로서 그 지역 소의 개량에도 사용하고 있다. 이것은 보스 인디쿠스(Bos indicus)에서 유래하고 있는 것으로서 유럽소(Bos taurus)와는 종류(種)가 다르다. 그러나 서로 근연(近綠)이어서 양자의 교잡에 의한 종간잡종(種間雜種)은 체형(體型)·번식·능력 등 모든 점에 있어서 정상이다. 이 제뷰속에는 30종 이상의 품종이 있는데 유용(乳用)을 주로 하는 것, 역용을 주로 하는 것 등이 있다. 특히 미소르(Mysore : 유용), 온고울(Ongole : 유역 겸용), 히사르(Hissar : 유역 겸용), 신드(Sind : 유용) 등은 유명하다.

미국에 처음 수입된 것은 1849년 인데 그후 잠시 단절되었다가 1900년초부터 다시 수입되기 시작하였다. 최근에 이것을 이용 열에 강한 육우의 작출(作出)에 이용되었기 때문에 특히 주목되기 시작하였다. 여기에는 아메리칸 브라만, 인도 브라질(Indu Brajil), 아프리켄더(Africander)의 3종류가 있다.

주로 미국의 동남부 텍사스에서 사육되고 있다. 내서성이 있고 진드기, 열에 강하기 때문에 인기가 있고 여러 종의 새로운 잡종이 육용으로서 육종되고 있다. 예컨대 애버어딘 앵거스와의 잡종을 브랑거스(Brangus)라고 말하며, 또 프랑스 원산의 대형 육우 샤로레(Charolais)와의 잡종을 샤브레(Chavoray)라 한다.

(8) 심멘탈

심멘탈은 스위스 서부 심멘탈지방이 원산지이며, 털색은 황갈색 또는 적갈색이지만 머리 다리 등은 흰색이며 뿔이 있다.

체구가 큰 편으로 비교적 빨리 자라며 우유와 고기소를 생산하는 겸용종이나 고기용으로 개량되었다. 도체율은 60％정도로서 낮은 편이지만 생시체중은 40kg내외이고 성우암소는 800kg, 수소는 1,100～1,200kg 정도이다.

발 육 성 적 (단위 : kg)

구 분	생 시	100 일	200 일	300 일	400 일	500 일
수 소	42	156	287	409	528	631
암 소	39	144	252	339	404	451

(9) 리무진

프랑스 서중부의 리무진지방이 원산지로서 털색깔은 황갈색으로 약간 짙은 색이며, 한우와 비슷하여 구분하기가 어려우나 한우보다 얼굴이 약간 작으며 콧등이 흑색이다. 체구는 한우보다 훨씬 큰 품종이며 생시체중이 38kg내외이고, 성우암소는 600kg, 수소는 900kg 정도이다.

2. 비육우의 체형과 비육 자질

거치른 사료를 먹여도 발육이 왕성하여서 체중이 증가하고 기르기 쉬운 소도 있으며, 양질의 사료를 많이 주어도 체중이 잘 증가하지 않아 살찌우기가 어려운 소도 있다.

기르기 쉽고 살찌기 쉬운 소를 사육하면 숙성이 빠르고 비육기간을 단축시킬 수 있으므로 사료비도 훨씬 절감된다.

만일 같은 기간 동안 비육한다고 하면 살찌기 쉬운 소는 증체율이 높기 때문에 완성된 체중이 무거우므로 그만큼 비싸게 받을 수 있다.

또 같은 사료를 같은 양으로 주어 비슷한 정도로 살이 쪄도 자질이 좋은 고기의 소일수록 비싸게 팔린다. 그 자질은 육질에 관계가 있기 때문이며, 지육 거래가 되면 육질은 물론 지육 비율이 높고 상등육이 많은 소일수록 유리하기 때문이다.

이와 같이 기를 소를 잘 고르고 못고르는 것은 직접적으로 비육 경제를 크게 좌우하는 것이다.

다두 사육이 되면 종래와 같은 1~2 마리 사육의 경우와 달라서 소마다 충분하게 관리하기가 곤란하므로 살찌기 쉽고 비싸게 팔리는 소를 구입하도록 해야 한다.

(1) 살찌기 쉬운 소를 고르는 법

① 체적이 큰 소

• 몸집이 좋고 충실한 것

늑골이 길고 가슴이 깊으며 배의 깊이도 충분한, 다시 말하면 몸집의 깊이가 풍부한 소가 좋다.

이와 같은 소는 다리가 짧아 보인다. 가슴이 얕은 소는 체질이 약하고 기르기 힘들며 또 배가 깊지 않은 소나 늑골이 짧아 동체가 몽탁한 소도 살이 붙기 어렵다.

• 몸집의 폭이 넓을 것

가슴팍이 넓고 기갑(어깨 위 부분)이 두꺼우며 등 폭, 허리 폭, 엉덩이 폭 등이 모두 넓고, 늑골이 잘 뻗은 소가 기르기 쉽다.

늑골이 술통 모양으로 잘 뻗고, 늑골이 길다는 것은 그 속에 들어 있는 중요한 내장이 잘 발달되어 있다는 증거라 할 수 있다.

늑골이 잘 뻗지 못하고 평륵(平肋)과 늑골 사이에 살이 붙지 않고 등뼈와 늑골 사이에 계단이 되어 있는 2단 늑골은 기르기 어려우므로 피하는 것이 좋다.

• 중구(中軀)의 길이가 적당한 것

동체의 신장이 좋고 나쁨이 문제이지만 기르기 쉽고 살찌기 쉽다는 점으로만 생각한다면 동체가 몽탁한 소가 오히려 더 좋고 완성도 빠르다.

다만 완성된 육우로서 생각한다면 동체가 잘 뻗은 쪽이 육량이 많아 유리한 것이므로 이 두 가지 면에서 생각한다면 동체의 신장이 적당한 것이 좋다. 동체가 너무 길고 다리가 긴 것은 기르기가 힘들고 완성에 시간이 걸리므로 고르지 않도록 한다.

② 몸집 각 부위에서 주의할 점

두부는 얼굴이 몽탁한 것이 좋고 너무 긴 것은 기르기 힘든 경향이 있다.

목이 잘 뻗고 입이 큰 것이 기르기 쉽고 입을 벌리고 혓바닥 표면이 까칠까칠한 것, 이빨이 튼튼한 소가 유리하다.

침착하지 못하고 눈을 두리번거리는 소는 신경질적이므로 살찌기 어렵고 목덜미가 굵고 눈 길이가 짧은 소가 살찌기 쉽다.

가슴팍은 깊고 폭이 충분해야 할 뿐 아니라 앞가슴이 넓어야 한다. 피부를 잡아당겨 보아서 여유가 없는 소는 기르기 힘들고 살찌기 어렵다.

이상과 같이 몸집의 폭이 깊이가 있고 체적이 큰 소를 고르는 것이 무엇보다도 중요하다.

(2) 육질이 좋은 소를 고르는 법

① 자질이 좋은 소일 것

육질과 가장 깊은 관계를 갖고 있는 것은 자질이다. 이에 대해 시험한 보고의 결론에 의하면 자질이 나쁜 소는 육질도 나쁘다. 그러나 자질이 최상이라고 해서 육질도 최상이라고 할 수는 없다.

자질이 중상 정도 이상의 것에 대해서는 자질만이 육질을 좌우하는 것이 아니라 자질, 체형, 비육도, 고기 및 지방의 부착 상태 등의 종합된 것이 육질을 좌우하게 된다.

따라서 자질은 육질을 좌우하지만 자질이 좋으면 좋을수록 육질도 이에 평행해서 좋아진다는 것은 옳지 않다. 생체 거래에서는 같은 연령, 같은 비육 정도라면 자질의 양부에 의해 가격에 커다란 차가 생기는 것이 보통이다.

자질이라는 것은 피모, 피부, 뿔, 골격, 발굽을 말하는데 다음에서 그 좋고 나쁨에 대하여 간단히 기술하기로 한다.

* **피모(皮毛)는 가늘고 부드러우며 밀생하고 있는 것**

피모는 피부와 함께 털살이라고 하며 육우에서는 이들의 양부가 크게 문제가 되므로 기를 소에 있어서도 털살이 좋은 것을 고르도록 해야 한다.

피모는 가급적 가늘고 부드러우며 광택이 있고 밀생하고 있는 것이 좋다. 겨울털은 만져 보아서 우단과 같은 촉감을 주는 것이 최상이며 여름털은 대체로 딱딱하지만 그런대로 부드러우며 밀생하고 있는 것이 좋다.

다만 10월부터 11월 하순에 걸쳐서, 또 3월부터 4월에 걸친 털갈이기에는 죽은 털이 많으므로 촉감이 좋지 않다는 것을 알아 두도록 한다.

털의 광택은 소의 건강과 밀접한 관계가 있어 털이 건조하여 바삭바삭한 것은 좋지 않다.

여름털은 겨울털보다 광택이 있으며 가을이나 봄의 털갈이기에는 건강한 소라도 광택이 좋지 않은 것이 보통이다. 또한 털색깔과 비육과는 무관하므로 털색에 신경쓸 필요는 없다.

- 피부도 얇고 부드러우며 탄력이 있는 것

피부는 얇은 것이 좋다. 다만 소의 피부는 3세 정도까지는 두꺼워지고 연령이 많아질수록 얇아진다.

부드럽고 탄력이 있어야 한다. 즉 가죽을 찝어 올렸다 놓으면 놓자 마자 고무공처럼 곧 원상복귀되는 것이 좋다.

- 뿔은 색깔이 좋고 질이 치밀한 것

뿔은 위쪽이 흑색이고 밑 뿌리에 가까운 곳이 수청색인 것이 좋으며 광택이 있고 질이 치밀하며 미끈한 것이 가장 좋다.

이와 같은 것은 수청각(水靑角)이라고 해서 가장 환영을 받는다. 백각(白角)이라고 하는 흰뿔이나, 능각(綾角)이라고 하는 황갈색을 띠고 있는 뿔 또 얼룩각이라고 해서 흑백의 얼룩이 있는 뿔은 육질이 좋지 않다.

그러나 색깔보다 질이 중요하며 같은 백각이라도 약간 윤기가 있는 백색이나 바탕에 푸른기를 띠고 있는 듯한 찐득찐득한 느낌을 주는 질이 좋은 뿔이라면 육질도 좋다고 볼 수 있다.

그러나 백각으로 그 표면이 꺼끌거리는 뿔은 가장 좋지 않다.

젊은 소로서 각상피(角上皮)를 덮고 있을 경우, 즉 대각(袋角) 의 경우는 뿔 밑동에 가까운 부분을 잘 보아야 한다.

백색이나 황갈색 등 투명해 보이는 것은 백각, 능각, 얼룩각으로 구별된다.

- 발굽은 새까맣고 질이 좋은 것

발굽은 크고 두꺼우며 매끈매끈하며 조직이 치밀한 것이 좋다.

- 다리는 뼈가 두툼하고 보기에 좋은 것

뼈가 두툼하다는 말은 비절(飛節)이 선명하고 잘 발달하였으며, 근육(筋肉)이 짜임새 있고, 그 경계가 뚜렷하며 힘줄이 솟아오른 느낌을 준다. 피부가 얇음으로 혈관이 뚜렷하게 튀어나오게 된다.

그리고 보통 사지가 건조하다는 뜻도 된다.

또 보기에 좋다는 말은 뼈가 가늘고 게다가 관골(管骨)이 평골(관골을 옆에서 보면 어느 정도 굵지만 앞이나 뒤에서 보면 매우 가늘다)이라는 의미이다.

자질이라는 것 중에서 특히 육질과 관계가 깊은 것은 구분하는 사람에 따라서 일정하지 않아서 뚜렷하지가 않다.

뿔과 털의 질이 좋고 나쁜 것이 육질의 양부와 가장 관계가 깊다고 볼 수 있다.

즉 각질이 좋지 않은 것은 육질이 나쁘고 모질이 좋은 것은 대체로 육질이 좋은 편이다.

대체로 모든 자질이 중상 이상이 바람직하므로 털은 최상인데 다른 것이 중 이하의 것이 많다든가, 다른 것은 대체로 중상 이상인데 털이 극단적으로 나쁘다든가 하면 육질이 좋지 않다.

② 돼지 엉덩이처럼 생긴 후구(後軀)의 소는 피한다

돼지 엉덩이 소는 지금은 거의 찾아 볼 수 없게 되었지만 근육이 크게 발달하였으며 후구가 크고 특수한 모양을 하고 있다.

즉 요각(腰角) 폭이 좁은데도 볼기의 폭과 좌골 폭이 극단으로 넓은 것, 십자부에 살이 부풀어 올라 마치 실한 수레말〈荷馬〉과 같이 이중 허리를 하고 있는 것, 넓적다리의 안팎이 모두 크고 두꺼우며 특히 바깥 쪽과 뒤쪽에는 홈이 파이고 뒤쪽이 튀어나온 엉덩이를 하고 있다.

이 돼지 엉덩이소는 비육이 되어도 지방이 적을 뿐만 아니라 고기에 짜임새가 없고 물기가 많으며 고기맛이 전혀 없어 육질은 최하등이다.

요즈음에는 돼지 엉덩이소가 매우 드물지만 이런 소를 닮은 것은 가끔 볼 수 있다.

엉덩이가 튀어나왔다든가, 넓적다리 안쪽이 너무 두껍다든가, 그 바깥이나 뒤쪽에 홈이 파였다든가, 요각(腰角) 폭은 보통보다 좁은 데도 볼기 폭이나 좌골 폭이 너무 넓다든가, 십자부가 수북하게 솟아올라 이중 허리가 되었다든가 하는 형태의 것은 육질이 나쁘다고 해서 기피하고 있다.

그러므로 최상의 육질을 목표로 하는 비육일 경우에는 이런 소를 선택하지 않도록 한다.

(3) 지육비율이 높은 소를 고르는 법

지육이라는 것은 껍질을 벗기고 사지끝과 꼬리를 떼어내고 신장과 그 주위의 지방을 남기고 다른 내장을 전부 제거한 뼈가 붙은 고기를 말한다. 이 지육 중량을 도살 전의 체중으로 나눈 것을 지육 비율이라고 한다.

비육이 진행되면 살이 찌고 지방이 침착하여 지육 중량이 커지는 한편, 제거되는 부분은 별로 변하지 않으므로 굵은 것일수록 지육 비율이 높아지게 된다.

비육 방법이 같다면 지육 이외의 제거되는 부분이 적을수록 지육 비율이 높아진다. 따라서 소를 선택할 때는 지육 비율도 매우 중요하다.

• 머리가 큰 소

몸에 비해 머리가 큰 소는 지육 비율이 떨어지며 뼈가 굵은 것이 많으므로 지육 비율은 더 낮아진다.

• 피부가 두꺼운 소

대체로 귀도 두껍고 느슨하며 흉수(胸垂)나 악수(顎垂)가 너무 크고 뼈도 굵은 경향이 있다. 이런 소를 거친 소라고 하는데 일반적으로 지육 비율은 낮다.

• 다리는 짧고 가는 것

도살할 때 앞다리는 무릎 관절에서, 뒷다리는 비절(飛節) 바로 밑에서 도려 내고 꼬리는 밑동에서 잘라내므로 다리는 짧고 뼈는 가는 것이 또 꼬리는 짧은 것이 지육 비율이 높다.

• 복부는 적당히 짜임새 있고 처지지 않은 것

배가 크고 잘 뻗은 것은 중요하지만 배가 처지거나 옆배가 튀어나온 것은 좋지 않다. 조악한 조사료로 사육된 늙은 소에서 흔히 볼 수 있다. 이런 소는 비육시켜도 내장의 무게가 많아 지육 비율이 좋지 않다.

(4) 상등육이 많이 붙는 소를 고르는 법

우리나라에서는 포장육을 제외하고는 고기를 등급별로 팔지 않지만 외국에서는 보통 1~5등육까지 등급을 정해서 각기 값에 차이를 두고 판매하고 있다.

우리나라에서는 등급별로 팔고 있지는 않으나 상등육이 많은 지육일수록 소비자들에게 환영을 받는다.

이와 같은 소를 고르자면 다음과 같은 점에 주의하는 것이 중요하다.

• 어깨가 두껍고 등허리는 폭이 넓고 길며 등선이 곧바른 것

1등육이 많이 붙은 등허리는 육우에 있어서 중요한 부위이다. 등폭이 넓고 좁음에 따라 로오스 심의 크기에 많은 차가 생긴다.

우선 척추 허리의 폭이 넓은 것을 고른다.

이것이 긴 것은 로오스도 길지만 완성이 늦어지나 소비자한테 환영을 받는다.

어깨도 3등육이 붙는 곳으로서 두툼한 것이 좋다. 어깨가 얇은 것은 등폭이 나기 어려우므로 가장 상등육인 로오스도 적어져서 좋지 않다. 가령 여위었더라도 어깨가 두껍고 허리의 뼈가 잘 뻗은 등폭이 넓은 소는 비육하면 등허리가 충실하여 좋은 고기를 생산할 수 있다.

등선이 곧은 소는 등에서 허리에 걸쳐서 살이 고르게 붙는다. 허리가 움푹한 소라든가 접배(接背)의 소는 허리에 살이 잘 붙지 않는다.

• 볼기는 경사가 적고 넓으며 길 것

볼기, 즉 엉덩이는 등 허리에 버금가는 상등육(2등육)이 붙는 곳이다. 옆이나 뒤에서 보아 경사진 볼기는 그만큼 그 부분의 살이 적다는 뜻이 된다.

폭이 넓고 길수록 볼기의 육량이 많은 셈인데 그러기 위해서는 요각(腰角)볼기, 좌골폭이 넓어야 하며 특히 볼기의 폭이 있어야 한다.

• 넓적다리는 넓고 두꺼울 것

넓적다리도 상등육이 다량으로 붙는 곳이므로 볼기와 마찬가지로 중요하며 두께나 넓이도 충분히 있는 것이 좋다.

그러나 단지 넓고 두꺼울 뿐, 충실하지 않은 것은 좋지 않다. 특히 바깥 퇴부의 살붙음이 좋고 나쁨은 볼기폭에 따라 좌우되므로 볼기의 폭이 충분하고 볼기의 위치가 좋은 것이 바람직하다.

옆으로 보아 상퇴부, 하퇴부의 폭이 충분하고 뒤에서 보아 다리 사이가 깊이 파여 올라갔거나 외퇴부가 파여졌거나 두께가 있는 넓적다리의 것을 고르도록 한다.

또한 등허리, 후구의 살은 상등육이므로 여기에 살이 많이 붙을 훌륭한 체형의 것이 좋다.

이상과 같이 살이 잘 찌는 소와 고기의 질이 좋은 소를 설명하였으나 많은 소가 있는 우시장에 가서 보면 모든 소가 다 비슷하여 알기 어려우나 여러 번 소를 사서 기르게 되면 자연스럽게 알게 된다.

그러므로 빨리 습득할 수 있도록 노력하여 보다 좋은 소를 구입하여 사육하도록 한다.

몸의 생김새와 비육관계

비 육 과 의 관 계	형 상
식욕이 좋고 다루기 쉬운 소	① 얼굴이 짧아 보이는 것 ② 눈언저리가 선명한 것 ③ 비량이 길지 않은 것 ④ 입턱이 넓으면서 입이 크게 보이는 것 ⑤ 가슴이 넓고 깊이가 있는 것 ⑥ 복부(腹部)가 적당히 크고 늘어지지 않은 것
고기질이 좋은 소	① 귀가 작고 얇어 보이면서 부드럽고 혈관이 불거진 것 ② 귀안의 털이 부드러운 것 ③ 어깨가 어느정도 넓어 보이는 것 ④ 고폭(尻幅)이 좁고 경사가 져있고, 선골이 불거진 것 ⑤ 퇴의 형상이 빈약한 것 ⑥ 털은 가늘고 부드러우며 밀생한 것 ⑦ 뿔은 둥글고 가늘면서 부드럽게 보이는 것 ⑧ 평각으로 가늘고 색과 질이 좋아 보이는 것 ⑨ 뿔의 선단은 검고 하부는 약간 청색을 띠고 있는 것
고기양이 많은 소	① 머리가 심하게 크지 않는 것 ② 흉수가 크지 않은 것 ③ 경부가 가늘고 피부에 주름이 잡힌 것 ④ 꼬리와 뿔, 평골이 가는 것 ⑤ 늑골이 넓은 소 ⑥ 배요가 평평하고, 폭이 넓고, 두터운 것 ⑦ 요각폭이 넓고 십자부가 평평한 것 ⑧ 고가 길고 넓으며, 경사가 지지 않는 것 ⑨ 관폭과 관이 위치가 적당한 것

(5) 그림으로 본 좋은 소 고르기

㉠ 몸의 폭이 넓고 풍만하며 다리가 짧은 긴 네모꼴〈長方型〉의 모양이

어야 한다.

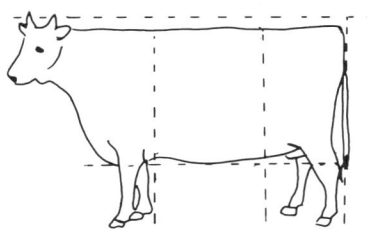

ⓛ 등은 넓고 늘씬하고 평평하며 너무 길지 않아야 한다.
ⓒ 갈비는 잘 퍼져 있어야 한다. 퍼져 있지 않은 소는 살이 잘 찌지 않는다.

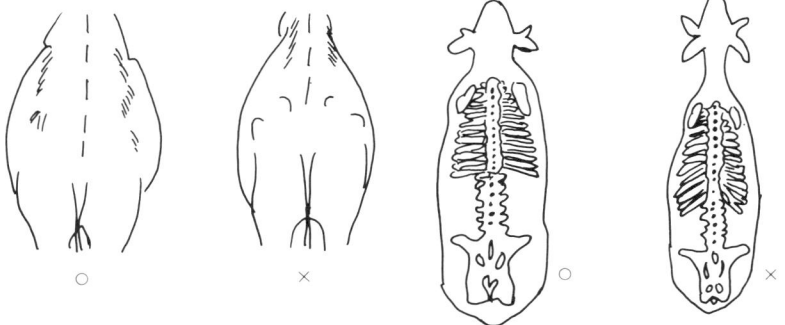

ⓔ 어깨는 넓고 두꺼워야 한다. 넓지 않은 것은 나쁘다.

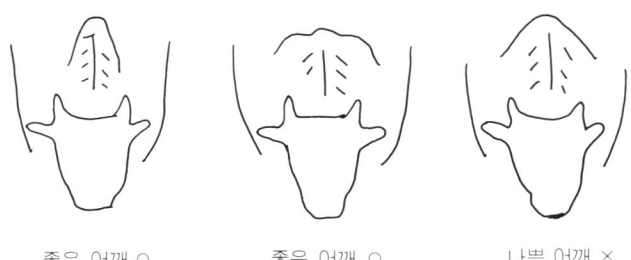

좋은 어깨 ○   좋은 어깨 ○   나쁜 어깨 ✕

ⓜ 얼굴은 긴 것보다 짧은 것이 좋다. 입은 큰 것이 먹성이 좋고 사료
이용성도 높다.

짧은 얼굴 ○   긴 얼굴 ×

ⓗ 등과 허리는 평평하여야 하며 구부러진 것은 나쁘다.

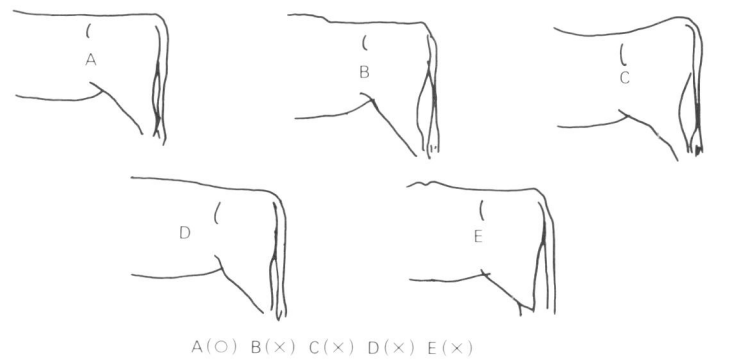

A(○) B(×) C(×) D(×) E(×)

ⓢ 넓적다리가 넓고 두터워야 좋으며 작은 것은 나쁘다.

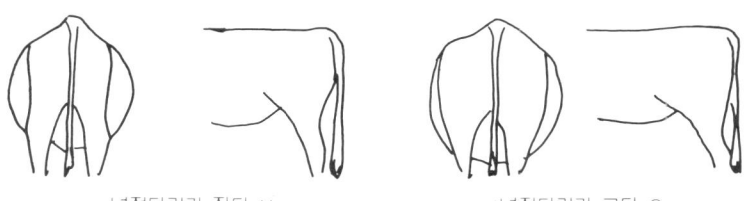

넓적다리가 작다 ×   넓적다리가 크다 ○

◎ 엉덩이가 평평하고 높지 않아야 한다.

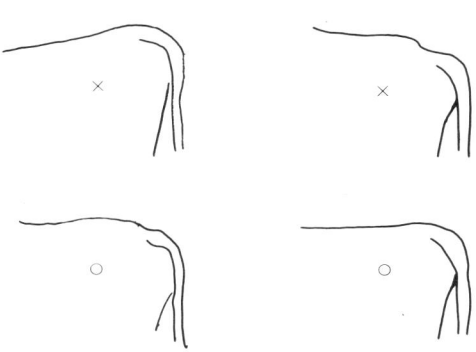

ㅈ 난소에 이상이 있어 가끔 발정을 일으키며 밖에 나가면 성질이 사나 워서 수소처럼 행동을 한다.

　　이런 소는 대부분 꼬리가 붙은 부분이 올라가 있다.

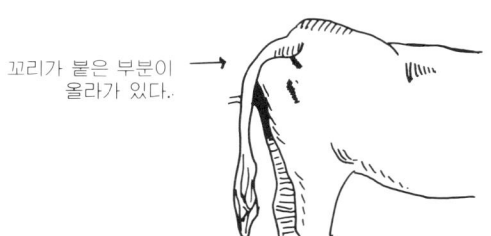

꼬리가 붙은 부분이
올라가 있다.

ㅊ 피부는 얇은 편이고 만져보아서 좀 여유가 있고 탄력이 있으며, 털은 부드럽고 밀생하며 가늘고 짧은 편이 좋다.

ㅋ 다리는 비교적 짧은 편이 좋다.

ㅌ 고약한 냄새가 나며 피와 끈끈한 점액이 섞인 설사를 하는 소는 좋 지 않다. 이런 소는 대개 몹시 말라보인다.

　　그밖에 병의 증세가 있는 소, 피부병이라든가, 가려워서 비빈다든 가, 물어 뜯는다든가 하는 습관이 있는 소는 나쁘다.

제 3 장 한우의 개량과 심사

1. 한우 개량의 의의

농업 경영이 점차로 집약화됨에 따라 경종농업과 함께 발달해 온 가축인 한우도 경제 능력이 우수한 것으로 개량되어야 한다.

지금까지 한우의 경제 능력에는 역용능력과 산육능력(産肉能力)이 주가 되지만 이밖에도 번식능력을 생각해야 한다.

우리가 바라는 한우는 역용능력 보다는 살이 잘 찌고 연산성(連産性)이 좋아 송아지를 매년 한 마리씩 낳도록 해야 하는데 이와 같은 것은 머지 않아 실현될 수 있는 것이므로 이것을 보다 빨리 달성하고자 하는 데 바로 한우 개량의 의의가 있는 것이다.

2. 한우 개량의 방향

한우 개량의 필요성에 대해서는 누구나 공통된 생각이나 그 목적달성을 위한 방법으로 잡종개량과 순종개량의 두 가지 방법이 있다.

잡종개량이란 외국종과 교잡하여 품종을 개량하는 방법이고, 순종개량이란 다른 품종과의 혼혈을 피하고 한우 자체 내에서 선택과 도태로 개량을 꾀하는 방법이다.

이 두 가지 방법은 각각 장단점을 가지고 있으나, 잡종개량에 대해서는 신중히 생각해야 할 여러 가지 문제가 남아 있다. 즉, 잡종 개량에 있어서는 젖소 또는 고기소와의 교잡을 시도하여 유용(乳用)이나 육용(肉用)의 겸용종을 만들고자 하는 것으로 불가능한 일은 아니지만, 목표한 바의 실현은 결코 쉬운 일이 아니다. 경솔히 혼혈을 만들었다가는 거기서 생산되는 F₁의 관리 문제, 또는 그 과정에 있어서 일어나는 여러 가지 부작용에 대한 농민의 희생, 그리고 자칫하면 한우가 가지고 있는 고유의 특징마저 상실하기 쉽다.

이와 같이 잡종개량 문제는 도서지방 같은 특수 지대에서 시험적으로 하는 것이 좋으며 현재 강화군내에서 한우와 샤로레와의 교잡시험을 하는 것으로 알려져 있다.

한우와 헤어포드 및 앵거스종 교잡시험성적 　　　　　　(단위 : kg)

품종별 ＼ 월령별	생 시	6 개월	12	15	18	지 수
한　　　　우	21.0	106.9	168.3	178.7	213.4	100
헤 어 포 드	26.3	114.0	173.9	193.6	228.4	107
한우×헤어포드	24.1	117.0	181.5	200.3	238.1	112
F_1 ×헤어포드	26.8	121.7	159.9	193.3	220.7	103
앵 　 거 　 스	28.5	129.4	202.2	217.7	259.9	122
한우×앵 거 스	24.3	143.1	205.2	213.8	252.4	118

※ 농가관행 사육결과임 　　　　　　　　　　　　　　　(자료 : 축시 '63)

그러나 비록 개량의 속도는 느리지만 한우 개량의 목표는 순종개량에 두고 한우 자체내에서 그 우수한 특질을 개량 발전시키도록 하는 것도 좋은 방법이다.

여기서 한 가지 유의해야 할 점은 한우 개량의 근본 목적은 제반 경제능력의 향상에 있지만, 이것은 결코 어느 특정한 한두 마리의 우수한 소를 만들기 위한 것이 아니고, 우리 나라 한우 전체를 균일하게 어느 표준선 이상으로 향상시키는 데 있다는 점이다.

순종개량과 교잡개량의 장단점 비교

	순 종 개 량	교 잡 개 량
장 점	● 품종고유 특성의 순수성 보존	● 우량형질의 유전인자 도입으로 개량속도 조기 실현
단 점	● 불량형질 유전인자로 인한 개량 속도 지연	● 비계획적 교배시 축군의 능력 불균일

3. 한우 개량의 경과

한우 개량은 서기 1919년대부터 논의되기 시작하였으나 기록에 명시되어 있는 것은 1916년에 제정된 보호우 규칙(保護牛規則)이 처음이다. 다만 이 규칙은 개량의 목표만을 표시한 극히 간단한 것이었으며, 그후 1930년 경에 비로소 주로 체형(體型)을 중심으로 한 기초 연구가 싹트기 시

작하여 계속 몇 가지 연구가 진행되었다. 이 연구 성적이 기초가 되어
1938년에는 한우 개량의 지침이라고 할 수 있는 한우심사표준(韓牛審査
標準)이 제정되어 실질적인 개량사업이 시작되었다.

한편 이와 때를 같이하여 젖소인 '홀스타인'과의 잡종 시험이 극히 소
규모적으로나마 시작된 것이 한우에 대한 개량사업의 시초라 할 수 있
다.

그동안의 개량의 경과를 체형 중심으로 하여 8·15를 전후로 나누어
보면 다음과 같다.

8·15전의 것 : 체형에 관한 개량은 영남 지방의 한우에 대하여 조사
연구한 것이 처음이다. 일본인 가나다니씨는 영남 지방의 암소 500마리
에 대하여 체고(體高)를 비롯하여 체중에 이르기까지 몸 각부의 20개
부위를 측정하였다. 이것을 생물 통계학적으로 처리하여 그 결과 표준
체형을 작성하여 이 지방 한우 개량의 기초를 확립하였다.

이어서 평안도 및 함경도 지방의 소도 각각 500마리씩 조사 연구하였
는데 가나다니씨는 한우를 체형상으로 세 가지로 구분하여 경상도 지방우
를 소형우, 함경도 및 경기도 지방우를 중형우, 평안도 지방우를 대형우
로 분류하고 있다.

한우의 체형별 체고와 체중의 측정 평균치

구 분	체 고 (cm)	체 중 (kg)
소 형 우	117.7	240
중 형 우	122.6	392
대 형 우	126.9	427

이와 같이 한우의 개량에는 한국의 기후·풍토·지형 조건, 그밖의 천
연적 요소 및 영농 상태 , 농가 경제의 실정 등 인위적 사정을 기초로
하여야 할 것이다. 그간의 체형 변화를 보면 각 지방우의 몸 각 부위가
모두 증대되어 있음은 주목할 만한 일로서 이와 같은 체형의 증대 이유
는 그 동안 선택의 효과와 사양 관리 기술의 개선으로 발전된 것이라
할 수 있다.

4. 한우 개량의 방안

① 등록 제도의 확정

한우의 개량은 작물(作物)의 경우와 같이 어느 한 개체의 우수한 것을 만드는 것이 아니고 선택과 도태에 의한 한우 전체의 유전 형질을 개량시키는 등록사업이 실시되어야 한다.

그런데 한우의 능력에 관계되는 유전인자는 그 수가 매우 많고 또 조합(組合)도 복잡하므로 우량 인자를 동형화(同型化)하는 것은 쉬운 일이 아니다. 우량 인자 동형화의 기초가 되는 선택과 도태를 하려면 그 소 자체의 체형·자질·능력·번식·성적 등이 명확하게 기록·보존되어 있어야 할 뿐만 아니라 소의 조상 능력까지 조사하여 그 인자형을 추정하여야 한다.

② 종모우의 생산

한우 뿐만 아니라 어느 가축이든지 수컷이 암컷보다 많이 남기 때문에 그 후대(後代)에 미치는 영향은 매우 크고 또 그 범위도 넓다.

종모우의 자질이 떨어지면 그 지방 한우 전체에 미치는 영향은 우리가 상상할 수 없을 만큼 큰 것이므로 엄격한 검사를 거친 우수한 종모우를 계획적으로 생산 배치하여야 한다.

따라서 좋은 혈통으로 양친이나 그 근친의 번식 성적이 좋은 것들 간에 생산된 수송아지 중에서 체형이나 발육이 좋은 것을 골라 이것을 도종축장 등에서 잘 육성하여 내용적으로나 체형적으로 훌륭한 종모우를 육성하는 것이 중요하다. 지금은 가축품평회를 개최하여 출품된 우수한 종모우를 확보한 다음 엄격한 능력검정을 실시한 후 우량하다고 판정될 때 그 종모우의 정액을 전국에 공급하기도 한다.

'88 소 인공수정 계획

(단위 : 천 두)

	한육우	젖소	계
축 협	182	77	259
민 간	544	351	895
계	726	428	1,154

(자료 : 농림수산부 '88)

5. 우체(牛體) 각부의 명칭

소를 심사하려면 먼저 소의 몸 각부의 명칭을 알아야 하므로, 소의 전반에 관한 명칭을 다음 그림에 적어보기로 한다.

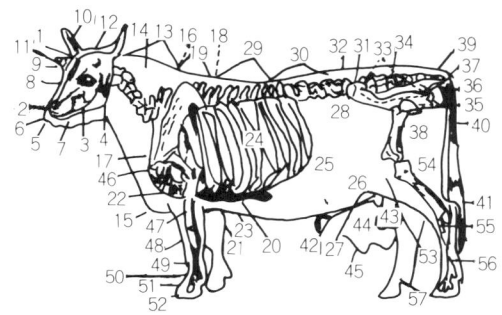

우체 각부의 명칭

1. 이마 2. 비량 3. 뺨 4. 턱 5. 비경 6. 콧구멍 7. 입 8. 눈 9. 샘 10. 뿔 11. 귀 12. 항 13. 목 14. 경봉 15. 흉수 16. 어깨 17. 견란 18. 견후 19. 기갑 20. 가슴 21. 무릎뒤 22. 가슴앞 23. 가슴밑 24. 갈비 25. 배 26. 하겸부 27. 정강이 28. 삼각부 29. 등 30. 허리 31. 코각 32. 십자부 33. 엉덩이 34. 천골 35. 곤 36. 전 37. 좌골란 38. 퇴 39. 미근부 40. 미장 41. 미방 42. 모피 43. 고환 44. 유방 45. 유두 46. 상박 47. 전박 48. 무릎 49. 관 50. 구절 51. 계 52. 발톱 53. 후슬 54. 경부 55. 비절 56. 후관 57. 부제

6. 우체 측정법

① 체형의 측정

한우의 등록 심사, 혹은 품평회 또는 종우검사는 체형을 측정하여 체격의 대소, 발육상태 및 몸 각부의 균형 등을 수치(數値)로써 나타낸다. 한우 심사 표준에도 표준체형이 기록되어 있으며, 이것은 몸 각부위가 적당히 균형을 이루도록 만들어진 수치로 되어 있다.

몸체 측정기구로는 체척계(體尺計 : 측장이라고도 함), 캘리퍼〈挾尺計〉 및 줄자 세 가지가 필요하다.

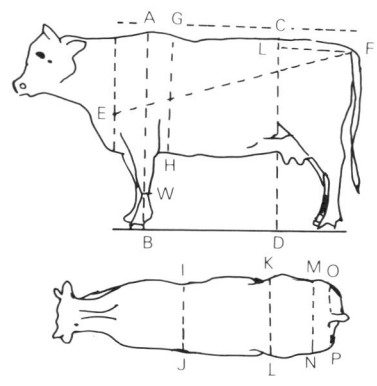

소의 측정 부위

A~B: 체고 C~D: 십자부고 E~F: 사체장 G~H: 흉심 I~J : 흉폭
K~L : 요각목폭 M~N : 곤폭 O~P : 좌골폭 L~F : 고장

소의 체형 측정은 일반적으로 다음과 같이 11부위에 대하여 실시한다.

㉠ 체고(體高)……기갑최고부에서 지면까지의 수직 거리.

㉡ 십자부고(十字部高)……십자부에서 지면까지의 수직거리.

㉢ 흉위(胸圍)……견갑골 뒤쪽에서 앞겨드랑이를 통하는 가슴의 둘레.

㉣ 흉폭(胸幅)……흉위를 측정한 부분에서 가슴 좌우가 가장 넓은 부분.

㉤ 흉심(胸深)……흉위를 측정한 부분에서 가장 높은 부위. 즉 배선(背線)에서부터 가장 낮은 부위인 흉골 하부까지의 수직 거리.

㉥ 요각폭(腰角幅)……요각 바깥쪽의 가장 넓은 부간(部間).

㉦ 곤폭……좌우 곤관절의 가장 넓은 부간.

㉧ 좌골폭(坐骨幅)……좌골 결절 바깥쪽의 가장 넓은 부간.

㉨ 사체장……견단(肩端)에서 좌골 결절 후단부까지의 사선 거리, 또는 이 부간의 수평 거리도 측정하지만 일반적으로 사선 거리를 이용한다.

㉩ 고장(尻長)……요각 바깥쪽에서 좌골 결절 후단부까지의 거리.

㉪ 전관위(前管圍)……오른쪽 전지(前肢) 발목의 가장 가는 부위.

② 체중(體重: Live Weight)의 측정

우리는 소가 정상적으로 발육하고 있는가, 표준 체중을 유지하고 있는가, 또는 정확한 사료 급여량을 정하기 위한 것 등의 목적으로 항상 정확한 체중을 알고 있어야 한다.

소의 체중은 우형기(牛衡器 ; Animal Scale)로 측정하는 것이 가장 정확하지만, 이것이 없는 곳에서는 줄자로 흉위와 체장을 측정하여 공식(公式)에 의하여 산출하는 간이체중측정법(簡易體重測定法)을 이용할 수 있다.

소의 간이체중측정법에는 여러 가지가 있으나 예를 들어 다음과 같다.

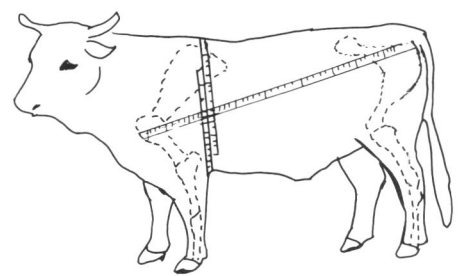

간이 체중 측정법

㉠ 추정체중(kg)＝가체중(kg)－(흉위－사체장)×T (공식1, 한우)

㉡ 추정체중(Lbs) ＝흉위(인치)×흉위(인치)×사체장(인치)÷300 (공식2, 육우)

(※ 1인치＝2.54cm, 1Lbs＝0.45kg로 환산 적용)

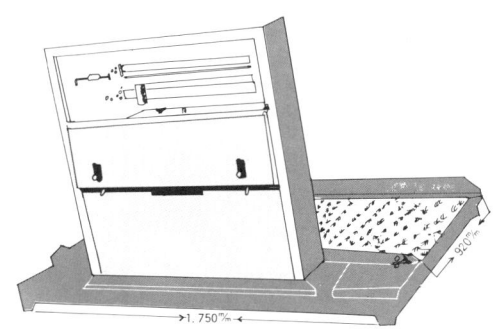

(형식 K9, 175형 개인 및 새마을 단체용)

한우의 줄자에 의한 간이체중 추정치 계수

가슴둘레 (cm)	수소		암소		가슴둘레 (cm)	수소		암소	
	가체중 (kg)	t	가체중 (kg)	t		가체중 (kg)	t	가체중 (kg)	t
100	94	0.9	92	0.9	152	303	2.0	298	2.0
104	106	1.0	104	1.0	156	327	2.1	322	2.1
108	119	1.0	117	1.1	160	353	2.2	348	2.2
112	132	1.2	123	1.1	164	380	2.3	375	2.3
116	144	1.2	142	1.2	168	409	2.4	403	2.3
120	156	1.3	153	1.3	172	439	2.5	432	2.5
124	168	1.4	166	1.4	176	470	2.7	463	2.6
128	182	1.4	179	1.4	180	503	2.8	495	2.8
132	198	1.5	195	1.5	184	535	2.9	527	2.8
136	217	1.6	214	1.6	188	568	3.0	559	3.0
140	237	1.7	233	1.7	192	599	3.1	583	3.1
144	258	1.8	254	1.8	196	631	3.2	625	3.2
148	278	1.9	273	1.9	200	666	3.3	660	3.3

(자료 : 축시 '83)

고기소의 줄자에 의한 간이체중 조견표

가슴둘레	몸 무 게	가슴둘레	몸 무 게	가슴둘레	몸 무 게	가슴둘레	몸 무 게
cm	kg	cm	kg	cm	kg	cm	kg
100	93	128	184	156	316	184	516
102	98	130	192	158	327	186	532
104	103	132	201	160	338	188	548
106	109	134	210	162	351	190	564
108	115	136	219	164	366	192	580
110	121	138	228	166	381	194	596
112	127	140	237	168	396	196	613
114	133	142	246	170	410	198	631
118	147	146	264	174	441	200	649
120	154	148	275	176	456	202	667
122	161	150	285	178	471	204	685
124	168	152	295	180	490	206	703
126	176	154	305	182	500	208	722

7. 연령 감정법

소의 연령은 능력에 직접 관계가 있으므로 어떠한 방법으로든지 연령을 감정할 필요가 있다. 등록증이 있으면 정확한 연령을 알 수 있으나 그렇지 못한 실정이므로 이와 뿔로써 연령을 감정해야 한다.

① 이(齒)에 의한 방법

이의 발생(發生), 환생(換生) 및 마멸상태 등에 의하여 감정한다.

소의 이는 성우(成牛)에서는 앞니(門齒)가 아래쪽에만 8개(외쪽에는 전혀 앞니가 없다), 어금니가 아래, 위 그리고 왼쪽, 오른쪽 각 6개씩 도합 32개가 있다.

```
            3   3   0   0       0   3   3      위 : 합계 12개  ┐
                                                              ├32개
     아래    3   3   0   4       0   3   3      아래 : 합계 20개 ┘
            뒤  앞  송          송  앞  뒤
            어  어  곳          곳  어  어
            금  금  니          니  금  금
            니  니      앞니         니  니
                         4
```

이에 의한 연령 감정은 보통 앞니로써 하는데 앞니 8개의 명칭은 다음과 같다. 아라비아 숫자는 이의 번호이다.

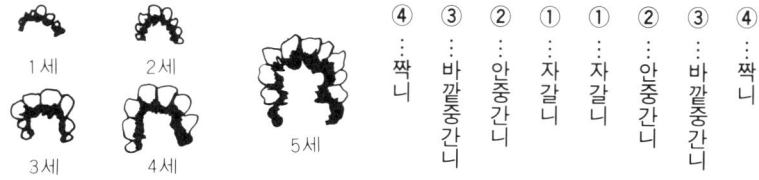

④ ③ ② ① ① ② ③ ④
짝 바 안 자 자 안 바 짝
니 깥 중 갈 갈 중 깥 니
   중 간 니 니 간 중
   간 니   니 간
   니   니

1세 2세 3세 4세 5세

㉠ 생시(生時)…이 사이가 떠 있고 흔들거림 ㉡ 9~10개월…이 사이가 없음 ㉢ 1.5~2살…영구치 4개로 환치 ㉣ 2.5~5살…영구치 4개로 환치 ㉤ 3.5~4살…영구치 6개로 환치 ㉥ 4.5~5살…영구치로 전부 환치 ㉦ 6살…마멸면이 횡타원형 ㉧ 8살…마멸면이 부정형 ㉨ 9살…이 전후가 장타원형 ㉩ 9~11살…마멸면이 원형

젖니(乳齒)는 모양이 작고 영구치(永久齒)는 큰데 연령의 감정은 이 젖니와 영구치의 교환되는 상태로써 한다.

즉, 교환의 시기는 자갈니 1.5~2살, 안중간니 2.5~3살, 바깥중간니 3.5~4살, 짝니 4.5~6살이므로 만 5살이 되면 앞니 전부가 영구치로 교환되는 셈이지만 개체에 따라 다소의 차이는 있다.

만 5살 이상은 앞니의 마멸면으로 감정하는데, 6살이 되면 횡타원형, 8살이면 부정형(不正形), 10살이면 원형, 그리고 13살이 되면 종타원형이 된다.

② 뿔에 의한 방법

암소는 해마다 한 번씩 분만하는 것이 보통이며 생후 2~3살이 되면 초산을 한다. 그리고 임신 말기에서 분만 후 1~3개월간은 많은 영양분이 필요하게 되며 일반적으로 이때 뿔을 형성하는데 필요한 양분이 부족되어 뿔에 홈(凹)이 생기게 된다. 이것을 각륜(角輪)이라 한다.

한번 분만할 때마다 뿔테가 1개씩 생기므로 이 뿔테에 의하여 연령을 감정하게 되는데 이것을 각륜법이라 한다.

연령=(각륜수−1)+ 2.5 또는 5+(2.5−1)=연령

예를 들면, 각륜이 5개 있을 경우

(5−1)+2.5=6.5 또는 5+(2.5−1)=6.5

즉, 각륜이 5개 있는 소는 6.5살이 된다. 2.5는 생후 2.5년(28개월) 만에 초산하게 되므로 이러한 숫자가 나오게 된다.

각륜은 분만하지 않으면 생기지 않는다. 그러므로 각륜 사이의 간격이 일정하지 않고 떨어져 있을 때에는 그 중간에 분만한 일이 없는 해가 있던 것을 말하는 것으로 이 때에는 각륜이 있는 것으로 간주하여 계산한다.

8. 한우 종축 및 후보 종축 외모 심사표준

(1) 한우 외모 심사표준 제정 및 약사

▣ 정부수립 이전

㉠ 1913년 총독부에서 축우 심사방법을 제정하여 1914년과 1916년에 걸쳐 가정

㉡ 1938년 총독부에서 한우 심사표준 제정

■ **정부수립 이후**
　㉠ 제정 : 농수산부고시 제865호(1964. 2. 18) 종축 및 후보 종축 검사기
　　　　준
　㉡ 제1차 개정: 농수산부고시 제2125호(1970. 5. 8) 종축 및 후보 종축 검
　　　　사기준
　㉢ 제2차 개정: 농수산부고시 제2661호(1975. 4. 29) 한우 외모 심사표준
　㉣ 제3차 개정: 농수산부고시 제3083호(1979. 9. 14) 한우 외모 심사표준
　㉤ 제5차 개정 : 농수산부고시 제8558호(1985. 11. 18) 한우 종축 및 후보
　　　　종축 외모 심사표준

(2) 개정사유

　㉠ 현행 한우 외모 심사표준은 종전에는 한우의 역용에 중점을 두어, 심사부위가 너무 세분화됨에 따라 심사하는데 시간이 소요되고 일정 부위별로 심사에 집착하게 되므로 전체적인 외모심사를 소홀히 하는 경우가 있다.
　㉡ 최근 인공수정의 보급확대와 농업의 기계화 보급이 증진됨에 따라 한우의 역용사육 목적이 육용목적으로 전환되어가고 있고, 선진외국의 개정 추세를 감안하여 그간 20여년에 걸친 한우 개량사업 추진에 따라 상당히 개량되어 있는 실정에 비추어 이에 적응하는 심사표준의 개정이 요구되고 있다.

(3) 심사항목 조정내용

　㉠ 현행 일반외모의 특징, 자질, 균형·체적, 품위·성질의 4개항(배점: 종빈우 32, 종모우 33)을 체적·균형과 자질·품위의 2개항 (배점 : 종빈우 34, 종모우 35)으로 상향 조정하여 자질과 체적에 중점을 두어 육용화에 치중함.
　㉡ 머리, 목의 2개항(배점 : 종빈우 5, 종모우 6)을 머리, 목의 1개항으로 통합하고 배점은 동일함.
　㉢ 전구의 기갑·어깨, 가슴의 2개항(배점 : 종빈우 10, 종모우 10)을 전구의 1개항으로 통합하고 배점은 동일함.
　㉣ 중구의 갈비·배, 등·허리의 2개항(배점 : 종빈우 15, 종모우 15)을 중구 1개항으로 통합하고 배점은 종빈우 14, 종모우 14로 조정함.

ⓜ 전구의 십자부·요각, 엉덩이, 꼬리, 넓적다리, 유기·성기의 5개항 (배점 : 종빈우 30, 종모우 28)을 엉덩이와 넓적다리 2개항(배점 : 종빈우 23, 종모우 23)으로 통합하고 유기·성기(배점 : 종빈우 5, 종모우 3)의 항목을 별항으로 분류함.

ⓗ 개정안에 유기·성기의 1개항을 증설하고(배점 : 종빈우 8, 종모우 4) 배점을 상향조정함.

ⓢ 사지·보양의 사지·발굽, 보양의 2개항(배점 : 종빈우 8, 종모우 8)을 지제·보양 1개항(배점 : 종빈우 6, 종모우 8)으로 통합 조정함.

한우 외모심사 표준

부 위	배 점		감점률	득 점	비 고
	암	수			
체 적 · 균 형	18	18			
자 질 · 품 위	16	17			
머 리 · 목	5	6			
전 구	10	10			
중 구	14	14			
후 ⌐엉 덩 이	13	13			
구 └넓적다리	10	10			
유 기 · 성 기	8	4			
지 제 · 보 양	6	8			
계	100	100			

(4) 심사표준 해설

■ 체적 · 균형

㉠ 발육이 양호하며 체구는 넓고 깊으며, 길고 늘씬하여 체적이 풍부한 것.

㉡ 머리·목 , 체구, 사지간의 균형과 전중후구의 균형이 좋으며 체상선과 체하선은 서로 수평으로 육용체형을 구비한 것.

㉢ 영양이 중등도로 살붙임이 균일하여 각부의 이행이 좋은 것.

종우의 영양은 번식에 적당한 상태이어야 하며 보통의 사양관리에서 영양상태가 불량한 것은 사료의 이용성이 좋지 않은 소이다.

체고에 대한 각 부위의 비율   (단위 : cm)

성별\구분	체고	체장	흉심	흉폭	고장	요각폭	좌골폭	흉위	전관위
암	100	120	54	32	41	38	23	142	13
수	100	120	55	33	41	36	22	146	15

■ 자질 · 품위

㉠ 자질이 좋고 윤곽이 선명하여 품위가 있으며 암 · 수의 성상이 뚜렷하고 성질이 온순한 것.

자질이라 함은 피모, 피부, 뿔〈角〉, 발굽〈蹄〉, 뼈〈骨〉, 질 등의 총칭이며 외관상 육질과 관계가 깊은 것으로 이 부위가 좋은 것이 바람직하다. 윤곽이 선명함이란 우체를 보았을 때 그 윤곽이 가는 연필로 선을 그은 것처럼 선명한 것을 말하며 지방이 축적되어 뭉실뭉실하지 않고 몸전체에 적당하게 부착되고 그 위에 피모와 피부가 양호하면 자연히 윤곽이 선명한 것이다.

품위는 자질 · 윤곽 · 성상 등과 상호 밀접한 관계가 있고 또한 균형의 양부에도 큰 관계가 있다. 암 · 수의 성상이 뚜렷함은 수소는 수소답고 암소는 암소다운 것이어야 한다.

㉡ 피모는 황갈색으로 광택이 있고 가늘고 부드러우며 밀생하여 있는 것.

모색은 황갈색이어야 하며 고간의 모색이 담색인 것. 사마귀〈痣〉나 백반(白班) 그리고 전신에 자모가 있는 것은 좋지 않다.

■ 머리 · 목

㉠ 머리는 체구에 알맞게 크고 모양이 좋고 선명한 것. 이마는 평평하고 넓으며 눈은 정기가 있고 온화한 것. 뺨은 풍만하고, 턱은 넓고 튼튼하며, 콧날은 길이가 적당하고 입은 큰 것.

우선 머리전체를 관찰한다. 그리고 머리의 크기가 체구에 알맞아야 하며 너무 크지 않은 것이 좋다.

㉡ 뿔은 색과 광택이 좋고 모양이 좋은 것.

또한 그 질이 조밀하고 육색으로 광택이 있으며 흑색이나 적갈색은 바람직하지 않다.

㉢ 귀는 크기가 중등도이고 목덜미가 넓은 것.

귀의 크기는 머리에 알맞아야 하고 이각은 얇고 부착이 확실하여야 한다.

ⓔ 목은 짧은 듯 하고 머리에서 전구로의 이행이 좋은 것. 암소의 목은 굵기가 적당하고 턱느러미가 작고 수소는 목이 굵고 경봉(頸峰)과 목느러미가 적당히 발달한 것.

■ 전구

㉠ 폭이 넓고 충실하고 깊은 것.

전구는 가슴과 어깨로 구성되어 있으며 가슴과 어깨의 중요도는 대체로 2:1의 비율이 적당하다.

㉡ 가슴은 넓고 깊으며 가슴바닥은 평평하고 앞가슴과 겨드랑이가 충실한 것.

가슴은 앞갈비가 잘 개장되어 흉폭이 넓어야 하며 동시에 흉심이 깊어야 한다.

㉢ 어깨와 기갑은 두텁고 붙임이 좋으며 경사가 알맞고 어깨끝이 돌출하지 않으며 어깨뒤가 충실한 것.

어깨는 기갑이 두터운 것이 좋으며 고기소일수록 두터운 것이 바람직하다. 기갑이 두터운 것은 발육, 사료이용성, 배폭 등과 관계가 있어 중요한 것이다.

■ 중구

㉠ 폭이 넓고 길고 늘씬한 것.

중구는 배요와 늑복으로 구성되며 이의 중요도는 보통 배요와 늑복의 2 : 1의 비율로 한다. 배요와 늑복을 관찰하기 전에 중구 전체의 용적을 관찰하여야 한다.

㉡ 등·허리는 넓고 길며 튼튼하고 곧으며 후구로서의 이행이 좋은 것.

등·허리는 가장 좋은 고기를 생산하는 부위로 이것이 넓고 길며, 살붙임이 두터우면 양질의 고기를 많이 생산하게 된다.

㉢ 갈비는 넓고 길게 잘 벌어져 있으며 갈비 사이는 부착이 좋으며 표면이 평활한 것.

갈비가 넓은 것은 그 각도가 큰 것으로서 갈비를 측면에서 관찰할 때 수평에 대한 각도가 큰 것을 의미하며, 갈비의 각도가 크면 갈비가 잘 개장되어 있는 것이다.

㉣ 배는 풍만하고 처지지 않으며 하겸부가 충실한 것.

배는 소화기를 담고 있기 때문에 되도록 큰 것이 좋고 개장되지 않고 처져 있거나 옆으로 부른 것은 좋지 않으며 공복시 요철이 적은 것이 좋다.

▣ 엉덩이

요각, 관, 좌골은 폭이 넓고 길며 경사지지 않아 모양이 좋고 충실한 것. 요각은 돌출하지 않고 십자부는 평평하며 천골은 높지 않은 것. 꼬리는 부착이 좋으며 곧게 늘어져 있고 미방이 알맞게 발달한 것.

▣ 넓적다리

위, 아래 넓적다리는 넓고 두터우며 충실한 것.

넓적다리의 넓이를 측망할 경우 폭의 넓이로서 상퇴가 넓으려면 고장이 길고, 관의 위치가 좋아 수평에 가까운 엉덩이라야 한다.

▣ 유기 · 성기

유방은 고르게 잘 발달하고, 유연하며 탄력이 있고, 유두는 배열이 좋고 크고 부드러우며 유정맥(乳静脈)은 굵고 긴 것. 성기는 정상적으로 발달한 것.

▣ 지제 · 보양

다리의 길이는 몸길이에 알맞고 자세가 바르며 늑 · 건과 관절이 발달한 것. 발굽은 크고 질이 좋은 것.

▣ 실격조건

㉠ 이모색 : 황갈색 이외에 흑색 백색계통의 혼모가 전신에 산재하여 있는 것.

㉡ 부분이모색 : 암소의 유방부, 수소의 치골부의 심한 백반이란, 해당 소의 체고의 2~3배의 거리에서 관망하여 위 부위에 완연히 백반이 확인 되는 것과 이외의 백반과 호반모와 부분 흑갈색모 및 배선이 만선인 것.

㉢ 눈꺼풀과 눈언저리의 흑색 및 비경의 흑색이란, 눈주위가 흑색이고 비경(비공)이 이색인 것.

㉣ 유전적 불량형질이란

제1류 : 장기재태, 무모, 하악관절강직, 선천성맹목, 단제, 유전성지련축 등을 말함.

제2류 : 소안구 무미 등을 말함.

제3류 : 이모색, 유두부족, 돈구, 무각 등을 말함.

※ 이성쌍태아중 불임축이란, 후리마틴중 불임축으로서 번식능력이 없는 것을 말함.

㉤ 감점 50%이상 부위가 있는 것이란, 심사 부위 9개 항목중 50%이상 감점 부위가 있는 것을 말함.

㉥ 부정한 행위로 실격조건을 은폐시킨 것이란, 인위적으로 처리하여 실격조건을 은폐한 것을 말함.

9. 한우 종축 검정요령

(1) 당대검정

① 검정대상우와 검정기간 및 방법

㉠ 검정대상우는 생후 5~6개월령 수송아지로서 체중이 110kg이상이며 종축등록이 된 것으로서 외모 심사평점이 75점 이상이어야 한다.

㉡ 검정방법은 예비검정과 본 검정으로 구분하는데 예비검정은 생후 5~6개월령에서 1개월 이내로 하며 동기간중 기생충구제, 예방접종, 질병검사와 사육환경에 대한 적응여부를 검정하고 본검정은 예비검정이 끝난 후 180일간 실시한다.

② 체중, 체위, 사료섭취량과 사료효율 및 외모심사, 정액검사

㉠ 체중은 매 30일마다 측정하고 개시시와 종료시는 연속 3일간 측정한 평균치로 한다.

㉡ 체위는 생후 6개월, 9개월, 12개월령에 조사하고 체고, 십자부, 체장, 흉위, 흉심, 흉폭, 고장, 요각폭, 관폭, 좌골폭 전관위의 11개 부위를 측정한다.

㉢ 사료섭취량은 매15일 간격으로 급여량에서 잔여량을 감한 것을 조사하고 증체량으로 나누어 사료효율을 조사한다.

㉣ 외모심사는 농림수산부에서 고시하는 종축및 후보 종축 심사기준에 의거 검정개시시와 종료시에 실시한다.

㉤ 정액검사는 다음과 같이 한다.

[정액검사기준]
• 검사월령 및 방법

당대 검정우는 검정완료 직후부터 1주일 간격으로 5회 이상 실시하고 후보종모우는 종빈우와 교배전에 1주 간격으로 2회 실시한다.

- 검사 항목 및 기준

㉠ 정액사출량 : 1회 3cc 이상.

㉡ 정자의 활력 : A급 50% 이상.

㉢ 정자의 기형률 : 15% 이내.

㉣ 정자수 : 1cc당 5억 이상.

㉤ 정자의 냉동성 : 양호.

㉥ 수소이온 농도(pH) : 6~7.

㉦ 삼투압 : 250~350 OSMOL.

㉧ 기타 : 무색, 무취이며 혈액이나 농이 없는 것.

- 정자의 등급

	A(100)	B(85)	C(50)	D(25)	E(0)
생 존 율	91% 이상	71~90%	51~70%	31~50%	30% 이하
활 력	5	4	3	2	1
기 형 률(%)	10 이하	11~15	16~25	26~40	41 이상

※ 생존율, 활력, 기형률이 C급 이하는 선발대상에서 제외

- 정자의 활력 판정기준

㉠ 5(최우량) : 80% 이상이 매우 활발한 운동을 하는 것.

㉡ 4(우수) : 70~80% 정도가 활발한 운동을 하는 것.

㉢ 3(양호) : 50~70% 정도가 전진운동을 하는 것.

㉣ 2(보통) : 20~50%가 약간 전진운동을 하는 것.

㉤ 1(불량) : 30% 이하의 운동과 전진운동을 하는 것.

- 검정우 선발제외

검정우 중 일당증체량이 1.0kg 미만이거나 외모심사 결과 75점 미만인 경우 정액검사에서 불합격된 것은 선발대상에서 제외한다.

(2) 후대검정

① 검정대상우와 검정기간 및 방법

㉠ 당대검정에서 선발된 것.

㉡ 도 및 전국단위 축산진흥대회에서 입선된 것.

㉢ 종축 검사 합격축 또는 이에 준하는 외모심사 결과 80점 이상으로서 종축등록이 된 것.

② 검정우는 다음 기준에 의거 심사한다.

㉠ 나이는 16~18개월령일 것.

㉡ 체중은 400~490kg일 것.

㉢ 최고는 130cm 이하일 것.

㉣ 정액 검사에 합격한 것.

㉤ 외모상 기형 또는 유전적 결함이 없는 것.

검정기간은 예비검정과 본검정으로 구분하며 예비검정은 생후 5~6개월까지로 하고 이 기간중 기생충 구제, 예방접종, 질병검사와 사육환경 적응여부를 검정하고 본검정은 예비검정이 끝난 후 365일간 실시한다.

③ 종빈우

종빈우는 자기가 사육 또는 일반 양축농가의 암소를 대상으로 하며 그 기준은 다음과 같다.

㉠ 나이는 2~6세로서 정상적으로 발육하고 외모심사 결과 평점이 75점 이상인 것.

㉡ 체중은 300kg 이상인 것.

㉢ 등록기관에 종축으로 등록이 된 것.

④ 검정용 송아지 선발기준

㉠ 후보종모우 1두당 종빈우는 30~60두에 교배시켜 생산된 수송아지는 10~20두 이상이어야 한다.

㉡ 이유일령은 150~180일령으로 한다.

㉢ 외모는 기형 및 유전적인 결함이 없어야 한다.

㉣ 선발두수는 후보종모우 1두당 8~15두로 한다.

⑤ 다음 송아지는 검정을 하지 않는다.

㉠ 만성질환이 있는 것.

㉡ 1개월이상 체중성적이 열등한 것.

㉢ 후보종모우 두당 검정 송아지가 6두 미만인 것.

㉣ 사고에 의해 계속 사육이 어려운 것.

⑥ 조사사항

검정용 송아지의 체중, 체위, 사료섭취량, 사료효율, 도체성적을 조사하고 외모를 심사한다.

㉠ 체중은 매 30일마다 측정하는데 개시시와 종료시는 연속 3일간 측정하여 평균치로 한다.

㉡ 체위는 생후 6개월, 12개월, 18개월시 측정한다.

㉢ 사료섭취량을 측정한다.

㉣ 외모심사는 농림수산부 에서 고시한 종축 및 후보 종축 심사기준에 의거 18개월령에 실시한다.

㉤ 도체성적은 도체율, 정육률, 배장근 단면적 및 등부위의 지방침착 상태를 조사하며 세부기준은 검사기관에서 정한다.

기타사항은 사양관리, 검정결과 등으로 자세한 것은 생략하고자 한다.

(3) 심사표준의 활용 방법

한우 심사 표준은 앞에서와 같이 각부분 총계 100점 만점으로 되어 있는데 이것을 채점에 의하여 심사하려면 각 부분마다 만족하지 못한 정도에 따라 몇 %씩 감점(減點)한다.

심사 방법에는 채점 심사와 비교 심사의 두 가지가 있는데, 전술한 채점 심사는 대체로 등록할 때에 이용하지만, 품평회 등에 있어 등위(等位)를 결정할 필요가 있을 때에는 먼저 채점 심사를 한 후에 다시 비교 심사를 하여 우위를 가리기도 한다.

그리고 종축 검정 요령에 의거하여 우수한 종축을 선발하고 있다.

10. 한우의 선정(選定)

소의 선정, 즉 우량우의 심사 기술은 예로부터 전수(傳受)된 경험의 비결이며 이것을 상우법(相牛法)이라고 말한다. 인체에 대하여 골상학이 있듯이 소에는 상우법이 있다.

그동안 우리나라의 한우는 역용이 주목적이었으나 앞에서 말한 바와 같이 육용으로 많이 전환되고 있으므로 송아지와 비육우로 나누어 설명하기로 한다.

① 송아지의 선정

 실제에 있어 송아지의 선정은 성우보다 더 어렵다. 그 이유는 송아지는 점차 성장함에 따라 좋지 못한 결점이 나타나기도 하고 또는 반대로 결점이 없어지기도 하기 때문이다.

 즉, 송아지의 선정은 체형, 발육 등의 상황을 조사함과 동시에 장래를 전망해야 되므로 어려운 것은 당연하다.

 송아지의 선정에 있어 특히 주의할 점을 들면 다음과 같다.

  ㉠ 발육이 좋고 건강할 것.
  ㉡ 기르기 쉽고 장차 잘 자랄 소질이 있는 것.
  ㉢ 성질이 좋은 것.
  ㉣ 식욕이 좋은 것.

 ② 큰소 비육우의 선정

 큰소 비육우로서 가장 이상적인 것은 300kg 내외의 수소로서 이것을 비육대상우로 하여 3~5개월 비육하여 출하할 수 있는 것으로 선택 요령은 다음과 같다.

  ㉠ 목의 폭과 길이가 충분한 것.
  ㉡ 중구(中軀)가 크고 갈비가 잘 개장(開張)되어 있는 것.
  ㉢ 피부에 여유가 있는 것.
  ㉣ 목이 짧고 어깨가 두꺼운 것.
  ㉤ 얼굴은 짧은 편이고 입이 큰 것.
  ㉥ 성질이 온순한 것.
  ㉦ 발육이 좋고 소화기가 튼튼한 것.

제 4 장 한우의 번식 생리

1. 한우 번식의 현황

소를 번식시킬 때 너무 어린 것을 일찍 임신시키는 것은 좋지 않다.

소의 처음 발정은 생후 8~12개월 경에 시작되나 이것은 개체에 따라 차이가 크므로 일괄적으로 단정하기는 매우 곤란하다.

이와 같은 조기 임신, 조기 분만을 시켜도 어미나 송아지 모두 건강히 성장되었다는 예가 간혹 있으나 대체로 그렇지 못하고 그 당시에는 직접 보이지 않는 피해가 늦게 나타나는 일도 있다. 이 피해는 암소보다 수소에 영향이 더 커서 경제적으로 이용할 수 있는 연령이 짧아진다.

이것은 1대에만 영향이 있는 것이 아니고 자손에게도 미치게 되므로 신중을 기해야 한다.

발정이 왔다고 즉각 종부하지 말고 16~20개월령에 체중이 250kg 이상 될 때 종부시키는 것이 이상적이다.

2. 한우의 발정과 종부(種付)

① 발정

한우의 발정 주기는 대체로 18~23일 평균 21일이며, 발정을 하면 다음과 같은 징후가 나타난다.

첫째, 외음부가 붓고 충혈되어 있으며 점액(粘液)을 분비한다. 점액 중에는 혈액이 섞여 나올 때도 있다.

둘째, 거동이 불안해지고 눈이 충혈된다.

세째, 자주 소리를 지르며 사료를 잘 먹지 않는다.

네째, 꼬리를 약간 처들고 배뇨(排尿)를 자주 한다.

다섯째, 2 마리 이상 함께 사육할 경우 다른 소의 등에 올라 타기도 하고 다른 소가 기어 올라와도 가만히 있다.

발정지속 시간은 대체로 12~36시간으로 평균 20시간이며, 영양상태 등에 따라 약간 차이는 있다. 한편 분만 후의 발정재귀는 30~90일로 평균 50~60일이다.

② 종부(또는 교배)

교배 적기를 잘 택하지 않으면 아무리 좋은 정액(精液)을 주입하더라도 수태(受胎)가 되지 않는다. 그러므로 어느 시기에 교배하여야 하는가를 다음과 같은 관점에서 정확히 판정하여야 한다.

첫째, 주입된 정자가 암소의 생식기 내에서 수정 능력을 가지고 있는 시간은 약 24～40 시간이다.

둘째, 배란된 난자가 수정 능력을 가지고 있는 시간은 약 5～6시간이다.

세째, 배란의 시기는 일반적으로 발정개시 후 29～32시간 동안이다. 따라서 이와 같은 점을 고려하여 아침에 발정을 발견하면 저녁 때에, 또한 저녁 때에 발정이 시작된 것이면 이튿날 아침에 교배시키도록 하는 것이 이상적이며, 정자의 수정 능력을 고려하여 약 12시간의 간격을 두고 2회 교배시키는 것도 좋은 방법이다.

발정발견 시간과 종부적기

발 정 발 견 시 기	종 부 적 기
아침 9시 이전	그날오후
아침 9시～정오	그날저녁 또는 다음날 아침일찍
정오 이후	다음날 오전중

③ 교배 방법

자유 교배와 보조 교배의 두 가지가 있는데 현재 한우에 있어서는 대체로 보조 교배를 실시하고 있다. 그러나 암·수 함께 방목을 시킬 경우 암소가 발정이 오면 자연 교배가 되기도 한다.

3. 소의 인공수정

최근 가축의 인공 수정이 세계 각국에 널리 보급됨에 따라 한우에도 이 방법을 많이 실시하고 있다. 인공 수정은 우량한 종모우(種牡牛)의 이용 범위가 넓어져 한우 개량이 빨라지며, 정액의 수송이 간편하므로 원거리에 떨어져 있는 우량한 종모우의 정액을 이용할 수 있을 뿐만 아니라, 수태율도 향상되는 등 경제적으로 잇점이 많으므로 앞으로도 계속 확대시켜야 할 것이다.

① 정액채취법

소의 정액채취는 인공질법, 콘돔법, 맛사지법이 있으나 인공질법을 가장 많이 이용하고 있다.

인공질법이란 수소를 의빈대(擬牝臺)에 올라타게 하여 거기에 장치된 인공질 내에 사정시키는 방법과 직접 암소에 타게 하여 인공질로 채취하는 방법 등 두 가지가 있으며 일반적으로 앞의 방법을 많이 이용하고 있다. 인공질이란 고무를 이용하여 만든 것으로 매우 부드럽고 탄력성이 있다.

맛사지법이란 수소의 항문에 손을 넣어 직장벽을 통하여 수정관을 맛사지하여 정액을 사출시켜 보조자로 하여금 용기(容器)에 받도록 하는 것이다.

② 정액의 성장

1회에 채취할 수 있는 정액의 양은 4~6cc정도이며, 빛깔은 크림색을 띤다. 투명액에 가까운 것은 정자의 수가 적은 것이다. 또 1cc의 정액 중에는 약 8~15억의 정자가 들어 있다. 그러나 맛사지법에 의한 것은 정자수가 보다 적고 다른 부생식선 액체가 많이 섞여 있다.

수정하여 수태시키려면 정자의 활력이 왕성해야 한다.

현미경으로 정자의 모양을 보면 길이가 약 60미크론으로 올챙이와 비슷하다. 어떤 것은 꼬리가 끊어진 것, 머리가 두 개 있는 것, 혹은 꼬리가 두 개 있는 것 등 여러 모양의 기형이 섞여 있는데 이것들은 물론 수태되지 못한다. 이와 같은 기형 정자가 너무 많으면 수태가 곤란하게 된다.

③ 정액의 보존법

정액의 보존법에는 두 가지가 있는데 하나는 액상보존법으로 4~5℃로 보관하는 것과 다른 하나는 정액을 오랫 동안 저장하기 위하여 −196℃의 액체질소를 이용하여 보관하는 것이다.

정액은 그 양을 증가시키고 정자의 생리에 도움을 주기 위하여 희석하는데 이 희석액에는 계란노른자를 이용한 난구액 등 여러 종류가 있다. 항생물질을 섞어 정액 중 세균의 번식을 방지하고 액체질소에 보존할 때에는 글리세린을 첨가하여 저온충격을 막아주고 있다.

정액의 저장은 빛깔이 있는 착색병에 넣어 일광을 피하고 일정한 온도 유지를 위해 냉장고에 저장해 두고 액체질소에 저장할 때에는 스트로 등에 정액을 넣어 저장한다.

④ 정액의 주입법

1회의 주입량은 0.5～1.0 ㎖ 정도이나 실제로 정액의 양보다는 정자의 수가 문제가 되는데 이것은 5～10백만개 / ㎖ 정도 주입되면 충분하다.

주입할 때는 보통 질경(膣鏡)으로 질을 벌리고 자궁경관에 주입하는데 요즈음은 질경을 쓰지 않고 직장 내에 왼손을 넣어 자궁경을 잡고 오른손으로 주입기를 자궁경에 넣어 주입하는 방법을 많이 이용하고 있다.

4. 임　　신

① 임신기간

한우의 임신 기간은 275～290일이며 평균 285일이다.

임신 기간은 품종에 따라 다르며 수송아지를 임신했을 때가 암송아지보다 약 하루 정도 더 길다. 또한 연령에 따라 임신 기간이 점차로 길어지고 또 산차에 따라서도 길어진다. 그리고 겨울에 분만하는 것이 가장 길고 가을에 분만하는 것이 가장 짧다.

분만 예정일을 알려면 교배한 달에서 3개월을 빼고, 그 날짜에 10을 더하여 산출한다. 가령 5월 5일에 교배하였다고 하면

5월－3월＝2월　　　5일＋10일＝15일

즉 분만 예정일은 다음해 2월 15일이 된다.

그러나 3월보다 적거나 같은 달에 교배시켰다면 3을 뺄 수가 없으므로 이 경우에는 12월을 더해 준 숫자에서 3을 뺀다. 즉 1월 25일에 교배하였으면 (12＋1)－3＝10, 25＋10＝35 이므로 30일을 1달로 보아 분만예정일은 11월 5일이 된다.

② 임신진단

보통 알려져 있는 임신 진단에는 대체로 다음과 같은 것이 있다.

첫째, 3주일마다 있어야 할 발정이 정지된다.

둘째, 거동이 신중해지고 성질이 온순해진다.

세째, 식욕이 늘고 영양 상태가 좋아지며 배가 커진다(배는 임신 후반기에 커짐).

네째, 임신 5개월 경이 되었을 때 젖꼭지를 강하게 짜보면 젖이 나온다.

그리고 직장검사법에 의한 방법은 수정 후 40～60일 이후면 난소의 임신

항체를 촉진할 수 있고 3개월 이후는 중자궁 동맥의 박동을 갇지하거나 자궁의 궁부를 촉진할 수 있다.

자궁촉진에 의한 임신 확인은 수정 후 2～3개월 및 7개월 이후라야 가능하며 4～6개월 간에는 자궁내의 태아가 복강에 하강되어 촉진하기가 어렵다.

발정호르몬 에스트로겐을 종부 후 17～20일에 주사하여 2～3일 이내에 발정유무를 조사한다. 이때 발정이 오면 불임으로 판정한다.

③ 임신중 태아의 발육상태

일 령	태아의 크기		일 령	태아의 크기	
	무 게	몸의 길이		무 게	몸의 길이
30일	0.28 g	12mm	180日	4～7kg	50～60cm
60	7～14	64	210	9～14	61～81
90	85～170	127～152	240	18～27	71～91
120	400～900	20～30cm	270	27～45	71～91
150	2～3kg	30～40			

5. 분　　만

① 분만 전의 상태

분만 전 10일 경이 되면 미근부 즉 꼬리의 밑과 항문 위 양쪽이 손가락 2～3개 들어갈 정도로 오목해지고 외음부는 이완된다. 분만 2～3일 전이 되면 외음부에서 점액이 흐르고 유방이 팽대해지며 젖을 짜보면 황백색의 젖이 분비된다.

② 분만시의 상태

분만은 우선 진통으로부터 시작된다. 약 30분～1시간이 지나면 태아(胎兒)를 싸고 있는 요막(尿膜)이 터져 제1파수(破水)가 일어나고, 다시 30분～1시간이 지나면 양막(羊膜)이 터져 제2파수가 일어나 태아가 만출(娩出)된다. 따라서 진통이 시작된 후 2～4시간 동안에 분만은 완전히 끝난다.

만약 4시간이 지나도 분만이 안 되는 경우는 난산(難産)이므로 수의사의 왕진을 요청해야 한다.

분만과정별 소요시간   (단위 : 시간)

구 분	준 비 기	만 출 기	후 산 기	분만완료
범 위	0.5~24	0.5~4	0.5~8	—
평 균	2~6	0.5~1.0	4~6	8(6~12)
비 정 상	6시간이상	2시간이상	12시간이상	

대체로 난산의 원인은 태아의 위치가 잘못되어 있든지, 태아가 너무 크든지 또는 어미소가 병으로 약해져 있는 경우가 많다. 또 초산에 있어서는 산도가 너무 좁아서 난산인 때도 있다.

다음과 같은 경우에는 일단 난산이라고 생각해야 한다.

첫째, 진통이 약하고, 주기적으로 진통을 하는데 분만이 늦어지는 경우.

둘째, 파수가 된 후에도 태아가 나타나지 않을 때.

세째, 처음에 나타난 태아가 양쪽 앞다리 이외의 부분일 때.

네째, 어미소가 극도로 피로하여 괴로와하고 있을 때.

〈정상적인 태아의 자세〉

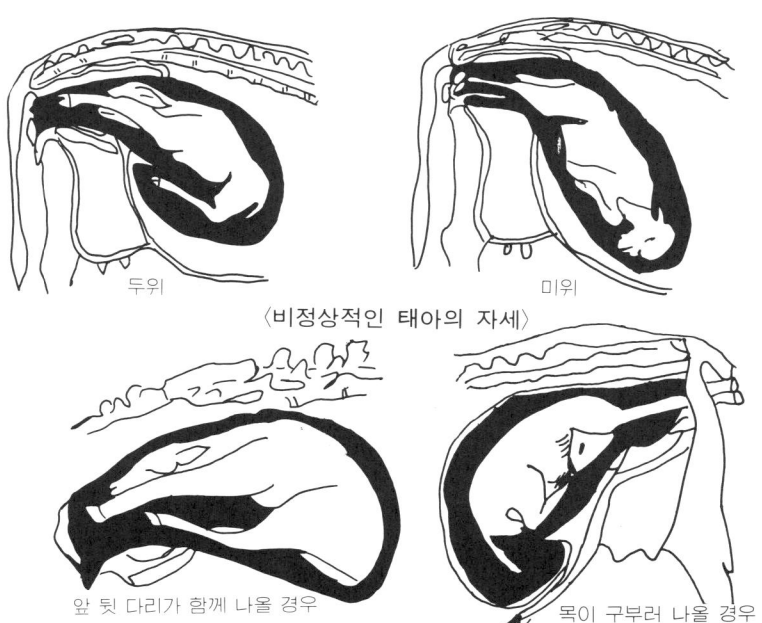

두위   미위

〈비정상적인 태아의 자세〉

앞 뒷 다리가 함께 나올 경우   목이 구부러 나올 경우

③ 분만 후의 관리

어미소는 분만 후에 송아지를 혓바닥으로 핥아 깨끗하게 해 주지만 우선 코와 주둥이에 묻은 끈끈한 점액을 부드러운 헝겊으로 닦아 주어 호흡이 잘 되도록 해 준다. 그 후에 전신을 닦아 주어 속히 마르도록 한다.

보통 분만 후 20~30분이 되면 일어나 걷기 시작하며 곧 어미의 젖을 먹는데 송아지가 허약하여 먹지 못할 때에는 어미의 젖을 먹을 수 있도록 사람이 도와 주어야 한다. 처음 젖은 초유(初乳)라고 하며 면역물질이 들어 있으므로 이것은 송아지에게 반드시 먹여야 한다.

초유와 보통우유의 성분 비교 (단위 : %)

구 분	지 방	무 지 고형물	단백질	글 로 부 린	유 당	칼 슘	인
초 유	3.6	18.5	14.3	5.5~6.8	3.1	0.26	0.11
보통우유	3.5	8.6	3.3	0.09	4.1	0.13	0.24

분만이 끝나면 깔짚을 깨끗이 갈아 준다. 만약 축사가 더러우면 송아지의 배꼽에 염증이 생기는 수가 있기 때문이다. 송아지의 탯줄은 5~7cm 정도의 길이로 자른 다음 옥도정기를 발라 준다.

어미소에게는 소화가 잘 되는 밀기울죽을 끓여 주고 안정시킨다. 밀기울죽은 끓는 물에 1~2주먹 정도의 밀기울과 소금을 조금 섞어 물 한 양동이 정도로 풀어 만든다.

그리고 분만 후 곧 일을 시키는 것은 위험한 일이므로 충분히 휴식을 시켜야 한다.

④ 후산(後産)

후산(태가 나오는 것)은 태아가 나온 후 3~6시간, 늦어도 8시간 가량이 지나면 나오게 된다. 만약 분만 후 12시간이 지나도 후산하지 않을 때는 곧 수의사에 의뢰하여 치료를 청한다.

후산한 태를 즉시 버리지 않으면 어미소가 먹어 식체 등에 걸릴 위험이 있으므로 소가 먹지 못하게 해야 한다.

6. 한우의 번식 장애

번식 장애란 불임증 또는 공태(空胎), 난소나 자궁 등의 생식 기관에 병이 생겨 임신이 안 되는 것을 말한다. 이것은 번식에 큰 지장을 가져오며 번식우 사육 농가에서는 경제적인 손실도 적지 않고 번식 장애 원인도 매우 복잡하다.

① 번식 장애의 원인

소의 태반구조는 다른 가축보다 복잡하게 생겼기 때문에 후산정체가 일어나기 쉬운 점과 분만 후의 재기발정이 평균 60일 정도로 다른 가축에 비하여 매우 늦기 때문에 수축이 늦은 자궁은 오랫 동안 이완되어 세균의 침입을 받기 쉽다.

한편 수정란의 착상이 늦은 까닭에 이 기간내에 유산하기 쉬운 상태가 되며 번식 장애가 생기기 쉽다.

② 번식 장애의 예방법

생식기의 고장, 영양 장애 및 내분비 장애 등의 세 가지로 번식장애가 일어난다. 생식기의 고장으로 일어나는 것은 대개 세균에 의한 것이므로 우사의 소독을 철저히 해야 하며 특히 유산을 하였을 때에는 깔짚을 모두 태워 버리는 것이 제일 안전하다.

또 난산, 유산 혹은 후산정체 등의 뒤에는 자궁 세척을 해 주는 것이 좋으며 영양 장애와 내분비 장애는 무엇보다 사양 관리의 개선이 가장 중요하다. 특히 임신 후반기의 사양관리는 더욱 중요하다. 또한 임신한 소에게는 무기물 등의 부족이 없도록 하여야 한다.

번식 장애인 소는 전문가의 정확한 진단에 의하여 호르몬제 등으로 치료하면 수태가 되며 약제로는 여러 종류가 있으며 축산시험장에서 보고된 성적은 다음과 같다.

아도헬스 투여 후 발정발현율

구 분	계	투여경과 일수별 발정발현				미발정
		16~30일	31~60일	60~	계	
두수(두)	30	8	16	3	27	3
비율(%)	100.0	26.7	53.3	10.0	90.0	10.0

아도헬스 투여에 의한 수태율

구 분	처리두수	발 정		수 태	
		두 수	율 (%)	두 수	율 (%)
P M S	30	27	90	14	66.7
아도헬스	30	27	90	20	74.1

7. 종모우의 성적 능력

종모우는 아무리 체형과 자질이 우수하여도 성적 능력이 왕성하지 않으면 쓸모가 없다. 종모우가 폐용이 되는 가장 큰 원인은 수정 능력이 저하되는데 있다. 특히 이것은 그 사양 관리에 결함이 있는 것이 대부분이므로 여기에 대한 충분한 인식을 갖고 있어야 한다.

온도의 영향이 성적 능력에 미치는 바가 큰데 이것은 소의 고환에서 정자를 생산하자면 항상 체온보다 고환의 온도가 낮아야 된다. 따라서 종모우를 여름날 뜨거운 폭염 아래 장시간 놓아두면 정자에 이상이 생겨 수태율이 떨어지며 이 영향은 상당히 장기간 계속될 뿐만 아니라 25℃이상이 되면 성욕도 저하된다.

한편 겨울 온도가 너무 낮아도 성활동에 지장이 생기게 되므로 축사는 항상 서늘하고 또 춥지 않게 하여 5℃ 이상을 유지시키는 것이 바람직하다.

다음은 광선의 영향인데 너무 어두운 곳에서 기르면 성적 능력이 나빠지므로 낮에는 될 수 있는 한 일광욕을 시켜 신진 대사를 왕성하게 한다.

그리고 단백질, 비타민, 무기물 등 충분한 영양을 섭취시켜야 한다.

정자생성에 중요한 성분은 단백질이며 정액도 주로 단백질로 만들어졌기 때문에 종모우는 단백질이 풍부한 사료를 주어야 한다.

8. 산육 생리와 그 응용

육성 또는 비육 중인 한우의 체형, 살붙음, 골격 등이 그 사이에 어떻게 변하는가, 그것이 어떤 구조로 해서 이루어지는가 하는 것을 여러 가지 과

학적인 수단으로 명백히 하는 학문을 산육(産肉, 혹은 비육) 생리학이라고
한다.

따라서 산육 생리학은 비육 기술의 기초이므로 이 이론을 충분히 이해해
두면 사양관리도 합리화되어 나아가서는 비육 경영도 유리하게 된다.

그러므로 실제 비육을 하고 있는 농가에서 이러한 사항은 알아 두어야
한다고 생각되는 기초적인 문제를 지금부터 살펴보도록 한다.

(1) 비육우의 발육은 어떻게 이루어지는가

① 근육은 주로 근섬유(筋纖維)의 굵기가 커짐으로써 발달된다(수소는 암소보
다, 큰 소는 작은 소보다 살결이 거친 것은 왜 그런가) : 동물의 몸을 구성하
고 있는 최소단위는 세포이다. 근육을 형성하는 세포는 특히 근섬유(筋纖
維)라고 하는 방추형 세포로서 근육을 현미경으로 보면 다음 그림과 같이
가느다란 근섬유가 매우 많이 모여 있다.

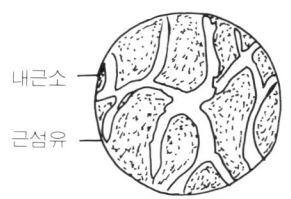

내근소
근섬유

근육을 현미경으로 본것

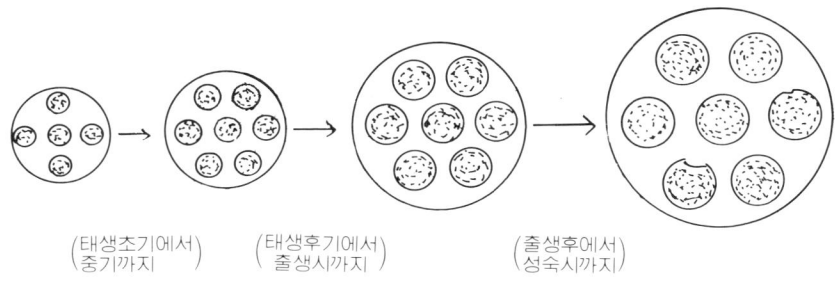

(태생초기에서)
(중기까지)

(태생후기에서)
(출생시까지)

(출생후에서)
(성숙시까지)

근섬유 수의 증가   근섬유의 굵기 증대   근섬유 굵기의 증대

근육의 발달은 근섬유의 증가〈分裂, 增殖〉와 각각의 근섬유가 굵어짐으로써 이루어지게 된다.

이런 상태를 그림으로 표시하면 앞의 그림처럼 되는데 근섬유 수의 증가는 주로 새끼가 모체 내에 있는 동안, 특히 태생(胎生)의 중기까지 이루어지고 그 뒤는 수가 별로 늘어나지 않는다.

그러나 근섬유가 굵어지는 것은 태생(胎生) 후기에서 출생시, 다시 그 소가 성숙기에 이르기까지 계속해서 이루어진다.

따라서 한우라면 어떤 소라도 근섬유의 수는 대체로 같다고 보아도 되며 몸이 크면 근섬유가 가늘다고 보면 된다.

예로부터 몸집이 큰 소는 작은 소보다, 수소는 암소보다 살결이 거칠다고 하는 이유는 이 근섬유라고 일컬어지는 근육을 구성하는 세포의 굵기가 다르기 때문이다.

또한 수소를 어릴 때 거세하면 근섬유가 가늘어진다.

후술하는 바와 같이 이 근섬유 사이에도 지방이 들어간다. 이것이 겹살인데 근섬유가 굵으면 겹살이 거칠어지고 가늘면 겹살도 고와진다.

겹살을 중요시하는 이상 비육 송아지로 그다지 몸집이 큰소를 좋아하지 않는 것과 혹은 수소의 겹살이 아무리 잘 비육하여도 빛깔만 좋고 겹살이 거칠어지는 것은 이런 이유 때문이라는 것을 이해할 수 있을 것이다.

② 소의 신체 발육이나 지방의 부착에는 일정한 순서가 있다 : 영국의 축산학 연구자로서 세계적으로 유명한 하몬드씨는 가축의 몸을 구성하는 각 부분, 조직, 기관의 발육에는 다음 표와 같은 4단계(순서)가 있다는 것을 각종 가축에 대하여 증명하고 있다.

우체와 조직의 발육단계(순서)

발육단계	1	2	3	4
부 위	머 리	목	흉 곽	허 리
조 직	신 경	골 격	근 육	지 방
골 격	관 골	경골(脛骨)	대 퇴 골	골 반
지방의 부착	신장지방	근간지방	피하지방	근육지방(겹살)

가령 조직에서는 신경계(뇌, 눈 등)의 발달은 발육이 극히 조기〈胎生期〉

부터 왕성하게 이루어지는데 그 후는 발육 속도가 점차 완만하게 되고 태생 후기에서 출생 후기의 일정기간에 걸쳐 발육의 중점은 골격의 형성으로 옮아가게 된다.

다시 골격형성의 최성기가 지날 무렵에서 근육 형성에 발육의 중점이 주어지고 이것이 상당기간 계속되었다가 마지막으로 지방의 축적이 왕성해져서 소의 몸은 성숙기에 달하게 된다.

이상 발육의 4단계 조직을 예로 들었는데 소의 신체부분에서 본다면 머리, 목, 다리 등은 빨리 발육하고 흉곽, 허리 등은 후기에 발달하므로 송아지는 다리가 길어 보이고 동체가 막혀 보인다.

사지골(四脂骨)에 관해 보면 사지의 선단부터 먼저 발달한다.

예로부터 다리가 미끈하게 빠진(飛節이 높은) 송아지는 크게 된다는 말은 골격 발육의 제1단계에 있는 관골(管骨)이 길면 다른 뼈도 충분히 뻗을 소지가 있다는 것을 의미하고 있다.

비육면에서 중요한 것은 지방의 부착이다. 소를 비육해서 우선 첫째로 지방이 붙는 것은 신장(腎臟)지방이며, 다음 단계로서 근육과 근육 사이의 근간(筋間) 지방이 붙는다.

다시 그대로 비육을 계속하면 피하지방이 붙으며 마지막으로 근육 속까지 지방이 들어간다. 이런 상태를 일반적으로 겹살이 찐다고 말한다.

겹살이 찌는 상태는 지육 단가에 영향을 주는 수가 많다. 생체로 소를 판매할 때는 소의 외모에서 겹살이 찐 정도까지를 알아야 된다.

이와 같은 경우에는 겹살이 찌는 전 단계인 피하지방이 충분히 쪄 있는가의 여부를 조사할 필요가 있다.

비육우의 하겸부(下臁部), 유방부, 음낭, 배의 하복부, 흉수(胸垂)에서 앞가슴 등은 일반적으로 피하지방이 비교적 없는 부위이다.

이와 같은 부위에까지 피하지방이 충분히 들어있다면 그 다음 지방부착 단계인 겹살이 붙는 것은 쉬우므로 이것은 예로부터 관행적으로 행하여지고 있는 기술이며 산육 생리학적으로도 매우 합리적인 방법이라 할 수 있다.

③ 비육우의 체형이나 완성까지의 기간은 육성시의 영양이 좋고 나쁨에 따라 좌우된다

다음 그림은 전술한 각 부위, 조직, 골격, 지방 부착 등의 발육 순서의 모양을 두 가지 예로써 표시한 것이다.

소의 발달에는 이와 같이 각 시기에 따른 발육에 중점이 있어 제4의 단계를 지나서 성숙기 혹은 비육완료기(겹살이 충분히 들어간 상터)에 달한다.

다음 그림의 A는 높은 영양수준으로 육성, 비육한 소이다.

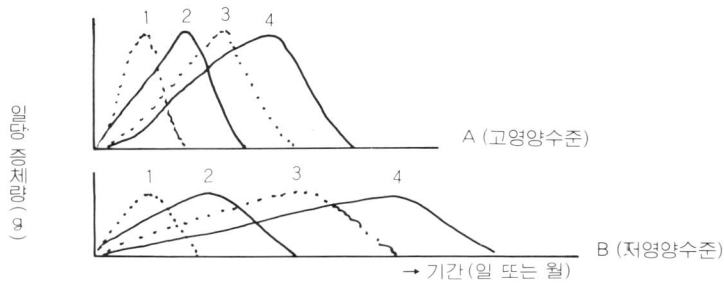

영양수준과 비육기간의 관계
(숫자는 각 발육단계를 표시한다)

이 4단계를 조기에 통과하여 육성비육으로서의 완성도가 빠르건 겹살이 잘 붙은 고기소가 된다는 것을 나타내고 있다.

B는 반대로 포유시(哺乳時)부터 낮은 영양 수준에서 사육되고 육성시의 영양도 충분하지 않은 소이므로 완성까지는 상당한 시일이 소요되고 있다는 것을 나타내고 있다.

이 그림에서도 알 수 있듯이 한우의 발달은 그 처음의 단계에서 차질이 생기면 이것이 차례로 파급되어 결국 만숙(晩熟)이 되어 몸집도 작은 소가 된다.

뼈의 발육은 그다지 큰 영향을 받지 않으나 이때부터 발육이 시작되는 근육의 형성은 그 때문에 현저히 늦어지고 살붙음이 나빠지며 더구나 지방이 붙지 않는 소가 되어 완성 목표인 450㎏에는 달할 수 없다.

구입할 때부터 설사를 계속하여 영양 불량이 된 소도 근육형성, 지방부착이 잘 되지 않는다.

그 이유는 이런 상태에서 생후 10개월 전후가 되면 근육형성기에 들어서는데 이때가 되면 이른바 「고쳐 기르기」를 하여도 이 영양분은 근육의 발달에는 그다지 도움이 되지 않는다. 오히려 그 영양분은 이제부터 시작하려고 하는 지방의 부착 쪽에 주로 이용되므로 몸집이 왜소하고 때굴때굴

굴러가는 소가 되어 370kg을 넘을 무렵부터는 체중이 좀체로 늘어나지 않는 비육우가 되고 만다.

이와 같은 소의 지육은 로오스의 심이 가늘고 신장지방이 너무 많아 정육점에서는 좋아하지 않는다.

이렇게 살펴 보면 한우의 중소비육은 고쳐 기르기가 주효하지 않는 비육이라고도 할 수 있다.

앞의 그림 A와 같이 포유기간부터 잘 길러(높은 영양수준으로 육성), 생후 6개월이면 벌써 체중이 180kg를 넘는 송아지를 기를 소로 선택해야 한다.

이와 같은 송아지는 설령 값이 약간 비싸더라도 앞으로 비육에 유리하다. 또한 이렇게 해서 순조롭게 450kg 이상으로 완성된 소라면 로오스의 심도 굵고 겹살도 비교적 많은 것이 일반적이다.

④ 육성비육과 큰소 비육의 차이점 : 거세우나 암소의 중소비육은 하몬드씨가 말하는 우체 조직의 발육 단계에서 본다면 제3단계 이후의 근육 형성〈增肉〉과 지방의 부착〈肉質改善〉을 하는 비육으로 증육, 즉 고기를 늘이는 데 중점을 두게 된다. 수소의 비육도 또한 마찬가지다.

한편 성우의 비육인 암소의 이상(理想)비육, 노폐우 비육, 큰소 비육 등은 이미 우선은 이 발육단계의 4번째인 지방의 단계에서 말한다면 제1, 제2단계로까지 와 있는 소에게 제3 (피하지방의 부착) 또는 제4단계(겹살이 찔 무렵)까지 지방을 붙여서 주로 육질의 개선을 도모하는 비육이라 할 수 있다.

즉, 고기를 늘이는 것보다도 육질의 개선이 위주가 되는 비육이다. 피하지방을 붙여서 다소 겹살이 나올 때까지 암소의 이상비육은 지방부착의 최종 단계인 겹살이 충분히 박힐 때까지 비육하는 것이 각 비육의 목표로 되고 있다.

따라서 어린 소의 비육과 큰소의 비육은 근본적인 차이점이 있는 것이다.

(2) 비육에 의해 고기의 풍미가 왜 달라지는가

고기의 풍미에 영향을 미치는 요소는 매우 복잡하다. 전술한 고기의 결이나 후술하는 사료에 의하여 영향이 되는 것은 물론 크다.

　그러나 화학 성분면으로 본다면 고기의 수분 함유량과 지방 함유량 및 그 화학적인 성질에 따라서 좌우된다고 생각해도 된다.

　　우체 화학조직이 체중에 의한 변화

생 체 중	수 분	단 백 질	지 방	회 분
분만 직후 24kg	71.8 %	19.6 %	4.0 %	4.3 %
비 육 우 450	52.0	17.1	26.9	4.0

　소의 비육 정도와 화학 성분 관계 : 다음 표의 숫자는 소를 도살한 후, 그 전신을 가루로 만들어(단, 소화기의 내용물을 제거하고) 분석한 결과이다.

　위의 표에서 다음과 같은 것을 알 수 있다.

　첫째, 체내의 수분 함유량은 어릴 때와 비육도가 낮은 동안에는 많고 비육이 진행됨에 따라 감소된다.

　둘째, 체내의 단백질 함유량도 수분과 같은 경향이 있다.

　세째, 지방의 부착은 이것과는 반대로 비육이 진행함에 따라서 증대한다.

　이상과 같은 관계가 있으므로 흔히 어린 소의 고기는 물기가 많고 성우의 고기는 감칠맛이 난다는 이유가 여기에 있다.

　또한 어린 소의 고기는 짜임새가 없다고 하는데 이것은 당연한 일로서 수분이 많으면 아무래도 고기의 짜임새가 없어 얇게 베어내면 흐늘흐늘하게 된다.

　그러나 비만도가 진행되면 수분이 줄어드는 반면, 지방이 늘어나므로 잘라낸 고기를 냉장하면 지방이 굳어져서 고기가 짜임새 있어 보인다.

　특히 곡류를 많이 주면 회고 단단한 지방이 붙으므로 더욱 그런 경향이 강해진다.

　이상(理想)비육과 같이 근육 속까지 충분히 지방의 축적으로 겹살이 되어 끼어들면 감칠맛도 생기고 조리를 해서 열을 가하면 지방이 떨어져 근섬유(筋纖維)도 허물어져서 연하고 맛이 있는 좋은 고기가 되는 것이다.

제5장　한우의 사양관리

1. 송아지 육성

　송아지란 어미소에서 분만된 후 한우의 경우 보통 3개월까지를 말하며 육우는 4～5개월령까지를 말한다.

　송아지 때의 사양관리는 그 송아지가 자라서 큰소가 되는데 있어서 영향을 많이 받게 되기 때문에 아무리 혈통이 좋고 능력이 우수한 자질을 가진 것이라도 송아지 때 관리가 소홀하면 커서도 제능력을 충분히 발휘하지 못하게 된다. 특히 소는 돼지와 달리 위(胃)를 4개 가지고 있으며 송아지가 성장하면서 위도 변하게 된다. 그러므로 송아지 때부터 제1～2위의 발달을 촉진시켜 주는 것이 매우 중요하다.

　① 되새김위(반추위)의 발달과 기능
　● 발달과정
　소와 같이 되새김위를 가진 가축은 분만과 동시에 각각의 되새김위가 충분히 발달하여 제각기 기능을 수행하는 것이 아니고 성장함에 따라 각부위의 발달이 서로 다른 속도로 자라게 된다.
　송아지가 태어나면 제4위의 비율이 다른 위에 비하여 훨씬 크나 점차 자라게 되면 제1위 및 제2위는 매우 빠른 속도로 커지는 것을 볼 수 있다.
　되새김위의 발달을 촉진시키는 요인으로는 다음과 같다.
　㉠ 인공유(人工乳) 등과 같은 송아지용 사료의 조기급여로 발달 촉진
　㉡ 질이 좋은 건초를 송아지에 먹이면 건초가 위벽에 물리적 자극을 주므로 위의 발달 촉진

　생후 월령과 위의 변화

각 위 별	날　때	생후3주령	생후3개월령	생후6개월령	생후1년	완전성장시
제 1 위	1,175 g	3 l	10～15 l	36 l	68 l	150～200 l
제 2 위	100					
제 3 위	160		0.5	2	8	7～18
제 4 위	3,500	4.5 l	6.0	10	12	18～20

　　ⓒ 아세트산, 푸로피온산, 낙산 등과 같은 휘발성지방산의 급여에 따른 위벽에 화학적 자극으로 발육 촉진.

　　● 되새김위의 기능
　　반추동물의 4개의 위(胃) 즉 제1위(혹위), 제2위(벌집위), 제3위(겹주름위), 제4위(샘위)로 구성되어 있으며 각위의 기능은 다음과 같다.
　　㉠ 제1위
　　큰소의 용적은 150∼200 ℓ 정도이며 제1위 안쪽벽에는 1㎝정도에 달하는 여러 가지 형태의 소유두(小乳頭)가 있어 휘발성지방산 암모니아 등을 흡수하며 휘발성지방산과 고형물질은 소유두의 발육을 촉진시킨다.
　　제1위의 중요한 생리기능은 사료의 저장, 혼합 및 발효장소이며 또한 대부분의 최종 발효산물을 흡수한다.
　　㉡ 제2위
　　제2위는 제1위의 전배낭의 연속이라 할 수 있으며 소유두는 제1위에 비하여 그 수가 적고 크기 또한 작다.
　　제1위에서 어느 정도 으깨진 사료중 비교적 비중이 큰 사료가 모이는데 이들은 제2위가 수축될 때 제1위로 되돌아가기도 하지만 제2∼3위구를 통하여 제3위로 들어간다.
　　제2위의 중요한 기능은 사료의 분배역할인데 입자도가 큰 반추용사료는 제1위로 보내고 입자도가 작은 사료나 액상사료는 제3위로 보내진다. 그리고 못이나 철사 등 무거운 물질을 사료와 함께 먹게 되면 제2위에 머무르게 되고 또한 제1위와 같이 발효작용이 있고 발효산물을 흡수하기도 한다.
　　㉢ 제3위
　　제3위는 구형에 가까우며 제4위와는 제3∼4위구에 의하여 서로 통해 있는데 여기에서는 제2∼3위구와 연락되는 제3위구를 볼 수 있으며 그 안쪽벽에는 많은 엽(葉)들이 제3위구와 같은 방향으로 달려있다.
　　중요한 기능은 수분을 흡수하고 마쇄작용를 하는 것으로 알려져 있으나 마쇄작용은 아주 미약하다.
　　㉣ 제4위
　　제1, 2, 3위를 전위(前胃)라고 하며 이는 식도부에 속한다. 그리고 제4위는 위선부에 속하는데 위선부에는 분문선부, 위저선부, 유문선부 등으로 구분된다.

제4위에서는 소화액을 분비하는데 분문선부에서는 점액이 분비되어 위점막을 보호하고 위저선부에서는 펩신, 레닌, 위산을 분비하며 유문선부에서는 점액과 소량의 단백질 분해효소를 분비한다.

- 되새김(반추)의 원리

반추란 반추동물이 주어진 시간에 많은 양의 사료를 먹고 한가한 시간에 먹은 사료를 되씹는 작용을 일컫는데 이 반추작용을 단계적으로 나누어 보면 제1~2위로부터 입으로의 식괴 역출과정, 역출된 액체를 도로 삼키는 과정, 침의 재분비와 재저작과정, 식괴를 다시 삼키는 과정 등으로 나눌 수 있다.

이와 같은 작용은 한꺼번에 많은 양의 공기를 흡입하면 횡격막이 수축하면서 반추위의 압력이 높아지며 동시에 흉부의 압력이 떨어져 식도의 압력이 음압상태가 되어 음식물의 역류현상이 일어나게 된다.

되새김은 대부분 밤에 이루어지며 위 속에 저장된 사료의 종류에 따라 다르지만 평균 하루에 6~10시간 가량이 되새김 작용으로 소비되며 조사료의 섭취량이 많으면 되새김 시간도 길어지게 된다.

② 송아지 단계별 육성

분만된 송아지의 조건 즉 성, 체형 및 발육이나 혈통 등에 따라 장래가 결정되나 축산이 아직도 미흡한 단계에 있는 우리나라의 경우에는 극히 제한된 일부를 제외하고는 그러한 구별 없이 모두 같은 용도에 쓰이고 있다.

그러나 앞으로는 분만된 송아지에 따라 번식용과 육용으로 나누어져 육성하여야 한다. 따라서 다음 송아지의 성(性)에 대하여 이 두 가지 방면으로 나누어 설명하기로 한다.

- 포유 중의 육성

㉠ 분만 직후의 주의 : 앞서 말한 바와 같이 송아지는 분만 후 약30분이 지나면 일어서서 젖을 먹기 시작한다. 포유란 이 젖을 먹는 것을 말한다. 늦어도 1시간 정도까지는 제1회의 포유를 하는데 이 첫번째의 포유가 중요하다.

가끔 송아지가 약해서 일어나 젖을 못 먹는 일도 있고 또 어미가 사나와서 송아지에게 젖을 안 먹이는 수도 있다.

송아지가 약하여 포유를 하지 못할 때란 분만 시간이 너무 길어져 송아지가 약해졌든지 또는 송아지가 태내(胎內)에서부터 다른 원인으로 인하여 허약해졌든지 하면 자기 스스로 일어서서 포유를 하지 못한다.

　분만 후 1시간 정도가 지나도 포유를 하지 못하면 사람이 도와서 젖을 먹이도록 해야 한다. 즉 다리의 힘이 없어 일어서 걷지 못할 때에는 송아지를 껴안다가 어미의 젖꼭지를 입에 물려주도록 해야 하는데 이때 어미의 젖꼭지에는 미리 그 젖을 짜서 발라 주어야 한다.

　또 전혀 일어서지 못하는 송아지에 대해서는 어미의 젖을 짜서 인공 포유를 시켜 주도록 한다. 이 방법은 아주 간단한데 사람의 두 손가락(2지와 3지)을 송아지의 입에 넣고 이 손가락 사이로 젖을 조금씩 부어주면 된다. 이와 같이 하여 2~3홉 정도 먹으면 송아지는 힘을 얻어 일어서는 수도 있다.

　그리고 아주 힘이 약한 송아지는 어미소의 혈액 200cc 정도를 송아지에 수혈(輸血)하는 것도 효과가 있다. 그러나 이것은 수의사에게 부탁해야 한다.

　어미가 포유를 안 시킬 때란 한우에서는 매우 드문 일이지만 간혹 초산의 어미소에 있어서 송아지에게 젖을 먹이려 하지 않는 예가 있다. 즉 송아지가 가까이 가면 뿔로 받기도 하고 발로 차기도 하는데 그 이유는 분만시의 흥분에 의한 것이 대부분의 원인이다. 그러나 초산이 아니고 분만할 때마다 이런 일이 있는 소도 있은데 이와 같은 소는 번식을 시키지 말고 비육우로 사육하는 것이 좋다.

　송아지를 뿔로 받으려 하는 소는 밧줄로 코를 잡아매면 되고 또 발로 차는 것은 우사의 한쪽 기둥에 좀 높이 코를 잡아매고 허리를 새끼로 매어 두면 상당히 효과가 있다.

　ⓛ 송아지의 포유량 : 젖소와 달리 한우는 분만 직후부터 이유까지 자기 마음대로 젖을 먹도록 송아지에게 완전 개방되어 있다. 그러므로 비유량이 많은 것은 송아지가 다 먹지 못하여 유방염이 발생하는 예도 있고 또 그와 반대로 젖이 모자라는 수도 있어 일정하지가 않다.

　ⓒ 포유중의 사료 급여법 : 송아지는 생후 20일 경이 되면 사료를 먹게 된다. 그리고 생후 90일 경이 되면 젖 없이 사료만으로 사육이 가능하다. 이것은 생리적으로 송아지가 어미소의 젖만으로는 자기의 영양을 보충할 수 없기 때문이다. 따라서 보통 10일령부터 송아지에게도 인공우 등 송아지 보조사료를 급여하도록 한다.

이때 어미가 송아지 사료를 먹지 못하도록 방지하기 위해서 어미의 먹이통과 송아지의 먹이통을 따로 떨어지게 하여 사료를 급여하도록 한다.

한우 송아지 인공유 급여 요령

생 후 일 령	어미젖 주는 횟수	인공유 급여량	건 초	물
1~30일	자 유 포 유	10~100 g	인공유의 10~20 %	—
31~40	3회 (아침,정오,저녁)	100~200	〃	—
41~50	2회 (아침,저녁)	200~500	〃	1kg
51~60	1회 (아침)	500~800	〃	2
61~70	2일에 1회 (아침)	800~1,000	〃	3
71~80		1,000~1,500	〃	자유급수
81~90		1,500~2,000	〃	

이때의 사료는 영양분이 풍부하고 소화가 잘 되는 것을 주어야 하는데 성분상으로는 단백질과 무기질이 많아야 한다. 조사료는 질이 좋은 건초를 주고 사일레지 는 생후 6개월 이후에 주는 것이 좋다.

농후 사료는 밀기울, 분쇄한 보리, 콩깻묵 등이 좋으며 황색 옥수수는 비타민 A가 많고, 어분은 단백질과 무기질을 많이 함유하고 있으므로 소량 급여한다.

㉣ 송아지의 설사 : 생후 10일 경이 되면 송아지는 조금씩 사료를 먹기 시작한다. 어미의 사료를 먹기 시작하면 반추(되새김)를 한다. 이렇게 되면 지금까지 아무 작용도 하지 않던 제1위가 활동하기 시작하여 점차로 커진다.

그런데 제1위는 아직 충분히 발달되어 있지 못하므로 이 시기에 어미의 사료중 부패한 사료나 언 사료 등이 섞여 있으면 송아지는 그것을 소화할 능력이 없으므로 위장장애를 일으킨다.

이때의 증세는 식욕이 떨어지고 열이 나며 매우 심한 설사를 한다. 이런 증상이 나타났을 때 일찍 치료하지 않고 그대로 두면 만성이 되어 발육이 좋지 않아 장래에 좋은 소가 되지 못한다.

치료법으로는 테라마이신 등 항생제를 투여하면 효과가 있다.

• 이유(젖떼기)

송아지는 생후 3개월에 이유한다. 이유의 약 1주일 전부터는 어미의 농후 사료를 반 정도로 줄여서 유량이 적어지도록 한다.

③ 육성우 사육

● 이유에서 만 1세까지의 육성

생후 3개월에 이유한 후부터 12개월 까지는 발육이 왕성한 시기이므로 충분한 영양을 공급하여 발육 장애와 운동 부족이 없도록 한다.

구입할 때는 되도록 송아지의 주인에게 지금까지의 사육법을 잘 알아두어 갑자기 사육법을 변경시키지 않도록 하는 것이 무엇보다 중요하다.

● 이 시기의 육성에 주의할 점

장차 번식용으로 사용할 것이면 암수 함께 단단한 골격을 만드는 데 중점을 두고 무작정 살만 찌게 해서는 안 된다. 오히려 다소 여윈 듯하게 보이면서 골격은 크고 늠름하게 발육시켜야 된다. 이와 같이 육성하려면 어떻게 하면 좋은가에 대하여 알아본다.

㉠ 단백질, 회분, 비타민A가 풍부한 사료를 급여할 것. 따라서 좋은 청초, 콩, 목초를 많이 먹일 것.

㉡ 되도록 넓은 방목장에서 운동을 충분히 시킬 것.

㉢ 삭제(발톱깎기)를 1년에 3~4회 정도해야 하는데 우량우로 육성하려면 5~6회 한다.(삭제 방법은 관리편 참조)

㉣ 배를 크게, 늑골(갈비)이 잘 벌어지게 육성할 것.

한우의 체중 변화 추세   (단위 : kg)

성별	연 도	3 개월	6 개월	12개월	18개월	큰 소	지 수
♂	1921(A)	83.1	104.6	173.1	211.5	427.3	100
	1974(B)	87.9	133.1	214.2	289.6	474.1	111
	1980(C)	92.0	147.1	244.1	331.4	499.7	117
	1983(D)	94.9	157.4	259.7	361.5	524.4	123
	D / A	114	150	150	171	123	
♀	1921(A)	67.3	97.8	150.5	195.0	236.0	100
	1974(B)	83.2	127.8	190.7	245.9	379.5	61
	1980(C)	85.5	138.2	203.1	265.2	385.2	163
	1983(D)	88.9	144.3	214.0	274.5	405.8	172
	D / A	132	148	142	141	172	

(자료 : 축협 '81)

ⓜ 발육 상태를 표준에 의하여 비교하여 사료의 급여량을 가감할 것.

이것을 위해서는 체고와 흉위 그리고 체중을 매월 1회씩 일정한 날을 정하여 측정해서 발육 표준에 비교해 보는 것이 필요하다.

ⓑ 장래에 비육용으로 할 송아지는 번식용과 같이 단단하게 육성할 필요가 없다. 따라서 운동은 그다지 많이 시킬 필요가 없고 방목보다는 사내(舍內) 사육이 좋다. 또 삭제의 횟수도 많이 할 필요가 없다. 다만 늑골이 벌어지게 발육을 촉진해야 됨은 번식우의 경우와 마찬가지이다.

- 사료 배합과 급여량
ⓐ 농후 사료와 배합 예
예 1 : 보리 20, 콩깻묵 20, 쌀겨 30, 밀기울 30, 회분 2, 소금 1~1.5
예 2 : 밀기울 35, 쌀겨 35, 보리 24, 요소 3, 회분2, 소금 1
예 3 : 밀기울 40, 보리 54, 요소 3, 회분 2, 소금 1
그리고 농후 사료의 급여량은 다음 표와 같다.

농후 사료의 급여량

월 령	1 두 1일량	
	수송아지	암송아지
6~ 7	1.6kg	1.3kg
7~ 8	1.9	1.6
8~ 9	2.2	1.8
9~10	2.4	2.0
10~11	2.6	2.1
11~12	2.7	2.2

그러나 이 양은 조사료로 질이 나쁜 볏짚과 건초만을 급여하는 경우의 분량이므로 조사료의 질이 좋으면 이 분량의 ½~⅔ 정도로도 가능하다.

ⓑ 조사료의 급여량은 농후 사료를 보통량 급여하고 조사료로서 야초와 볏짚을 주사료로 하는 경우 그 조사료 분량은 다음과 같다.

즉, 여름에 가두어 기를 때에는 청초를 1일 10~15kg 급여하고 낮에 방목을 할 때에는 밤에 사료를 주면 된다. 한편 겨울에는 볏짚과 건초를 합하여 주면 되나 될 수 있으면 사일레지를 급여하는 것이 좋다.

이러한 것들은 이상적인 경우를 말한 것이므로 농촌에서 사료 사정이 뜻대로 안 될 때에는 조사료를 주로 하고 농후 사료는 보리, 옥수수, 강류, 회분, 소금 등을 보충해 주어도 무방하다. 그러나 이때의 발육이 떨어지는 것은 당연한 일이다.

그리고 이 시기의 관리 사항으로는 2~3회 삭제를 할 것과 뿔이 잘못나는 것은 교각(矯角)을 하고 생후 8~10개월이 되면 코뚜레〈鼻木〉를 끼워 준다.

④ 만 2세까지의 육성
• 육성의 근본 방침
이 시기 역시 소는 발육이 왕성한 때이므로 영양이 풍부한 사료를 급여하여 잘 발육시키도록 해야 한다.

1세 때에 좀 단단하게 육성한 뒤에 비육으로 제대로 체형을 갖추게 발육시켜 장래 훌륭한 품위를 갖춘 종우로 만들어야 한다. 그러기 위해서는 대체로 다음과 같은 점에 유의하여 육성해야 한다.

㉠ 방목은 14~15개월 경이 되면 중지하도록 한다.

㉡ 사료는 단백질의 양을 조금 줄이고 지방을 약간 높여 준다. 회분, 비타민 등이 중요한 것은 1세 때와 같다.

㉢ 삭제는 3~4회 해 주고 근처에 시냇물이 있으면 물 속을 끌고 다니면 발톱의 질이 좋아진다.

이상은 종우로 육성할 때의 방법이고 비육우의 경우에는 좀 다르다. 즉, 수소나 거세우에서 3세에 육용을 위한 것은 운동도 적게 하고 삭제 횟수도 적게 하여 발육만 순조롭게 한다. 그러므로 종우로 사용하지 않을 것은 비육을 시작하면 된다.

• 농후 사료의 배합과 급여량
예 1 : 보리 20, 콩깻묵 20, 밀기울 30, 쌀겨 30, 회분 2, 소금 1~1.5

예 2 : 밀기울 30, 보리 20, 탈지강 50, 회분 1.5, 소금 1.5

이 시기의 관리사항으로는 삭제를 4회 정도 실시할 것과 특히 뿔이 나쁜 것은 교각을 할 것. 그리고 생후 13~15개월 경부터 조교(훈련)를 시작하고 사역은 보통 이 조교가 끝난 다음에 시작하도록 한다.

2. 번식용 암소의 사육

이때가 되면 소는 거의 성숙되어 발육도 평균 95~98％ 정도로 성장한 번식용 암소이기 때문에 그 사육도 임신중, 포유중, 또는 배가 비어 있을 때에 따라 다르며 또 초산의 경우와 2~3산 이후와도 다소 차이가 있다.

① 사료의 배합과 급여량

• 농후 사료

실제로는 농후 사료를 급여하기 곤란한 경우가 많으나 참고로 임신 중의 이상적 표준은 다음과 같다.

임신우 사료급여량(분만 2~3개월전)   (단위 : kg)

체중(kg)	일당증체량 (kg)	볏짚급여시		옥수수사일레지급여시	
		볏 짚	배합사료	옥수수사일레지	배합사료
250	0.4	2.9	2.4	15	0.7
300	0.4	3.2	2.7	20	—
350	0.4	3.5	2.8	23	—
400	0.4	3.8	3.1	25	—
450	0.4	4.0	3.2	25	—
500	0.4	4.3	3.5	25	0.7

다음 농후 사료의 급여량은 조사료로서 볏짚과 건초를 주는 것을 원칙으로 한 경우 1두 1일량은 다음과 같다.

임신 전반기 2.0~2.5kg

임신 후반기 3.0kg

포유중 3.5kg

그런데 분만 예정일의 수일 전부터 점차로 감하여 분만 당일에는 1.7~2.0kg 정도로 줄이고 분만 후 다시 늘려서 15일 경에는 최고 급여량에 달하게 한다.

• 조사료

여름에는 청초 15~20kg 급여하고 겨울 고초기(枯草期)에는 짚 2.9~4.3kg 정도를 급여한다. 물론 건초 및 사일레지 준비가 되어 있으면 더욱 좋다.

• 농후 사료 없이 사육할 때

조사료의 질을 좋은 것으로 급여하면 임신 말기나 포유기를 제외하고는 농후 사료 없이 사육할 수 있다.

예 1 : 고구마덩굴 사일레지 15~20kg , 두과작물 사일레지 3kg , 양질의 건초 4kg, 암모니아 처리 볏짚 2kg.

예 2 : 두과 사일레지 15~20kg , 양질의 콩과 건초 6kg, 암모니아 처

리 볏짚 2kg, 그 이외에 회분 30～50g , 소금 25g 정도를 별도로 급여한
다.

② 번식용 암소 사육 관리사항

• 분만시의 조절

처음의 종부는 생후 16～20개월령이 적당하며 한우의 사역은 농번기를
잘 조절해야 된다. 만일 임신 말기에 심한 사역을 시키면 유산 또는 난산
등을 일으키는 수가 있으므로 되도록 이 시기를 피해서 종부하는 것이 바
람직하나 지금은 연중무관하다.

• 단백질, 무기물, 비타민의 공급

대체로 송아지의 육성에는 많은 정성을 기울이나 임신 중의 사양에는
무관심한 것이 보통이다. 모처럼 좋은 암소로 육성해 가지고 임신 중의 영
양 부족으로 그만 초산에서 거의 폐우로 만들어 버리는 경우가 있다.

한우는 사양관리만 잘 하면 보통 연산성(連産性)인데 단백질, 무기물,
비타민 등이 부족하면 3년에 2산 또는 5년에 3산 등으로 번식 성적이 떨
어진다. 특히 임신 중에도 질이 나쁜 볏짚만을 급여하는 경우를 가끔 보는
데 이때 어미소는 자기살과 뼈를 깎아 송아지 성장에 충당하게 되므로 그
생명이 단축된다.

• 발굽손질

1년에 2회 정도는 하는 것이 좋으며, 더욱이 농번기 사역 약 10～20일
전에 반드시 실시해야 한다.

3. 종모우의 사육

우리나라의 종모우 사육 현황은 앞으로 개선할 점이 한두 가지가 아니
다. 그렇지 않아도 우수한 자질을 가진 종모우가 귀한데 이와 같은 종모우
를 사양관리의 잘못으로 사용도 못하고 폐우로 만들어 버리는 예가 옛날에
는 많이 있었다.

종모우의 사료 급여는 체중의 증감이 없을 정도의 유지가 좋은 것으로
생각하고 있으나 이것은 큰 잘못이고, 정액을 생산하기 위한 필요한 양분
을 반드시 충분히 공급하지 않으면 그 기능을 발휘하지 못하게 되는 것이다.

① 정액 생산에 필요한 양분

　정자를 생산하기 위하여 종모우에 급여한 사료가 정액의 생산에 나타나는 효과는 대체로 15~40일 후이므로 적어도 번식 계절이 시작되기 약 1개월 전에 여기에 대한 여러 가지 생산 사료를 보충 급여해야 한다.

　정액 생산에 필요한 사료는 단백질이 가장 중요하고 다음 비타민(A.C. D.E)과 칼슘, 인 등이다. 이 중 단백질은 콩깻묵과 같은 식물성과 어분 등과 같은 동물성의 두 가지 종류가 있는데 미국의 경우는 식물성 단백질이 정액의 생산에 매우 효과적이라고 하는데 반하여 소련에서는 동물성 단백질이 가장 좋다고 하고 있다.

종모우 영양소 요구량

체중 (kg)	일 당 증체량 (kg)	건 물 요구량 (kg)	조단백질 CP (kg)	가소화단백질 DCP (kg)	가소화양분총량 TDN (kg)	가소화에너지 DE (M Cal)	대 사 에너지 ME (M Cal)	정 미 에너지 (유지) NE m (M Cal)	정 미 에너지 (증체) NE g (M Cal)	칼슘 Ca (g)	인 P (g)	비타민 A (1000 IU)
300	1.0	8.8	0.90	0.55	5.6	24.7	20.2	4.8	3.8	27	23	34
400	0.9	11.0	1.03	0.62	7.0	30.9	25.3	5.9	4.1	23	23	43
500	0.7	12.2	1.07	0.62	7.5	33.1	27.1	7.0	3.7	22	22	48
600	0.5	12.0	1.02	0.60	7.3	32.2	26.4	8.0	3.0	22	22	48
700	0.3	12.9	1.08	0.60	7.7	33.9	27.8	9.0	2.0	23	23	50
800		10.5	0.89	0.50	5.8	25.6	21.0	9.9	—	19	19	41
900		11.4	0.99	0.55	6.3	27.8	22.8	10.8	—	21	21	44

종모우의 사료급여 기준량   (단위 : kg)

체 중	일 당 증체량	볏짚급여시 볏 짚	볏짚급여시 배합사료	산야초급여시 산야초	산야초급여시 배합사료	옥수수사일레지급여시 옥수수사일레지	옥수수사일레지급여시 배합사료
300	1.0	4.4	5.6	17.0	3.6	24	2.6
400	0.9	5.5	6.7	21.4	4.1	25	3.9
500	0.7	6.1	6.9	27.1	3.3	30	3.3
600	0.5	6.0	6.6	26.7	3.0	30	3.0
700	0.3	6.5	6.9	32.3	2.3	30	3.5
800		5.3	5.3	29.2	0.9	30	1.4
900		5.7	5.9	31.7	1.0	30	2.1

(자료 : 축시 '83)

그러나 일본의 실험에 의하면 어분이 콩깻묵보다 우수하였다고 한다. 따라서 이 문제는 앞으로 한번 재검토 해 볼만한 문제이다.

실제로 종모우에 이와 같은 농후 사료를 급여할 때에는 한 종류의 단백질 사료 뿐만 아니라 여러 종류의 단백질 사료를 배합해 주어야 한다.

그러나 농후 사료는 경제적인 면으로 이 표준과 같이 급여하기는 곤란하므로 조사료의 질을 좋게하여 농후 사료의 급여량을 줄여야 한다.

그리고 종부를 하지 않는 기간의 사료 급여는 유지 사료만 주면 된다.

③ 종모우의 운동

종모우의 운동은 직접 종부능력에 영향이 미치는 것이므로 여름에는 아침,저녁 시원할 때, 겨울에는 낮의 따뜻할 때 1일 1~2시간 정도는 반드시 시켜야 한다.

운동은 육성중인 것은 발육을 위하여 필요하고 성우는 건강의 유지에 좋으며 번식 능력이 증진되고, 성질의 악화를 막는 효과가 있다. 시험에 의하면 5세 전후의 종모우는 1일 1~2시간, 9세 이상의 늙은 종모우는 1일 1시간 정도의 운동으로 정액의 성장(性壯)이 좋아졌다 한다. 운동 방법은 보통 끌고 걸어다니는 것이 편리하나 여러 마리인 경우에는 회전장치를 만들어 서로 끌고 돌아가도록 하는 방법도 있다.

4. 관   리

발굽손질(삭제)

발굽은 소가 온몸의 체중을 지탱하고 힘을 내는데 중요한 부위이므로 역용에 있어서는 물론 육용, 유용을 막론하고 매우 중요하다.

특수한 독농가를 제외하고는 발굽깍기란 말조차 알지 못하고 있는 것이 보통이다.

한우의 발굽은 주로 그 지방 토질 및 관리 여하에 따라 자연적으로 특색이 있는 제형(蹄形)을 이루고 있다. 예를 들면 같은 영남지방의 소임에도 성주(星州) 지방의 소는 발굽의 모양이 매우 좋은데 울산(蔚山) 및 진주(晉州) 지방의 것은 대체로 좋지 않다.

따라서 모든 것이 자연적으로 방치한 상태이며, 인공적인 관리에 대해서 지나치게 소홀한 것을 말해 준다.

삭제를 하여 발굽이 정상형인 것은 견인력이 강하나 삭제를 하지 않아 발굽이 부정형인 것은 발굽이 정상인 것에 비하여 견인력이 크게 떨어지게 된다.

외형적으로는 별로 나쁘게 보이지 않는 발굽이라도 삭제를 실시하면 평균 견인력이 10～20％ 증가되며 걸음걸이도 좋아진다.

① 외향발굽을 깎는 법   ② 벌린 발굽을 깎는 법   ③ 입제를 깎는 법
　사선부를 많이 깎음　　　홈을 충분히 깎음　　　　제종부를 많이 깎음

④ 시제를 깎는 법   ⑤ 평제(편평제)를 깎는 법
　제선부와 제종부를 깎음   너무 많이 자란 제선부를 자름

① 삭제 시기와 횟수

생후 처음으로 실시하는 삭제는 보통 6～7개월에 한다. 그리고 1～2세 때에는 1년에 4～5회, 3세에는 3회 그 이상의 연령에서는 1년에 2회 봄, 가을에 실시한다. (단 사육형태에 따라 가감할 수 있다)

방목지에서는 방목 전과 방목 후에 삭제를 해주는 것이 좋다.

② 삭제 방법

● 삭제의 준비

삭제의 도구는 농촌에서 쓰고 있는 낫 하나만 있으면 된다. 보통 낫보다 좀 작게 만들면 더 좋지만 구태여 그럴 필요는 없다. 이 외에 망치와 튼튼한 부엌칼 및 발톱을 자른 다음 고르게 다듬어 주기 위한 줄이 있으면 된다. 그러나 삭제기구를 이용하는 것이 효과적이다.

소의 보정(保定)은 삭제하는데 움직이지 못하도록 적당히 코와 그 다리만 보정하면 되나 이상적으로 하려면 부락에 공동으로 보정틀을 만들면 편리하다.

소의 보정 방법은 농촌에서 우차 끄는 소에 제철(蹄鐵)을 할 때와 같은 방법으로 행한다.

또한 소의 발굽은 개체에 따라 단단한 것이 있고 또 연한 것이 있으므로 단단한 것이면 좀 연하게 만들기 위하여 1～2시간 가량 물 속에 세워 두었다가 하는 것이 좋다.

발굽의 질은 품종, 연령, 계통, 개체, 사양 관리 및 지방에 따라 차이가 많다. 즉 똥과 오줌으로 더러운 우사에서 기른 소는 발굽이 연하고, 콘크리트 등 딱딱한 바닥에서 길러진 소는 단단하다. 또 굳은 토양에서 운동을 많이 한 것은 그렇지 않은 것보다 발굽이 단단하다. 따라서 송아지의 발굽이 연한 것은 즉시 삭제해도 좋으나 단단한 것은 앞서 말한 바와 같이 연하게 한 다음 실시하도록 하는 것이 좋다.

- **삭제의 방법**

소의 보정이 끝나면 삭제를 하는데 우선 두꺼운 판자 위에 발굽을 올려놓은 다음 너무 길게 자란 발톱 끝을 칼을 대고 망치로 때려서 보통의 모양을 만든다. 이것은 우리들이 손톱깎기로 손톱을 깎을 때 우선 긴 것을 대강 자른 다음 골고루 다듬는 것과 같다. 대체적인 모양이 정비되면 다리를 들어 보정한 다음 낫으로써 고르게 깎아 다듬는다.

소의 발톱은 아주 단단하므로 칼로 우선 끊고 낫으로 다듬으면 편리하다.

깎을 때 너무 깊이 깎아서 상처가 나지 않도록 해야 하는데 사람의 손톱깎기와 같다고 생각하면 된다. 따라서 처음에는 약간 두껍게 깎아도 되나 되도록 시간이 걸리더라도 얇게 마치 대패에서 나무 껍질이 흘러나오듯 조심해서 깎아야 한다.

종래 우리나라의 축산은 매우 미흡한 단계에 있었기 때문에 그저 살만 잘 찌우고 새끼만 잘 나면 좋은 걸로 알았으나, 현재는 젖소, 고기소 등의 다른 품종이 들어오기 시작하여 옛날 그대로의 한우 사양 관리로서는 경제 경쟁에 이겨나가기 어렵다. 따라서 삭제 같은 아주 조그만 관리에 이르기까지 항상 세심한 주의를 기울여 철저히 실시해야 한다.

점차로 가축의 품평회 등이 널리 보급되어 한우 심사가 본 궤드에 오르게 되면 발굽의 관리는 종래와 같이 결코 소홀히 할 수 없게 된다. 이것은 시간의 낭비가 아니고 견인력에 중대한 관계가 있음을 다시 한번 말해 둔다.

우리는 여가를 이용 한 가지씩이라도 종래에 모르고 있었던 능력의 개선에 대하여 실천하는데 노력하여 과학적인 사양으로 전환해야 한다.

5. 한우의 교각(矯角)

(1) 교각의 목적

교각이란 소의 뿔을 고친다는 뜻으로 속담에 교각살우(矯角殺牛)란 말이 전해오듯이 예로부터 행하여졌음을 짐작할 수 있다.

한우의 교각은 경제적으로는 아무 관계가 없으므로 바쁠 때에는 하지 않는 것이 좋고 비육우의 경우에는 더욱 그러하다.

심사 표준에는 아직 명확히 기록되어 있지 않으나 한우의 좋은 뿔은 대체로 암소는 약간 앞쪽으로 안쪽을 향하여 구부러져 있는 것이 좋고, 수소는 한자의 八자를 거꾸로 한 모양이 좋다고 하는데 이 모양이 가장 품위를 높여주기 때문이다.

(2) 교각 방법

교각의 시기는 뿔의 성장정도에 따라 다르며 대체로 생후 6～7개월 경부터 시작하여야 한다. 옆쪽으로 벌어지는 듯한 것은 처음 뿔이 발생하는 시기가 되면 우선 튼튼한 밧줄 또는 천조각으로 양쪽 뿔이 중간으로 모이게 상당히 강하게 매어 두고 또한 좀 성장한 것이면 전자 보다는 좀 약하게 매어 두는 것이 효과적이다.

이때 뿔이 강하여 힘들 때에는 뿔에 구멍을 뚫고 철사를 꿰어 주든지 또는 피나무껍질 등의 섬유로 된 생밧줄을 사용하거나 또는 농촌에서 두레박줄로 많이 쓰고 있는 굵은 고무줄을 이용한다. 한편 한쪽 뿔만 교각이 필요할 경우에는 경사가 지도록 매어 두는 것이 좋다.

이때 소의 반응이 중요한데 아무런 반응이 없는 것은 너무 약하게 맨 것이고, 머리를 쉴새없이 심하게 흔드는 것은 너무 강하게 매었을 때이며 가끔 한번씩 양쪽으로 흔드는 정도가 적당하다.

교각의 시간은 어린소는 12～24시간 매어 두면 되고, 2세가 넘은 강한 것은 3주야 즉 72시간 이상쯤 계속 매어 두어야 한다.

이상 설명한 것은 옆으로 벌어진 뿔의 교각법이고, 앞 또는 뒤로 향한 것의 교각법은 다르다. 즉 뒤쪽으로 휘어진 것은 판자 밑에 짚 뭉치를 받치고 그 아래쪽에 무거운 쇠뭉치를 올려놓아 그 중력(重力)으로 교각을 하고, 또 앞쪽으로 향한 것은 귀 뒤로 모래주머니를 매달아 역시 이 중력으로 교정한다.

교각을 실시하는 간격은 소의 성장에 따라 다른데 성장이 왕성할 때에는 10~15일마다 조금씩 교각을 해야 하고, 그렇지 않을 때에는 1~3개월에 1회면 된다. 뿔의 발생이 좋은 것은 1~2회에 교각으로 충분한 것도 있고 또 몇회 계속하지 않으면 안 되는 것도 있다.

뿔을 손으로 쥐고 흔들어 보아 전혀 움직이지 않을 때까지는 교각할 수 있으며 따라서 3세에도 교각은 가능하지만 보통 14~15개월까지 끝내도록 하는 것이 좋다.

6. 한우의 운동과 방목

(1) 운동의 필요성

사람에게도 운동이 필요하듯이 소에게도 적당한 운동을 시킬 필요가 있다.

㉠ 야외에 나가면 항상 햇빛을 쬐게 되므로 자외선이 소의 체내에서 비타민 D를 만들어 이것이 칼슘이나 인의 흡수작용을 도와준다. 만약 비타민 D가 부족하면 아무리 칼슘과 인이 풍부하게 있어도 그것이 소의 몸에 이용되지 못하므로 햇빛은 소의 건강에 절대적으로 필요하다.

㉡ 충분한 운동을 하면 골격과 근육이 단련되어 발육이 촉진된다. 우수한 체형과 자질은 적당한 운동을 시킨 소만이 가능하다.

㉢ 운동은 다리나 발굽을 단단하게 만들어 다음날 사역에 힘든 일을 쉽게 할 수 있다.

㉣ 운동을 충분히 시킨 소는 체형이 흔들리지 않으며 번식이나 사역에 대하여 장시간 사용할 수 있다. 한편 축사내에서 농후 사료를 많이 급여하여 사육한 소와 비교하면 축사내에서 기른 소는 젊을 때에는 자질과 품위가 좋은 듯이 보이지만 1산이나 2산을 하고 나면 쉽게 체형이 망가진다. 그러나 운동을 시켜 기른 것은 체형도 작고 얼핏 보기에 빈약해 보이나 실은 힘도 세고 지구력이 있어 사역에도 능률적이다. 따라서 방목지대의 소가 몸은 작은 것 같지만 사역이나 번식에 성적이 좋다.

㉤ 충분한 운동을 한 소는 성질이 온순하며 종모우로 육성하여도 장래

성이 좋다.

(2) 운동방법

운동으로서 가장 좋은 것은 방목을 시키는 것이나 이것은 언제 어디서나 할 수 있는 방법이 아니며, 그 지방에 따라 또는 계절에 따라 일정한 테두리 안에서 밖에 할 수 없는 제한을 받는다. 즉 이것은 넓은 방목장이나 산이 가까이 없는 경우 또 추운 겨울에는 불가능하기 때문이다. 따라서 이와 같은 경우에 간단히 시킬 수 있는 운동방법 몇 가지를 들어보기로 한다.

① 끌고 다니는 운동
노력이 들고 시간이 좀 걸리는 일이지만 운동장이 없는 경우에는 부득이 이 방법을 이용할 수밖에 없다. 즉 소를 몰고 매일 일정 시간 즉, 여름이면 저녁 때 또 겨울이면 한낮의 따뜻할 때에 마을 또는 들길을 걸어다니는 것을 말한다.

특히 종모우에 있어서는 반드시 운동이 필요한데, 젊은 수소의 건전한 발육을 위하여 하루에 2시간 정도의 운동이 필요하며 어미 수소는 번식능력의 증진과 성질이 악화되는 것을 방지하기 위하여 매일 한두 시간의 운동이 필요하다.

운동을 하면 정액의 성장이 좋아져서 수정능력이 향상된다.

또 밝지 못한 우사에서 밝은 곳으로 끌어내기만 하여도 정액의 성장이 훨씬 향상된다.

② 작은 운동장
집 근처에 있는 적당한 산림이나 강변에 간단히 운동장을 설치할 수 있으면 매우 이상적이다. 이것은 가능하면 부락에서 공동으로 만들어 이용하면 편리한 점이 많다.

운동장의 넓이는 가능하면 넓은 것이 좋으며 다만 습지가 아닌 곳이면 된다. 이것은 번식용 암소에게 더욱 필요하며 임신중에 이와 같은 간단한 운동을 시키면 건강한 송아지를 분만할 수 있다. 그러나 임신우는 30도 이상되는 경사지는 피하는 것이 안전하다.

③ 집 앞마당의 운동장

좀 넓은 마당을 가지고 있는 농가에서는 소가 밖으로 나가지 않을 정도의 간단한 목책(木柵)을 하여 여기서 운동을 하는 것도 매우 효과적인 방법이다. 특히 분만이 가까운 임신우나 또 송아지를 포유중인 어미소 등은 이와 같이 하여 운동을 시킴으로써 분만될 송아지의 건강에도 좋고 또 포유중의 것도 장래 강건한 체질을 갖추게 된다.

④ 철사에 의한 운동

이것은 마당에 굵고 튼튼한 철사를 빨래줄 모양으로 매고 거기에 쇠고리를 끼워 그 쇠고리와 소의 코뚜레를 밧줄로 연결시켜 두는 방법이다. 이렇게 하면 소는 항상 그 철사의 거리를 자유로이 왕복하게 되므로 가장 쉽고 노력도 안드는 간편한 방법이라 할 수 있다.

⑤ 계목(繫牧)에 의한 운동

이 계목은 현재 농촌에서 가장 많이 하고 있는 방법이다. 전국 각 지방별로 소의 운동 방식은 각각 다르나 대체로 겨울 이외의 농한기에는 거의 모두가 계목을 실시하여 운동도 시키는 한편 청초도 먹이고 있다.

⑥ 사료급여 방법에 의한 운동

일정한 넓이의 운동장이 있을 때 한쪽에는 배합사료를 먹을 수 있게 하고 반대쪽에는 물을 먹을 수 있게 하면 소가 배합사료를 먹은 후 갈증이 나기 때문에 자연히 물을 먹기 위해 물이 있는 쪽으로 오게 된다.

그러므로 소가 왔다 갔다 하게 되므로 자연히 운동을 할 수 있게 된다.

현재 어느 정도 큰 목장에서는 대개 이와 같은 방법도 이용하고 있다.

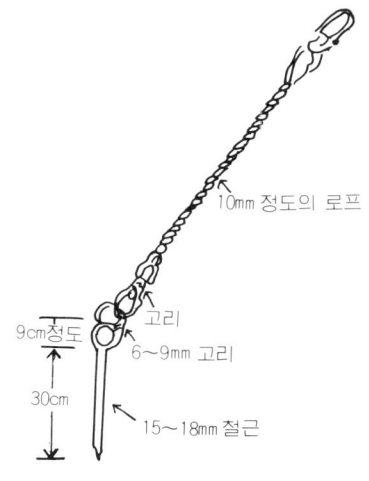

10mm 정도의 로프

고리
6~9mm 고리
9cm정도
30cm
15~18mm 철근

〈계목용 쇠말뚝〉

(3) 방목 방법

① 방목의 이점

운동 중에 가장 자연적인 운동이 방목이다. 따라서 방목의 잇점은 대체로 운동의 효과와 마찬가지이다. 다만 운동 이외의 잇점으로 신선한 풀을 마음대로 먹을 수 있으며 방목의 이점은 다음과 같다.

• **체질이 강건하게 된다** : 햇볕을 쬐면서 신선한 공기를 마시며 풀밭을 자기 마음대로 돌아다니므로 체질이 강건해지고 아울러 다리와 발굽도 단련되어 오랫 동안 사역도 할 수 있고 번식 성적도 좋아진다. 특히 햇볕을 쬐면 칼슘이나 인의 이용 효율이 좋아서 골격이 단단하게 된다.

• **좋은 풀을 마음대로 먹는다** : 우사내에서 사람이 베어다가 주는 풀만 먹는 것보다 넓은 풀밭을 돌아다니면서 본능적으로 양분이 많고 소화하기 쉬운 풀 즉, 자기가 먹고 싶은 풀을 마음껏 먹게 되므로 소화율도 증가되어 건강에 유리하다.

• **소의 성질이 온순해진다** : 방목중에 여러 종류의 소와 함께 공동 생활을 하게 되므로 성질이 온순해진다. 이것은 특히 육성중의 수송아지에게는 중요하다.

• **사료비와 노력이 절약된다** : 질이 좋은 풀을 마음껏 먹으므로 사료도 절약되고 또 소를 사육하는 노력도 적게든다. 한우는 종모우나 육성중의 송아지를 제외하고는 청초만으로도 충분히 영양이 보충되므로 될 수 있으면 방목하는 것이 가장 유리하다.

이상과 같이 한우의 방목은 여러 가지 이점이 있으나 농촌 실정은 넓은 방목장을 갖고 있지 못한 경우가 많으므로 예로부터 하고 있는 방법인 인근 산야에 부락 공동으로 20~30두씩 몰고가 방목을 시킨 다음 해가 지면 돌아오도록 하는 것도 생각해 볼 수 있다.

② 방목장의 선정

오늘날 우리나라 축산을 발전시키자면 국토의 65 %정도나 차지하고 있는 산을 초지를 조성해서 가축에 이용해야 한다.

방목장 선정에 관한 조건은 다음과 같다.

• **지세가 좋은 것** : 경사도가 평균 10~20도 미만인 완만한 곳으로 절벽 등의 위험지대가 없고, 가급적이면 남향 또는 동남향인 지대가 좋다. 다만

한우는 젖소와 달라서 경사가 좀 심해도 좋으며 또 계곡과 산림이 우거진 곳도 방목이 가능하다.

• **토질이 좋을 것** : 방목장의 토질은 석회암(石灰岩) 지대가 가장 좋다. 이와 같은 지대에는 질이 좋은 콩과 식물이 잘 번성하기 때문에 가축의 영양에 많은 도움이 된다. 제주도 등과 같은 화산회지대의 토양에는 콩과 식물의 번성이 좋지 않다.

• **초생(草生)이 좋을 것** : 방목장은 될 수 있는 한 많은 종류의 풀이 무성해 있는 것이 좋다.

• **먹을 물이 있을 것** : 방목장에는 자연적으로 시냇물이 흘러가든지 혹은 샘물이 있든지 해야 한다. 만일 물이 없으면 멀리 물있는 곳에서 물을 끌어 들여 급수장을 설치해 주어야 한다.

• **그늘진 수목이 있을 것** : 적당한 그늘은 초생을 도와주고 또 초질도 연해지는 이점이 있다. 더욱이 무더운 여름에는 직사일광을 피하는 데도 수목은 필요하다.

• **적당한 면적일 것** : 방목장은 넓을수록 좋으나 경제적인 면도 고려해야 되므로 각 가축에 따라 방목적수(放牧適數) 면적이 대체로 규정되어 있다.

③ 방목장의 면적과 적당한 마릿수

한우 1두를 방목하는데 필요한 면적은 그 목야지 풀의 질과 양에 따라 고르지 않다. 한우 1두가 하루에 방목장에서 먹는 풀의 양은 대체로 어미 소는 30kg, 육성우는 15kg 정도이나 이외에 소가 발로 밟아 버리는 양을 고려하여야 한다.

한우의 방목적수(필요한 방목장의 면적)

$$= \frac{(1일채식량+1일제상량)×방목일수}{1ha의 \ 초생량}$$

④ 방목 방법

방목에는 주야 방목과 주간(晝間) 방목의 두 가지가 있으나 주야 방목은 제주도에서만 실시하고 있는 정도이고 거의 주간 방목을 하고 있다.

방목은 1구획으로 하지 말고 몇구로 나누어 윤환방목을 실시하는 것이 가장 이상적이다. 윤환방목이란 한 구역의 풀을 어느 정도 먹으면 다른 구역으로 옮기도록 하여 되도록 목초지의 손상을 최소한도로 막고 목초의 이용률을 높이기 위한 방법이다.

　　방목의 시기는 5월부터 시작하여 7월 중순까지 하고 그 다음 8월 하순 까지는 우사에서 사육하다가 다시 10월 하순 경까지 가을 방목을 하는 것 이 좋다.

　　실제로 우리나라의　농촌에서는 봄, 여름, 가을 계속 방목을 겸하고 있 으나 한여름의 방목은 피하는 것이 소의 건강상 또는 목초 보호을 위하여 필요하다.

　　방목장은 항상 초생의 유지상태에 세밀한 관찰을 게을리 하지 말아야 되는데 지나친 방목은 금지해야 한다. 지나친 방목은 소도 충분하게 풀을 뜯어먹지 못해 영양불량이 되고 또한 풀도 지나치게 뜯어 먹히게 되어 생 육이 좋지 않게 된다.

7. 한우의 일반 관리

(1) 피부의 손질

　　한우는 매일 아침마다 우사에서 운동장에 내다맬 때 피부는 물론 기타 더러워진 곳을 깨끗이 손질해 주어야 한다. 몸에 똥이 말라 붙어 피부가 더러워지면 그만큼 사료의 이용성이 떨어져 불경제가 됨은 많은 시험에서 증명되었다. 젖소의 경우 이와 같이 손질을 한 것은 안한 것에 비하여 유 량이 증가되었다고 한다.

① 피부 손질의 효과

　　손질의 효과를 단계별로 보면 첫째, 피부의 때를 깨끗하게 청소하고 건 조시키므로 몸의 신진대사가 왕성하게 되어 혈액 순환이 좋아지며 식욕이 촉진된다.

　　둘째, 피부와 피모(被毛)의 상태가 좋아진다.

　　세째, 사람이 접근하여 소를 만져도 싫어하지 않게 되어 소와 친할 수 있게 된다.

　　네째, 피부, 발굽, 이, 진드기 등 소의 이상을 속히 발견할 수 있는 점 등이다.

② 피부 손질법

　　피부를 손질하는 방법은 보통 농촌에서는 비로 소의 전신을 쓸어주는

데 그치지만 그것보다 좀더 철저히 해주면 좋다. 즉 도구는 쇠로 만든 빗
(머리빗)과 털이 강한 솔이 필요하며 그 순서와 방법은 다음과 같이 하면
된다.

우선 쇠빗으로 목, 어깨, 등, 옆구리, 엉덩이, 넓적다리의 순으로 비교적
살이 많이 보이는 것들을 털어 준 다음 솔을 오른손에 들고 쇠빗은 왼손
에 들어 솔로써 털의 반대방향으로 쓸어 올리면서 솔에 걸린 때를 쇠빗으
로 털어 버리며 전신을 빗어 준다. 이때 얼굴이나 다리 등에 쇠빗을 대는
것을 소가 싫어하므로 솔로써 쓸어주기만 하고 빗자루로 쓸어 주든지 혹은
짚뭉치로 전신을 마찰하여 주는 것도 좋다. 그러나 이때 털 속, 피부에 붙
어 있는 때는 반드시 빗어내야만 된다.

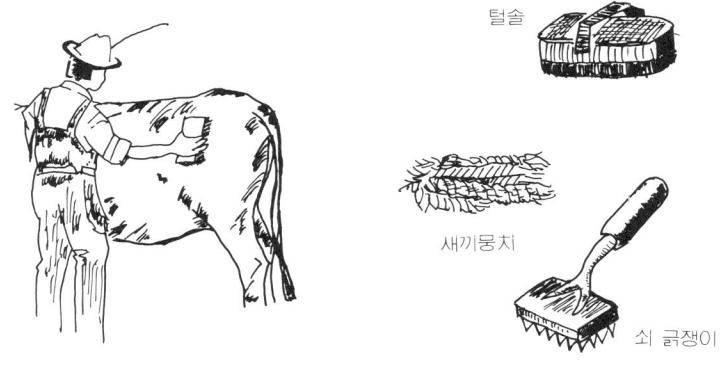

털솔

새끼뭉치

쇠 긁쟁이

(2) 외부 기생충의 구제

한우에게 가장 피해가 큰 곤충은 진드기이다. 진드기가 많이 붙어 있는
경우는 소 한 마리에 수백, 수천 마리에 달하며 빨아 먹는 피의 분량만도
상당하다.

따라서 현재 진드기에 관하여 많은 관심을 갖고 여러 방면으로 연구가
진행되고 있으며 좋은 약제가 사용되고 있다.

그리고 종래에 진드기 구제를 위한 한가지 방법으로 실시되던 방목지를
겨울에 불태워 버리는 것은 큰 효과가 없음이 밝혀졌다.

이, 모기, 파리 등을 방지하기 위해서 큐펙스 등 시판되고 있는 저독성
살충제를 이용하여 구제한다.

한 우의 월별관리

월	관 리
1 월	① 년간 경영계획을 수립한다. ② 물기있는 사료는 얼지 않게 조심한다. ③ 축사 안에 샛바람이 들어오지 않도록 바람막이를 철저히 한다. ④ 겨울철에 낳은 송아지는 폐렴 등에 걸리지 않도록 보온에 유의한다. ⑤ 발굽이 긴 소는 깎아준다.
2 월	① 봄에 심을 사료작물 종자를 준비한다. ② 날씨가 따뜻하면 소를 우리 밖으로 내어 매고 충분한 일광욕과 피부 손질을 해 준다. ③ 새끼를 가진 소는 단백질이 많은 사료 비타민, 무기질을 충분히 준다. ④ 새끼난 암소에는 영양분이 충분한 사료를 먹인다.
3 월	① 논 앞그루로 연맥이나 완두를 심는다. ② 초지에 웃거름을 준다. ③ 비탈진 곳, 논두렁, 기타 빈터에 사료작물이나 목초를 심는다. ④ 방한설비를 거두고 축사 안팎을 청소한다. ⑤ 4~5월에 종부시킬 암소에는 초록색의 잘 말린 풀과 농후사료를 많이 먹여야 한다.
4 월	① 지난해 뿌린 목초가 고르게 나지 않은 곳은 사이 사이에 새로 씨를 덧뿌린다. ② 풋베기 옥수수 등 사료작물을 심는다. ③ 탄저 및 기종저 예방주사를 맞힌다. ④ 논 뒷그루로 심은 호밀은 풋베기로 베어 먹인다. ⑤ 암소를 사역에 지장이 없도록 4~5월에 종부시켜 1~2월에 새끼를 낳게 한다. ⑥ 내부기생충을 구제한다.
5 월	① 방목을 시작한다. ② 아카시아잎, 싸리잎, 칡잎 등을 따서 햇볕에 말려둔다. ③ 채초지의 풀은 베어 건초로 만들고 비료를 준다. ④ 방목을 처음 시작할 때는 방목시간을 서서히 연장하고, 고창증 및 설사에 조심한다. ⑤ 초지에 멸강나방을 방제한다.
6 월	① 논에 뒷그루로 심은 사료작물은 꽃이 피기 전에 베어 건초나 엔시레이지를 만든다. ② 옥수수는 솎음질을 하고 김을 맨다. ③ 소의 진드기는 약을 뿌려 구제한다. ④ 사역을 하는 소는 보통 때보다 농후사료(알곡·깻묵류)를 많이 준다.

월	관 리
7 월	① 아카시아 잎이나 칡잎을 따서 말린다. ② 물을 자유롭게 먹도록 하고 특히 소금이나 회분의 공급을 잊지 말아야 한다. ③ 무더운 대낮에는 일을 피하고 서늘한 시간에 일과 방목을 시킨다. ④ 7~8월은 소값이 싸니 살찌울 소나 송아지를 사서 기른다.
8 월	① 영양가치가 풍부한 산야초(억새·매듭풀)을 베어 말린다. ② 옥수수와 산야초를 베어 엔시레이지를 만든다. ③ 날씨가 개인 날에 부락 공동으로 산야초를 베어 말린 풀을 만든다. ④ 더위를 먹지 않게 하고 무더운 한낮에는 소의 몸에 물을 뿌려준다. ⑤ 외양간은 바람이 잘 통하게 하여 선선하게 해 준다.
9 월	① 초지조성을 마치도록 한다. ② 탄저 및 기종저의 예방주사를 맞힌다. ③ 년말에 팔 소의 살찌우기를 시작한다. ④ 중순까지 건초만들기를 끝마친다. ⑤ 풀 베는 곳과 놓아먹이는 풀밭에 해로운 풀을 없앤다.
10 월	① 고구마 덩굴·콩깍지·콩잎·낙화생줄기 등 농산부산물은 건초나 엔시레이지를 만든다. ② 논 뒷그루로 이탈리안라이그라스·호밀·자운영 등 사료작물을 심는다. ③ 여물은 끓여 먹이지 말고 건초와 엔시레이지를 날로 먹인다. ④ 새끼 밴 소는 깻묵과 소금·굴껍질가루를 부족하지 않게 준다. ⑤ 볏짚 암모니아 처리를 한다.
11 월	① 들깻묵·참깻묵 등을 겨울먹이로 준비하여 둔다. ② 말린 풀을 쌓아 둔 것이 변하지 않는가 살펴본다. ③ 논 뒷그루로 심은 사료작물을 관리한다. ④ 살찌우는 소의 외양간은 12~15℃로 유지할 수 있게 보온에 주의한다.
12 월	① 가을에 심은 풀밭의 풀(목초)이 얼지 않게 밟아 준다. ② 외양간의 서북쪽을 비닐 등으로 싸서 추위나 바람을 막는다. ③ 썩은 사료와 언 사료는 먹이지 않도록 한다. ④ 년간 경영 분석을 한다(경제성 분석방법은 별첨자료 참조).

경제성 분석 방법

	항 목		기 준
생 산 비	경 영 비	가 축 비	비육의 경우에는 매입 또는 육성가격을 계산하고 번식의 경우에는 가축 감가상각비를 계산 　가축감가상각비=｛(빈우구입가격＋육성비)－판매가격｝÷ 　　　　　　　　　　내용년수
		농 후 사 료 비	
		（구　입　액）	외부로부터 농후사료를 구입한 금액(구입하는데 든 비용포함)
		（자　급　액）	자가생산 급여량을 금액으로 환산
		조 사 료 비	
		（구　입　액）	외부로부터 구입한 금액
		（자　급　액）	자가생산 급여량을 생산단가에 곱하여 산출
		수 도 광 열 비	사양관리에 소요된 수도 전기 연료비
		위 생 치 료 비	가축치료비 및 예방약품대
		종 부 료	인공수정비, 종축사용료
		건물 대농기구 상각비	축사시설 대농기구 등 가축에 직접 사용된 시설의 감가상각비 　｛구입가격(건설가격)－잔존가액｝÷내용년수 　내용년수：건물 20년, 차량, 트랙타, 기타농기구：5년 　잔존가치：현실적으로 계산할 필요가 없음
		건물 대농기구 수리비	축사, 기타 시설 농기구 수리비용 일체
		소 농 기 구 구 입 비	내용년수 5년이내의 농기구 및 10,000원 이하로 살 수 있는 기구 기계 대금
		깔 짚 비	구입 또는 지불한 깔짚대 일체
		제 재 료 비	깔짚 대용으로 사용하는 매트, 전구, 전선, 철선, 구리스, 윤활유, 송아지 보온용 재료, 포유용 소기구 등 타 비목에 해당하지 않는 소비성 물자 대금
		고 용 노 임	가축을 위하여 지출된 급여, 노임 등
		차 입 자 본 금 이 자	가축구입 자금등 차입금에 지불한 이자
		차 용 지 대	타인에게 지불한 토지 사용료
		합 계 ①	이것이 경영비이며 조수익에서 이 경영비를 뺀 것이 소득이 된다.
	자 가 노 동 비		경영자와 가족 전체의 노동임금 　(총노동시간×시간당 타당한 노동단가)
	자 기 자 본 이 자		투입된 자기자본 총액에 대한 이자로서 통상 차입금에 대한 지불이자와 같은 이율을 적용하여 산출
	토 지 자 본 이 자 (지대)		자기소유토지 사용에 대한 이자 　(우리나라에서는 토지의 회소로 인하여 매년 지가가 상승하는 것이 일반적이므로 계산하지 않아도 무방함)
	합 계 ②		이 합계가 자기자본 및 자가노동에 대한 대가가 된다.
	총 계(①＋②)		이것이 생산비이며 조수익에서 생산비를 뺀 나머지가 순수익 즉 이윤이 된다.

제 6 장   비육 기술

1. 비육의 뜻

비육시키고자 하는 소에게 영양분이 풍부한 사료를 충분히 급여하여 살이 많이 찌도록 하는 방법이나 자라고 있는 소에게 사료를 먹여 몸무게가 늘어나는 것을 비육이라고 말할 수는 없다.

그러므로 정상적인 성장 이상으로 몸무게가 늘어나고 근육 속이 적당히 지방이 축적되는 것을 비육이라고 한다.

2. 비육의 종류

소를 대상으로 하는 것이지만 비육의 종류에는 여러 방법이 있다. 즉 비육기간, 성별, 비육개시월령 등에 따라 다음과 같이 구분할 수 있다.

비 육 유 형

구 분		개시월령	비육기간	비육종료시체중
수 소	육성 비육	4 개월	14~16개월	450~550kg
	큰소 비육	18~24 〃	4~5 〃	400~450kg
거세우	육성 비육	4 개월	14~16개월	450~550kg
암 소	큰소 비육	5~6 세	3~5 개월	400~450kg
	노폐우비육	8~10 〃	2~3 〃	400~450kg
	이상 비육	1~2 〃	10~12 〃	500~600kg
젖소 수소	육성 비육	4 개월	14~16개월	550~650kg

(1) 육성비육(育成肥育)

육성비육이란 송아지를 어느 정도까지 육성시킨 후에 비육 시키는 것으로써 앞으로 우리나라에서 주종을 이룰 비육이며 18개월 경에 450~550kg 에서 출하하는 방법을 말한다.

(2) 큰소비육

일반농가에서 풀사료 위주로 300kg정도까지 기른 수소를 대상으로 짧게

3개월, 길게 5개월 정도까지 비육하는 것으로 하루에 1kg정도 자라게 해 400~450kg에 출하하는 방법으로 70년대에 주로 많이 이용한 비육방법이다.

(3) 노폐우 비육

늙은 암소로서 송아지를 많이 생산한 다음 번식능력이 나쁜 소를 대상으로 해서 2~3개월 짧은 기간 비육시켜 출하하는 방법이다.

(4) 이상비육

'85년 이전까지만 해도 6세 이하된 암소는 도살할 수 없도록 법으로 지정되어 있었으나 '85년 하반기부터 연령제한 없이 도살할 수 있도록 허용되었기 때문에 암소 이상비육도 가능하게 되었다. 암소 이상비육이란 1~2세된 암소를 대상으로 10~12개월간 비육하는 것을 말하며 흔히 갈비집에서 말하는 암소갈비에 해당되는 것이다.

(5) 거세우 육성비육

이 방법은 육성비육과 거의 비슷하나 비육시키려는 수송아지를 거세한 다음 비육시키는 것을 말한다.

거세를 함으로써 고기의 질은 좋아지고 여러 마리를 함께 사육이 가능

한우 비육시의 비거세와 거세의 효과

구 분		비 거 세	거 세
개 시 시 체 중 (kg)		227.4	203.0
완 료 시 체 중 (kg)		519.8	466.4
증 체 량 (kg)		292.4	263.0
1일 몸 무 게 증 가 량 (kg)		0.89	0.80
배 합 사 료 섭 취 량 (kg)		2,018	1,871
조사료 섭취량	건 초	545	466
	옥수수엔실레지	438	393
도 체 율 (%)		62.6	62.9
정 육 률 (%)		50.4	51.0

(자료 : 축시 '73)

하나 증체는 거세를 하지 않은 것보다 약간 떨어지므로 우리나라에서는 거세를 하는 농가가 거의 없다.

(6) 젖소 수소 비육

젖소를 기르는 목적은 우유를 생산하기 위함이 주목적이지만 젖소도 수송아지를 분만하여 소득을 증대시킬 수 있음을 염두에 두어야 한다. 그러나 분만된 송아지 중 반 정도는 수송아지가 생산되게 되므로 그 수송아지를 대상으로 비육을 시키는 것을 젖소 수소 비육이라 말하며 젖소사육 두수가 매년 증가하기 때문에 수송아지 생산 두수도 늘어날 것으로 전망하며 앞으로 젖소 수송아지 비육도 기대된다.

3. 비육할 소의 선정

비육하고자 하는 농가는 소를 잘 사고 못사는 데서 비육사업의 성공과 실패가 결정된다.

소를 구입해서 똑같은 사료를 먹이고 똑같이 관리를 해도 90일간 비육을 하였을 경우에 어느 소는 90kg이상 증체하는 반면에 40∼50kg정도로 절반밖에 자라지 않는 것이 있기 때문에 비육우 선정이 얼마나 중요한 것인가를 알 수 있다. 그러나 어느 농가에서는 우시장에 가서 가장 가격이 싼 것만을 구입하는가 하면 어느 농가는 가격에 관계없이 살이 잘 찔 수 있는 것만을 구입하는 사람이 있다. 이와 같은 경우 구입시에는 구입자금이 적게들지만 출하할 때에는 구입차액을 제외하고도 살이 잘 찔 수 있는 소를 구입한 농가가 더 큰 수입을 얻을 수 있다는 것을 알아야 한다. 그러므로 비육소를 구입할 때는 무엇보다도 살이 잘 찔 수 있는 소를 구입하는 것이 중요하다.

소를 구입하기에 앞서 다음 사항에 유념하여 선택해야 한다.

첫째 : 모든 가축이 마찬가지이지만 몸이 건강해야 정상적인 발육을 할 수 있기 때문에 우선 구입하고자 하는 소가 건강한가를 살펴보아야 한다.

둘째 : 소도 온순한 것이 있고 사나운 것도 있다. 예를 들어 우시장에서 소를 사기 위해 소에게 다가갔을 때 뿔로 받으려고 하는 소는 사나운 소이고 소의 몸에 손을 대도 가만히 있는 것은 성질이 온순하다고 볼 수 있

다. 그러므로 되도록이면 온순한 소를 구입하는 것이 관리하기에도 좋다.

셋째 : 잘 먹는 소가 잘 크므로 식욕이 왕성하여 사료를 가리지 않고 먹는 소를 구입하는 것이 증체속도가 빠르다. 이와 반대로 식욕이 없는 소는 잘 자라지 못할 뿐만 아니라 몸에 이상이 있는 것으로 생각해 볼 수도 있다.

넷째 : 지금도 정육점에서는 한우고기중 어느 부위를 막론하고 무조건 동일한 가격을 받고 있으나 포장육에서는 상등급, 중등급, 보통급 등 다양하게 분류하여 가격도 차이를 두어 판매하고 있으며 앞으로는 포장육이 확대 판매될 것으로 보아 좋은 고기를 많이 생산할 수 있는 소를 선택해야 한다.

(1) 건강진단

우시장에서 비육할 소를 구입하려고 할 때 비육이 잘 될 소의 선택도 중요하지만 앞에서 설명한 것처럼 첫째는 건강한 소를 구입해야 한다.

만약 만성위장염 등에 걸린 소를 구입하게 되면 발육속도가 부진할 뿐 아니라 치료를 해야 하기 때문에 치료비 등의 지출로 큰 경제적 손해를 가져오게 된다.

그러므로 먼저 건강한 소의 상태를 알아두어야 몸에 이상이 있는 소를 쉽게 판정할 수가 있으므로 다음 사항을 알아두어야 한다.

① 동작

움직임이 활발하다. 그러나 질병 등에 걸려 있는 소는 움직임이 활발하지 못하고 느리며 웅크리고 있든지 한쪽 구석에 가만히 서있는 경우가 많다.

② 피부와 털

건강한 소는 털에 기름을 바른 것처럼 윤기가 나고 매끈하나 영양상태가 나쁘다거나 질병에 걸려 있는 소는 털이 꺼칠하고 조악한 상태를 나타낸다.

③ 눈

눈에는 활기가 있고 빛이 나며 총명하다. 그러나 눈이 충혈되어 있는 것은 건강하지 못한 것이다.

④ 콧등

소의 콧등에는 항상 땀방울이 있는 것이 정상이나 콧등에 습기가 없고 열이 있으면 질병에 걸려 있는 것이다.

⑤ 걸음걸이

소에게 걸음걸이를 시켜 정상적으로 걷는 것이 건강한 것이나 잘 걸으려고 하지 않거나 비틀거리며 걷는 것은 정상적이 아니라고 볼 수 있다.

⑥ 변(소똥)

정상적으로 소화될 때의 변은 딱딱하지도 않고 너무 묽지도 않은 상태로 변이 땅에 떨어질 때 흐트러지지 않고 약간 퍼지는 상태가 정상적이다. 그러나 설사를 하거나 변비가 있는 것은 좋지 않다.

⑦ 복부

배가 적당히 불러 있는 것이 정상적이나 너무 불러 있어 두들겨보면 북소리가 나는 것은 만성고창증 등에 걸려 있는 것으로 볼 수 있다.

⑧ 기타

소를 경사진 곳에서 끌고 내려올 때나 조그마한 개울을 건너게 할 때 아픔을 느끼는 것은 창상성심낭염, 또는 소화기관에 이상이 있는 것으로 볼 수 있다.

(2) 비육대상우 선택요령

살이 잘 찔 수 있는 것은 외모를 보아 여러 가지를 판단할 수 있으나 여러 마리가 있는 중에서 각 부위별로 관찰하기는 매우 힘든 일이므로 여러 번 소를 구입하여 사육해보면 자연히 어떤 소가 살이 잘 찌는가를 알 수 있게 되므로 오랜 숙련이 필요하다.

① 살이 잘 찌는 소

몸전체로 보았을 때 깊이가 풍부하고 갈비뼈가 잘 퍼져 있는 것이 좋으며 몸길이가 긴 것이 고기의 양이 많아 유리하다. 또한 머리는 적당한 것이 좋으나 지나치게 크다든지 긴 것은 별로 좋지 못하다.

② 고기의 질이 좋은 소

털이 많이 나고 부드러우며 피부 또한 부드럽고 신축성이 있는 것이 좋다. 뿔의 빛깔은 청색계통이 좋고 광택이 있으며 질이 치밀하고 매끈한 것이 좋다.

③ 지육률(枝肉率)이 높은 소

머리가 작은 소가 지육률이 높으나 몸에 비하여 머리가 큰 소는 지육률이 떨어진다. 그리고 피부가 두껍고 귀도 두껍게 늘어져 있으며 뼈가 굵은 소는 대체로 지육비율이 낮다. 또한 배가 크고 불러 있는 것이 좋으나 배가 아래로 늘어진 것은 좋지 않다.

4. 육성비육(育成肥育)

육성비육이란 앞에서 설명한 것처럼 송아지를 3~4개월간 육성시킨 다음 본격적으로 비육을 시켜 18개월령 정도에서 450kg이상 될 때 출하하는 것을 말한다.

(1) 육성비육의 이점

송아지를 대상으로 하기 때문에 증체하는데 비하여 사료비가 적게 들고 고기생산량이 큰소비육 보다 많다.

그리고 번식우 즉 암소를 사육하는 농가에서 생산된 수송아지를 자기가 직접 비육하기 때문에 송아지 가격의 변동에도 구애됨이 없이 안정적인 사육이 가능하다. 그리고 송아지 때부터 18개월령까지 비육하기 때문에 소값이 비쌀시기를 골라서 출하할 수도 있으며 육성비육할 송아지 구입이 용이하다. 즉 번식우 사육농가에서는 대부분 분만된 송아지는 3개월 정도에서 젖을 뗀 다음 팔기 때문에 시장에서 쉽게 구입할 수 있어 육성비육우의 대상우 구입에는 별 문제점이 없다.

또한 육성비육은 송아지 때부터 체중에 알맞는 영양분이 고루 배합된 사료를 충분히 먹이므로 발육이 매우 빠르고 도살했을 때에도 지육률이 높아 판매소득을 더 많이 가져 올 수 있다.

그리고 중요한 것은 송아지 가격이 쌀 때에는 비육우 사육농가가 유리하고 송아지 가격이 비쌀 때에는 번식우 사육농가가 유리하다. 그러므로 일관 사육 즉 번식우를 사육하면서 생산된 송아지를 자가 육성비육하는 것이 가장 바람직하다.

(2) 육성비육 방법

① 송아지 육성

번식우사육 농가에서 생산된 수송아지를 직접 육성비육하기 위해서는 송아지 때부터 잘 자라도록 특별한 관리가 필요하다.

• 어미소의 모유량

한우는 생시체중이 24kg내외이며 일본화우 등은 28kg내외로 생시체중에는 별 차이가 없으나 점차 자라는 기간에 따라 큰 차이가 나타나게 된다. 그 원인은 어미소가 충분히 젖을 생산하지 못하므로 결국 송아지가 영양부족으로 발육이 부진한 것으로 연구 보고되고 있다. 즉 한우는 분만 후 1개월 경에는 하루에 3.5～4.1kg밖에 젖이 분비되지 않으나 일본화우는 8.7kg 정도로 많은 양의 젖을 분비하기 때문에 송아지에게 충분한 영양공급을 할 수 있어 발육이 잘 되는 것을 알 수 있다.

그러나 한우는 송아지가 필요로 하는 양의 젖을 분비하지 못하므로 부족한 양을 송아지 사료로 보충해 주어야 정상적인 발육을 기대할 수 있게 된다.

현재 인공유 등 송아지 보조 사료가 시판되고 있어 이들 사료를 이용하면 외국소들과 비슷한 발육을 기대할 수 있다.

• 송아지 보조사료 이용

한우 송아지를 젖 뗄 때까지 어미젖만으로 기르게 되면 발육이 늦어질 뿐 아니라 젖 뗀 후에는 제대로 자라지 못하게 되므로 반드시 송아지 보조사료를 먹여 한우의 능력도 점차 개량시켜야 한다.

송아지 보조사료는 생후 10일 경부터 먹이는 훈련을 시켜 30일 경에는 본격적으로 먹을 수 있도록 해야한다. 송아지 사료는 단백질 등 영양분이 풍부하고 맛이 좋아 송아지가 잘 먹게 된다.

그러나 처음에는 젖을 먹는 관계로 잘 먹지 않으려 하기 때문에 먹이는 훈련을 시켜야 하며 송아지가 젖 이외의 것을 먹으려고 하는 시기는 젖을 빨고난 직후가 되기 때문에 이때 송아지를 붙잡아 송아지 보조사료를 입에 조금씩 넣어 핥아 먹도록 몇회 반복훈련을 시키면 송아지 스스로가 먹게 된다. 그러나 송아지 보조사료는 어미소가 먹지 못하는 곳에 놓아두어 송아지만 자유로이 먹을 수 있도록 한다.

송아지가 보조사료를 먹고 설사를 할 경우에는 먹이는 양을 줄여 설사가 멈춘 후에 다시 적량을 먹여야 한다.

송아지 보조사료를 처음부터 많이 먹이지 말고 일령이 경과할수록 먹이는 양을 늘려야 설사 등 소화기 질병의 발생을 예방할 수 있다.

● 송아지에 말린꼴(乾草) 급여

송아지는 분만 당시에는 제4위가 70~80%를 차지하게 되나 점점 자라게 되면 반대로 제1위가 커지게 된다. 송아지 때 제4위가 큰 것은 우유 등의 소화를 돕기 위해서이나 소가 점점 자라게 되면 풀사료 등을 저장 및 분해하기 위하여 제1위가 커지게 된다. 그러므로 제1위가 커지는 것을 촉진시켜야 풀사료를 충분히 먹고 소화시킬 수 있게 되므로 위의 변화단계를 되도록 짧게 하기 위하여 말린꼴을 주는 것이 효과적이다.

② 육성기의 사양관리

첫째, 육성비육용 송아지를 선택할 경우는 다음과 같은 사항에 유의한다.

● 발육이 정상적인 송아지

육성비육은 원래 젖 뗀 송아지를 대상으로 해서 시작하기 때문에 송아지를 구입할 때에는 신중을 기해서 구입해야 하며 특히 건강여부를 확인한 다음 구입해야 한다. 특히 정상적으로 발육한 송아지라면 젖 뗀 후 3~4개월령에 체중이 최소한 80~120kg 이상은 되어야 한다. 그러나 가격이 싸다고 정상적으로 자라지 못하고 체중이 작은 것을 구입하게 되면 앞으로 발육이 매우 늦어져 출하기간이 길어질 뿐 아니라 경제적으로도 유리하지 못하다. 그러므로 반드시 정상적으로 발육한 송아지를 구입해야 한다.

● 살이 많이 찔 수 있는 송아지

송아지라고 모두 살이 잘 찌는 것이 아니라 송아지 자체의 능력과 어떻게 키우는가에 따라 달라지게 된다. 그러나 송아지는 머리가 약간 작아 보이고 몸의 폭이 넓고 몸이 약간 긴 것이 좋다. 이와 반대로 머리가 크고 다리가 짧아 보이고 피부에 탄력이 없는 송아지는 살이 잘 찌지 않는다고 볼 수 있다. 특히 몸의 폭이 좁은 것은 장차 커도 살이 찔 곳이 적으며 소는 엉덩이에 살이 많이 붙게 되는데 엉덩이가 빈약한 소도 고기생산량이 적게 되는 것이다.

● 건강한 송아지

자질이 좋은 송아지도 건강하지 못하게 되면 자랄 수 없으므로 건강한 송아지를 선택해야 한다. 송아지 때 많이 발생하는 병은 설사이므로 우시장에서 소를 고를 때에는 설사를 하는지 잘 관찰하여야 한다. 만약 설사를 하는 송아지라도 판매하고자 하는 주인이 적절한 조치로 모르고 넘어가는 수가 있으므로 세심한 관찰이 필요하다.

다음은 털의 상태를 보아야 한다. 건강한 송아지는 털에 윤기가 흐르지만 털이 꺼칠한 것은 몸의 상태가 좋지 않다는 증거이다. 만약 잘못하여 설사하는 것을 구입했을 때에는 설사의 원인을 규명하여 이에 알맞는 치료를 해야 한다. 즉 설사의 원인에는 바이러스성 세균성 기생충 감염 등 여러 가지 원인에 의하여 발생되고 있으므로 적절한 치료를 해야 빨리 치료가 되며 치료비도 줄일 수 있다.

둘째, 구입한 송아지는 지금까지 자라던 환경과 달라졌으므로 안정시켜 주고 육성비육에 알맞는 송아지를 우시장에서 구입할 때에는 건강한 송아지를 구입해야 하며 송아지를 판매하는 주인에게 그동안 송아지에게 어떤 사료를 먹였고 또 얼마나 먹였나 그리고 사육방법 등을 자세히 알아본 후에 구입초기에 환경 및 사료의 갑작스런 변화가 없도록 관리를 해주어야 한다. 즉 송아지 때 "갑"회사의 사료를 먹였으면 구입한 후에도 "갑"회사의 사료를 먹이는 것이 바람직하다. 환경 및 사료를 갑자기 바꿔 먹이게 되면 스트레스를 받아 발육에 지장을 가져오게 되고 또 설사 등 소화기질병이 발생될 우려도 많아지게 된다.

과거에는 우상인들이 이곳 저곳 우시장을 찾아다니며 송아지를 팔러 다녔기 때문에 송아지는 지칠대로 지쳐 있어 조금만 관리에 소홀해도 질병에 감염되는 경우가 많았다. 그러므로 특히 이점에 유의해야 하며 거리가 먼 곳이면 차량을 이용하여 짧은 시간 안에 운반하는 것이 피로를 조금이라도 줄일 수 있게 되는 것이다.

그리고 구입한 송아지는 단계별로 순치사양 하는 것이 바람직하다.

● 건강유지(피로회복)

송아지는 이곳 저곳의 우시장에서 새로운 주인을 만나 자기가 자랄 곳으로 오게 된다. 옛날에는 주로 거리에 구애됨이 없이 무조건 사람이 끌고 왔지만 지금은 차량을 이용하는 농가가 많아 송아지의 피로는 예전보다 조금 줄었다고 볼 수 있다.

그러나 지금까지 자라던 곳을 떠나 먼 여행을 하여 피로를 느끼므로 구입한 송아지는 조용한 곳에 넣어 안정을 시키고 피로회복제인 비타민제를 주사해 주면 효과가 있다.

주의할 점은 송아지를 넣어둔 곳에 개나 고양이 등이 접근하면 송아지가 조용히 쉬지 못하고 경계하기 때문에 피로회복이 늦어지게 되므로 조용한 곳에 안정시키는 것이 중요하다. 특히 여름철에는 시원한 곳에, 또한 겨울철에는 따뜻한 곳에서 안정시키는 것이 좋으며 여름철에는 파리, 모기 등이 송아지에 접근하지 못하도록 해주어야 한다. 또 바람이 잘 통하는 곳이 좋으며 축사의 창문은 축사면적에 비하여 창문이 매우 적은데 파리, 모기 방지를 위하여 모기장을 창문에 설치하게 되면 통풍에 지장을 주게 되므로 창문의 넓이도 고려해야 한다.

• 구입 후 사료 먹이는 요령

몸이 매우 피로한 상태에서 사료를 많이 주게 되면 소화장애를 나타내게 된다. 사람도 집을 떠나 다른 곳에 가서 물만 바꾸어 먹어도 설사하는 경우가 많은 것을 생각할 때 소도 이와 마찬가지라고 생각하면 된다. 그렇기 때문에 송아지를 구입할 때 전에 어떤 사료를 얼마나 먹였나 등을 자세히 알고 큰 변화가 없도록 먹여야 한다.

겨울철에는 따뜻한 물을 그리고 여름철에는 시원한 물을 집에 도착하면 충분히 먹이고 안정을 시키며 사료는 처음에는 조금씩 주다가 하루에 0.2~0.3kg씩 차츰 양을 늘려 구입 10일 경에는 체중에 알맞는 양의 사료를 먹여야 한다.

이 기간에 사료를 먹이는 도중 소화상태를 관찰하여 설사를 할 경우에는 즉시 배합사료급여량을 줄여 먹이고 설사가 멈추게 되면 점차 양을 늘려 먹인다.

그리고 도착 7일 경부터는 물과 말린꼴(건초)을 자유로이 먹을 수 있도록 준비해 놓는다.

(3) 육성기의 중요성 및 특성

송아지란 분만 후부터 3개월 경까지의 기간을 말하며 육성비육에서 말하는 육성기란 4~7개월 경 즉 젖 뗀 후 3~4개월까지인데 송아지는 모든 기관의 발달이 미약한 것이므로 육성기에는 소화기관 등 발달된 기관을 어느 정도까지 정상에 가깝도록 만드는 시기이므로 이 기간의 사양이 매우 중요하다.

그러므로 육성기간 동안에는 충분히 발육할 수 있도록 영양공급을 제대로 해주어야 정상적인 발육을 기대할 수 있게 된다. 또한 육성기에 충분히 발육을 해야만 앞으로 비육기에도 정상적인 증체가 기대되는 것이다.

만약 육성기에 제대로 관리를 하지 못하여 발육이 부진하면 금후 비육기간에도 제능력을 충분히 발휘하지 못해 결국 비육우 사육농가에서 피해를 보게 된다. 즉, 아무리 능력이 우수한 개체라도 송아지 및 육성기간에 제대로 관리를 하지 못하면 그 소가 자라는 도중 가지고 있는 우수한 자기의 능력을 발휘하지 못하게 된다. 이런 점에서 육성기 사양관리는 매우 중요하다고 볼 수 있다.

(4) 육성기에 급여하는 사료

육성기에는 발육을 왕성하게 하기 위해서 영양분이 풍부한 사료를 급여해야 하므로 시판되고 있는 육성사료를 이용하는 것이 좋다. 그러나 일부 농가에서 육성사료의 가격이 조금 비싸다고 가격이 싼 고기소 후기사료를 육성기중인 소에게 먹이는 것을 볼 수 있는데, 이러한 경우 사료를 구입하는데 약간의 경비는 절감 될 수 있으나 육성우가 정상적인 발육을 하지 못해 출하기간이 길게 되고 증체속도가 느려 결국 손해를 가져오게 된다.

그러므로 육성비육시에는 발육단계별로 알맞는 사료를 선택, 급여하는 것이 중요하다. 또한 사료는 신용있는 회사의 것을 이용하는 것이 안전하며 "갑"회사의 사료를 먹이다가 부득이 "을"회사 사료를 먹이게 되는 경우에는 갑자기 바꿔 먹이지 말고 10여일 기간을 두고 서서히 바꿔 먹이는 것이 소화기능의 변화를 줄일 수 있을 뿐만 아니라 정상적인 발육을 계속 유지할 수 있게 된다.

육성기 사료는 단백질함량이 높기 때문에 고기소 후기 사료보다 가격이 약간 비싸나 육성기에는 단백질이 필요하기 때문에 육성기 사료를 이용해야 한다. 시판되고 있는 육성기 사료의 조단백질(CP)은 15~16%로 가소화양분총량을 68~70%정도 함유하고 있으며 육성중인 송아지도 이 정도의 영양분을 요구하게 된다.

만약 자기 집에서 사료를 배합하여 이용할 때에는 다음과 같이 배합해야 한다.

육성우의 배합사료 배합비율

사 료	예 1	예 2
옥 수 수	48.0 %	30.0 %
쇄 미	—	28.0
밀 기 울	32.0	23.0
탈 지 강	10.0	7.0
대 두 박	5.0	7.0
아 마 박	5.0	5.0
소 금	1.0	1.0
패 분	1.0	1.0
인 산 칼 슘	0.2	0.2
비타민A · D	0.05	0.05
미량무기물	0.05	0.05
D C P.	12.28	12.28
T D N.	71.42	71.42

(5) 육성기 사료 급여량

육성기는 발육이 매우 왕성한 시기이므로 마음껏 자라게 하기 위해서는 필요한 양을 충분히 먹여야 한다.

그렇다고 배합사료만을 많이 먹이는 것은 좋지 않으므로 체중에 알맞는 양을 주어야 하고 조사료의 종류에 따라서 농후사료 급여량을 조절 급여해야 한다.

또한 육성기 때에는 사료이용 효율이 가장 높은 시기이기도 하다.

육성기 때 질이 좋은 조사료를 충분히 먹임으로써 소화기관의 발달을 촉진시킬 뿐만 아니라 값비싼 배합사료 급여량을 줄일 수도 있어 그만큼 소득이 높아지게 된다.

이상에서 설명한 것처럼 자질이 좋은 송아지를 구입하여 영양분이 풍부한 배합사료와 질이 좋은 조사료를 먹이게 되면 육성기 목표체중에 도달할 수 있게 된다. 육성기 목표체중은 7~8개월령에 180~200kg이며, 목표체중에 도달하기 위해서는 하루에 1kg정도의 체중이 늘어야 한다.

그리고 농후사료와 조사료의 적정비율은 7:3이지만 조사료의 질로 보아 6:4도 무방하다.

이렇게 육성기간 동안 정상적으로 발육한 200kg내외의 소는 본격적으로 비육기 사양을 하여야 한다.

체중별 사료 급여량   (단위 : kg)

체중별	일당증체량	양질 건초일 때		볏짚 일 때	
		배합사료	건 초	배합사료	볏 짚
100	1.0	2.4	0.7	2.7	0.6
150	1.0	3.1	1.1	3.5	0.9
200	1.2	4.7	0.8	5.0	0.8
250	1.2	5.8	0.9	6.1	1.0

(자료 : 축시 '83)

(6) 비육기의 사양관리

젖 뗀 송아지를 구입하여 3~4개월간 육성시킨 후 200kg내외된 육성우를 본격적으로 비육시켜 450~500kg에서 출하하게 되므로 비육기간중에는 일당증체를 높여 출하기간을 단축시켜야 한다. 비육과정을 보면 처음에는 근육이 증가하고 다음에는 근육 속에 지방이 축적되어 비육이 완료되면 출하의 적정기라 볼 수 있다.

개체에 따라서 차이가 많지만 400kg정도까지는 근육이 증가하기 때문에 일당증체량이 매우 높으나 일정체중이 지나 지방이 축척될 때까지 일당증체 속도가 완만해지게 된다. 그러므로 비육우 사육시 근육증가 시기에는 근육증가에 필요한 영양분을 공급하고 지방이 축척될 때에는 지방생산에 필요한 영양분을 공급해 주어야 한다. 그러므로 발육단계별 표준사양이 필요한 것이다.

● 체중 200~300kg 일 때 : 많은 단백질이 함유된 사료를 급여함으로써 육, 장기 골격 등을 정상적으로 발육시켜 성장을 촉진시킨다.

● 체중 300~400kg 때 : 중간정도의 단백질과 칼로리가 함유된 사료를 급여하여 근육 및 지방의 증가를 도와 비육에 적당한 건강한 소를 만든다.

● 체중 400kg 이상일 때 : 많은 칼로리가 함유된 사료를 공급하여 체지

방 생성을 촉진시켜 맛이 좋은 고기가 생산되도록 한다.

비육기에 농후사료와 조사료의 급여 비율은 7:3 또는 6:4가 적당하다.

비육기별 사료영양 및 급여수준

		전 기 (200~300kg)	중 기 (300~400kg)	후 기 (400kg 이상)
영 양 수 준 (%)	조 단 백 질	14~15	12~13	11~12
	가소화양분총량	70~71	71~72	72~73
급 여 량 (체중비)	배 합 사 료(%)	1.6	1.8	2.0
	조 사 료(%)	1.4	1.2	1.0

농후사료와 조사료의 급여 비율 효과

구 분	8 : 2	7 : 3	6 : 4
개 시 시 체 중 (kg)	203.4	212.4	208.3
종 료 시 체 중 (kg)	466.4	485.6	465.0
일 당 증 체 량 (kg)	0.84	0.88	0.82
1kg증체당 사료 소요량			
－ 배합사료 (kg)	7.1	6.3	5.8
－ 조 사 료(kg)	2.2	3.1	4.1
1kg당 사 료 비	100	95.3	93.8
도 체 율 (%)	62.9	63.0	60.5

(자료 : 축시 '73)

① 비육기 배합사료

번식우, 비육우를 막론하고 질이 좋은 풀사료를 충분히 먹이고 배합사료는 이에 알맞는 양을 주는 것이 좋다.

배합사료는 신용있는 회사제품을 이용하는 것이 영양분의 결핍 등이 없어 비육이 잘 되나 그렇지 못하고 농산부산물인 쌀겨나 보릿겨 등을 먹이게 되면 영양분의 결핍으로 발육이 지연되게 된다. 또한 비육에 적합한 배합사료를 하루에 5kg을 먹인다고 가정할 때 비육우 사육 농가에서 도정을 하여 나온 보릿겨가 있어 배합사료와 섞어 하루에 전과 같이 5kg을 비육우에 먹인다고 할 때에도 영양분의 균형이 맞지 않게 되는 것이다.

그러므로 도정하여 생긴 보릿겨는 다른데 이용하는 것이 좋다. 즉 배합

사료 가격과 비슷할 때에는 보릿겨를 판매하여 배합사료를 구입해서 먹이
는 것이 영양분균형을 이루기 때문에 가장 이상적이라 볼 수 있다.

그리고 자기가 직접 사료를 배합하여 이용할 때에는 비육우 양분요구량
에 맞도록 배합하여야 한다. 그러나 현실적으로 보아 비육우가 요구하는
영양분 요구량에 맞게 배합하기는 힘든 일이다. 왜냐하면 여러 가지 단미사
료를 구입하기가 곤란하고 만약 구입할 수 있다 하더라도 조금씩 구입하게
되면 오히려 배합사료 구입가격보다 더 비싸기 때문이다.

그러나 꼭 배합하여 먹이고자 할 때에는 축산시험장에서 권장하고 있는
다음 배합예를 활용하도록 한다.

육성 비육시의 배합사료 배합비율

사 료	전 기		중 기		후 기	
옥 수 수	35.0	%	40	%	45.0	%
보 리	20.0		25		25.0	
밀 기 울	20.0		15		15.0	
탈 지 강	17.0		12		7.0	
대 두 박	6.0		6		6.0	
식 염	1.0		1		1.0	
패 분	1.0		1		1.0	
비 타 민	0.15		0.15		0.15	
미량 성분	0.05		0.05		0.05	
D C D	10.7		10.4		10.3	
T D N	72.3		72.7		72.7	

그리고 고구마담근먹이를 만들어 배합사료 급여를 줄이고 고구마담근먹
이를 배합사료 급여량의 40％ 정도까지 대체 급여했을 때 증체 및 육질에
는 아무런 차이가 없었다는 시험보고가 있다. 그러나 요즈음에는 고구마
재배면적이 점차 줄어들고 있어 고구마 가격이 배합사료 가격보다 비싼 경
우가 있어 이러한 때에는 오히려 손해가 되므로 고구마 가격이 배합사료
가격보다 쌀 경우에 이용하는 것이 바람직하다.

그리고 고구마를 재배하여 이용할 수도 있으므로 상황에 따라 잘 적용
해 나가야 한다.

육성비육시 경영비 중 소값을 제외하고 가장 많이 차지하는 것이 사료비이므로 소의 비육에 지장이 없는 한 사료비를 줄이는 것이 곧 소득을 높이는 비결이다. 그러므로 질이 좋은 풀사료를 많이 재배하여 이용하는 것이 배합사료비를 줄일 수 있는 요령이다.(사료작물 재배편 참조)

② 비육기 청초급여

비육우에 배합사료만 급여하게 되면 일정기간은 잘 자라다가 소화기 질병 등에 걸려 자라지 못하게 된다.

소는 초식가축이기 때문에 반드시 풀을 먹여야 정상적인 발육을 할 수 있다. 그러므로 비육우에 청초를 급여하면 식욕이 좋아지므로 잘 먹고 건강하게 된다. 또한 질이 좋은 풀사료를 먹이므로 배합사료 급여량도 줄일 수 있게 된다.

수소비육에서 배합사료를 많이 먹여 발생하는 뇨결석증도 예방할 수 있다. 그러나 청초를 너무 많이 먹이게 되면 발육이 느리고 고기의 질도 떨어진다. 가장 알맞는 청초급여량은 하루에 10~15kg정도라는 보고가 있으나 우리나라에서는 풀사료가 매우 부족한 실정이므로 청초를 비육우에 너무 많이 먹여 피해를 입는 경우는 극히 적다.

예를 들어 풀이 주식인 토끼를 육용으로 쓸 경우, 청초를 먹이는 기간은 고기의 맛이 없어 마른 풀을 먹이는 겨울철에 잡아 먹는다.

③ 비육우 물 급여

물은 우리들의 주변에서 흔히 구할 수 있기 때문에 대부분의 사람들은 물의 가치를 잘 모르는 경우가 많다.

또 우리가 등한시 생각하는 공기중의 산소가 없으면 생명에 지장을 초래하는데도 그 가치를 소중히 생각하지 않고 있다. 물은 모든 생물이 살아가기 위하여 없어서는 안 될 매우 중요한 것으로 가축에게 필요한 물은 혈액과 다른 체액의 조성, 체온조절의 역활 및 소화흡수 등 여러 가지 중요한 작용을 하게 된다. 특히 가축의 몸을 구성하고 있는 대부분이 물로 되어 있으므로 비육우는 증체 및 여러 가지 작용을 위해 절대적으로 필요한 요소이다.

하루에 필요한 물의 양은 비육우의 체중, 계절, 먹이는 사료의 종류, 외기온도, 운동정도 등 여러 가지 여건에 따라서 물의 요구량이 달라진다. 즉 체중이 무거운 소는 많이 필요하며 물기가 많은 사료를 먹는 소는 적게 필요하게 된다. 그러나 하루 평균량은 20~40 l 정도가 적절하다.

특히 날씨가 추운 겨울철에 비육우에 찬물을 먹이게 되면 물이 차갑기 때문에 물을 충분히 먹지 못하게 된다. 그러므로 증체속도가 느리게 되고 그것이 겨울철 비육우가 잘 자라지 않는 이유중의 하나가 될 수 있다. 또한 겨울철에는 물을 따뜻하게 데워 먹여야 한다. 과거에는 사료(여물)를 끓여 먹이는 농가가 많았으나 지금은 거의 찾아보기 어렵다. 사료를 끓여 먹이면 기호성이 증진되어 소가 잘 먹으나 사료 속에 함유되어 있는 비타민 등이 파괴될 뿐 아니라 연료비의 지출이 많아져 끓여 먹이는 것은 비경제적이라고 볼 수 있다. 그러므로 사료는 끓여 먹이지 말고 물만 따뜻하게 데워 먹이는 것이 경제적인 방법이라 할 수 있다.

또한 무더운 여름철에는 시원하고 깨끗한 물을 먹이는 것이 효과적이다.

5. 젖소 수송아지 육성비육

우리나라에서도 최근에 젖소 사육 두수가 급격히 늘고 있어 88년 3월 현재 약 46만 8천 두에 이르고 있다.

젖소사육의 목적은 우유를 생산하기 위한 것이나 분만되는 송아지중 수송아지가 반 정도 생산되므로 이 수송아지의 비육기술도 큰 비중을 차지한다.

'87년도에 생산된 수송아지는 약 11만 두에 이르는 것으로 추정할 수 있으며 젖소 수송아지는 매년 증가 될 것으로 전망하며 앞으로 이 수송아지를 이용한 비육 기술이 중요부분을 차지하게 될 것이다.

젖소 수송아지는 한우보다 발육이 빨라 15개월령 정도가 되면 450kg 정도가 되며 18개월령에서 한우는 보통 450kg이나 젖소는 550kg이상이 된다. 고기의 질은 한우보다 조금 떨어지지만 적육(赤肉)생산이 많아 소비자의 기호도에 알맞다.

또한 젖소 수송아지는 1kg증체하는데 사료소요량이 한우보다 적게 들고 풀사료 위주로 사육이 가능하여 경제적으로도 유리하다.

(1) 송아지의 구입

우리나라에서는 초유떼기 또는 분유떼기를 하여 판매하고 있는 실정이며 현재로서는 낙농가에서 1~2두를 판매하고 있기 때문에 자질이 좋은 송아지를 골라 구입하기 힘든 실정이다. 그러나 앞으로 생산두수가 늘어나게 되면 시장에도 많이 출하될 것이므로 이때에는 우수한 것을 골라서 구입할 수 있을 것이다. 이때 주의할 점은 송아지를 구입할 때에는 반드시 초유를 충분히 먹은 것과 설사 등을 하지 않는 건강한 것을 구입해야 한다.

(2) 비육우의 사양

비육하기 위해 송아지를 구입하였으면 그 송아지를 어떻게 기를 것인가를 생각하여야 한다.

그러므로 비육단계별로 사양계획을 세워 실천해야 한다. 즉 초유떼기를 구입하였으면 먼저 액상사료급여와 송아지 사료 급여기간을 3개월로 정하고 다시 4개월간을 육성기간으로 나눈 다음 출하시기까지 비육기간으로 정하여 사육해야 한다.

젖소 수송아지 비육기간

포 유 기	육 성 기	비 육 기	출 하 시 체 중
3 개 월	4 개 월	8~11 개월	450~550 kg

① 송아지 기별사양

송아지란 분만 후 3개월까지를 말하고 있으며 먹이는 사료의 특성 및 소화기능의 작용 등에 따라 초유급여기, 액상사료급여기, 고형사료급여기로 구분하여 사육하는 것이 이상적이다.

- **초유급여기(생후3일령까지)**

분만 후 어미소가 3~4일까지 분비되는 젖은 보통젖과는 달리 고형물이 많고 비타민 등 특수한 성분이 많이 들어 있어 송아지에게 꼭 필요한데 이것을 초유 또는 첫젖이라고 한다.

- **초유의 특징 및 작용**

초유에는 질병을 이겨낼 수 있는 면역물질이 들어 있고 단백질, 지방,

초유와 일반우유 비교

	지 방	무지고형분	단 백 질	글로부린	유 당	비타민 A
	%	%	%	%	%	㎎ / g 지방
초 유	3.6	18.5	14.3	6.2	3.1	45
일반우유	3.5	8.6	3.3	0.1	4.1	8

무기물 등 발육에 필요한 영양분이 많이 들어 있으며 비타민 A 등이 풍부하고 송아지 장내에 들어 있는 태변의 배설작용도 한다.

● 초유 급여 요령

초유는 분만 후 30분~1시간 이내로 가급적 빨리 먹여야 면역체 흡수율이 높다.

처음 짠 초유에는 면역물질이 많이 들어 있으므로 냉장고 등에 보관하면서 몇 회에 나누어 다 먹이는 것이 좋으며 초유는 반드시 3일 이상 먹여야 한다. 급여량은 체중의 8~10% 즉 생시체중 40㎏의 송아지는 3.2~4㎏의 초유를 하루에 2~3회 나누어 먹인다.

매일 먹이는 시간을 가급적 지키는 것이 좋으며 초유를 구태여 데워 먹일 필요는 없다. 그러나 날씨가 몹시 춥거나 냉장고에 넣어 보관중인 것은 데워 먹이는 것이 좋으며 데울 때에는 섭씨 38도 이하에서 데워야 우유가 응고되지 않는다.

우유를 먹일 때에는 젖꼭지가 달린 용기를 이용하는 것이 소독하기도 좋고 송아지에게 발생하는 이물성 폐렴의 발생을 막을 수 있다.

그러나 양동이를 이용할 때에는 손가락을 양동이 속에 넣어 송아지가 손가락을 빨아 젖을 먹을 수 있도록 한다.

양동이포유   젖꼭지포유

〈송아지 포유방법〉

그러나 어미소가 불의의 사고로 죽거나 유두 등에 상처가 나서 젖을 짤 수 없을 때에는 다음과 같이 대용초유를 만들어 이용해야 한다.

우유 0.6 l ＋끓인물 0.3 l ＋계란흰자 1개＋피마자기름 2ｇ＝1회용

● 액상사료 급여기(4일령~이유기)

우유나 대용유 등 액상사료는 3~6주령까지 매일 체중의 8~10％ 먹이고 송아지가 허약할 때에는 6주 이상 먹일 수 있으며 우유보다는 탈지유나 대용유가 경제적으로 유리하다. 그러나 우유소비가 적어 우유가 남을 때엔 우유를 송아지에게 이용하는 것이 낙농가 모두에게 이익을 가져오게 된다.

송아지의 반추위 발달을 위해서는 생후 1주령부터 우유 이외에 송아지 사료를 조금씩 주기 시작하는 것이 좋다. 그리고 일령이 경과할수록 양을 늘려 송아지 사료량이 500ｇ~1kg될 때에는 우유 등 액상사료를 먹이지 말고 고형사료만 먹인다. 또 양질의 두과건초도 생후 1주령부터 조금씩 먹이도록 준비해 준다.

● 고형사료 급여기(이유기~3개월령)

이 시기에는 인공유 등 송아지 사료와 양질의 건초를 먹이고 물은 자유

젖소 수송아지 젖먹는 기간의 사료급여 기준량

생후일령	액 상 사 료		고 형 사 료		건초	물
	우유일때	대용우일때	인 공 유	육성기사료		
	kg	g	g	g		kg
8~10	4	300(3kg)	20~50	—	인	—
11~15	5	400(4〃)	30~60	—	공	—
16~20	5	600(5〃)	40~70	—	유	—
21~25	6	800(5〃)	100~200	—	의	—
26~30	6	700(5〃)	200~500	—	10	1
31~35	5	500(3〃)	300~700	—	l	3
36~40	2	250(1.5〃)	500~1,000	—	20	
41~50	—	—	1,000~1,500	—	％	
51~60	—	—	1,500~2,000	—	자	
61~70	—	—	2,000~2,500	—	유	
71~80	—	—	2,500~3,000	—	급	
81~90	—	—	3,000~2,000	1,000~2,000	수	
91~100	—	—	2,000~1,000	2,000~3,000		
계	157	17,500	125,100			

로이 먹을 수 있도록 준비해 준다. 그리고 송아지 사료는 앞의 표에 의하여 먹이고 건초는 200~500 g 범위내에서 마음대로 먹을 수 있도록 해준다.

※ 80일령부터는 육성사료를 보충해 준다.

송아지의 방은 항시 건조하고 깨끗해야 하며 송아지의 설사는 매우 위험하므로 발생 즉시, 사료를 줄여 먹이고 치료해 주어야 한다. 참고로 외국에서는 송아지방 시멘트 바닥위에 프라스틱 깔판을 깔아 냉기가 올라오는 것을 막아 주고 있다.

② 육성기 사양

육성기란 3개월령된 송아지를 비육하기에 앞서 뼈대, 장기 등을 충분히 발육시켜 비육기에 살이 잘 찔 수 있도록 하는 기간으로 보통 생후 7~8개월령에 해당된다.

• 육성기 사료

포유기에 인공유로 길러 계속 사육하는 송아지는 성장이 양호하기 때문에 배합사료의 단백질 함량을 높여 주는 것이 좋다. 현재 시판되고 있는 사료에는 가소화조단백질 12~13%, 가소화양분총량 70~72%로 판매되고 있어 이러한 사료를 구입 이용하는 것이 적당하다.

그러나 자기가 직접 사료를 배합하여 먹일 때에는 다음과 같이 사료를 배합하여 영양분이 결핍되지 않도록 한다.

육성기 사료배합 예   (단위 : %)

옥 수 수	밀 기 울	탈 지 강	콩 깻 묵	소 금	패 분	첨 가 제
47.6	30.0	10.0	6.0	1.0	1.0	0.4

• 사료 급여량

이 시기는 성장속도가 매우 빠른 때이므로 사양관리에 만전을 기하여 튼튼히 자라도록 하는 것이 매우 중요하다.

또한 이때에는 사료효율이 높은 시기이며 배합사료 급여량은 체중의 2%

체중별 배합사료 급여량

체 중 (kg)	100	125	150	175	200	250
급여량(kg)	3.5	3.5	3.5	3.5	4.1	4.5

정도, 풀사료는 0.7~1.6%를 먹이는 것이 좋으며 질이 좋은 풀사료를 함께 이용하면 배합사료 급여량을 줄일 수 있다.

③ 비육기 사양

정상적으로 몸무게가 늘어나는 것은 비육이라고 할 수 없으며 비육이란 섭취한 영양분이 정상 이상으로 살찌게 될 때 이를 비육이라 한다. 비육초기에는 적육이 증가하나 후기에 가면 적육 속에 지방이 축적되어 대리석 모양과 같은 좋은 고기가 생산된다. 그러므로 비육초기에는 일당증체가 1.0kg 이상으로 높으나 비육후기에는 지방축적으로 인해 일당증체가 낮게 된다.

- 비육기 사료

비육기간중 급여하는 사료는 몸 속에서 합성되는 지방의 질과 육질 그리고 고기의 맛에 밀접한 관계가 있다. 만약 청초를 너무 많이 먹이면 황색의 연지방이 생산되어 고기의 질이 떨어진다.

그러나 보리, 옥수수, 수수, 서류 등을 주사료로 이용하면 지방색이 흰색이고 경지방이 되어 좋은 고기를 생산할 수 있다.

그러므로 비육기에는 비육사료를 이용하는 것이 좋으며 비육초기에는 비육전기 사료를 또한 비육후기에는 후기사료를 이용하는 것이 비육우에 적당할 뿐 아니라 경제적으로도 유리하다.

- 사료급여량

배합사료 급여량은 풀사료의 질이 좋고 나쁨에 따라 달라지나 다음 표에 의하여 급여하는 것이 적당하다.

비육기 사료 급여량

	전 기	중 기	후 기
배 합 사 료(체중비)	1.5~1.6	1.7~1.8	1.9~2.0
풀 사 료 (〃)	1.2~1.3	1.1~1.0	0.6~0.8

비육기에 하루 20kg씩 청초를 급여하면 식욕과 건강이 좋아지며 비육우에 많이 발생하는 뇨석증을 예방할 수 있으나 너무 많이 주면 발육이 느리고 육질과 고기의 맛이 나빠진다. 그러나 사료생산 기반이 미약한 우리나라에서는 청초를 너무 많이 먹여 문제가 발생되는 예는 거의 없다.

물은 비육우가 살아가는데 없어서는 안 될 매우 중요한 것이며 물 요구량은 소의 체중, 계절, 사료종류 등에 따라 차이가 있다. 또한 추운 겨울철에는 물을 따뜻하게 데워 먹이고 무더운 여름철에는 시원한 물을 주는 것이 좋다. 그리고 물은 비육우가 마음대로 먹을 수 있도록 설치하는 것이 노력 절감면에 있어 합리적이다.

④ 비육우 관리

비육우의 피부를 매일 10~20분씩 새끼뭉치나 뿌리솔로 문질러 주고 빗겨 주면 마찰자극에 의해 혈액순환이 촉진되어 식욕이 늘고 소화가 잘 되며 비육이 촉진 될 뿐 아니라 피부병의 발생도 사전에 예방할 수 있다.

비육우에 적당한 운동을 시키면 신진대사가 촉진되어 식욕이 증진되나 너무 운동을 많이 시키면 에너지의 낭비로 해가 되므로 적당히 시켜야 한다. 그러나 개방식 우사에서 사육할 때에는 별도의 운동이 필요치 않다.

⑤ 출하적기

비육우의 출하적기는 목표체중에 도달한 시점에 이르렀을 때가 적기라고 할 수 있으나 증체당 가격과 사료비 등 투자액의 차이를 고려하여 출하하는 것이 좋다. 외국에서는 비육기간이 연장되면 지방축적이 좋아 비싼 가격으로 판매할 수 있으나 우리나라에서는 아직 질에 따라 가격이 형성되어 있지 않기 때문에 생체가격이 비쌀 때에는 하루 증체수입과 투입비용이 일치하기 이전에 출하하는 것이 좋다.

6. 큰소비육

큰소비육이란 큰소를 대상으로 해서 비육시키는 것을 말한다. 즉 농가에서 풀사료 위주로 사육한 300kg내외의 수소를 구입해서 체중에 갖는 배합사료급여 등 본격적으로 비육시키는 것이 대부분이다. 그러나 늙은소를 그대로 팔면 살코기 생산량이 적기 때문에 이러한 늙은소도 단기간에 잘 먹여 비육시켜 판매하면 소득을 높일 수 있다. 그러므로 이러한 비육방법도 큰소비육의 하나라고 말할 수 있다.

우리나라에서의 비육사업은 큰소비육부터 시작되었다고 해도 과언이 아니다.

큰소비육중에서도 수소를 농가에서 풀사료 위주로 사육하다가 중소가 되면 팔고 비육자가 이러한 소를 구입하여 배합사료를 체중에 맞게 급여하는 등 짧은 기간 동안에 잘 먹여 살을 많이 찌게한 다음 팔아 왔으나 지금의 농가에서는 중소가 되었을 때 팔지 않고 직접 비육하여 판매하는 농가가 많아졌다. 그러므로 중소 즉 300kg내외 되는 소의 구입이 어려워져 육성비육이 많아지고 있는 것이다.

(1) 큰소 비육의 이점

큰소 즉 일반농가에서 충분한 사료를 먹지 못하고 자란 소에 영양분이 풍부한 사료를 먹이면 옛날에 크지 못했던 것까지 자라게 된다. 이것을 보상성장의 효과라고 한다.

송아지 때부터 기르자면 사료 등이 많이 들게 되나 300kg 이전까지는 농가에서 사육했기 때문에 그 기간 동안의 사료비를 절약할 수 있다. 그러나 사료비를 완전히 절약한 것이 아니고 사료비에 대한 자금 투자가 필요없다는 뜻이 된다.

우리나라에서는 아직 포장육을 제외하고는 정육점에서 고기를 등급제로 판매하지 않고 부위가 다르더라도 동일한 가격을 받고 있으며 소비자는 쇠고기를 살 때 살코기만을 원하고 있는 실정이다. 이런 면에서 큰소비육은 살코기 생산량이 많아 소비하는데 오히려 환영을 받고 있다고 볼 수 있다. 그러나 이와 반대로 외국에서는 살코기에 적당한 지방이 부착된 것을 원하므로 육성비육을 실시하고 있는 것이다. 그러므로 외국에서는 큰소비육이 잘 이루어지지 않고 있다.

흔히 비육하는 사람은 먼저 소장사를 해야 한다고 말하고 있다. 즉 가까운 우시장을 자주 다니며 소의 가격을 알아보고 또한 자질이 좋으면서 비교적 가격이 싼 것이 있으면 사고, 소가격이 비싸면 비육중인 것을 파는 즉, 가격에 민감해야 한다는 뜻이다. 큰소비육은 비육기간이 3~5개월로 매우 짧기 때문에 비육중 가격이 상승했을 때 판매하는 것이 경영상 유리하다.

특히 비육하는 농가에서는 비육우의 증체수입과 가격상승의 두 가지 소득을 동시에 얻으려고 하는데 진정한 비육은 소가 자란 만큼의 소득을 기대하는 것이 바람직하며 이러한 풍토가 조성되어야만 소값의 변동없이 안정된 비육사업을 계속 할 수 있게 될 것이다.

큰소비육은 비육기간이 짧기 때문에 자금회전율이 빨라 좋으며 1년에 2

~3회 비육이 가능하다.

그러나 육성비육은 1kg 증체하는데 사료요구량이 적은 반면 큰소비육은 사료요구량이 많아 단위증체당 사료비가 많이 든다는 것이 단점이라고 할 수 있다.

(2) 대상우 구입요령

큰소비육을 하기 위하여 소를 구입할 때에는 우선 자질이 좋은 소를 구입해야 한다. 그러므로 24개월 정도 되는 것으로서 몸무게는 250~300kg정도 되는 것이 좋다. 그러나 나이는 많이 먹었는데도 체중이 적은 것은 살이 잘 찌지 않는 것으로 피하는 것이 좋고 나이는 적으면서 살이 많이 쪄 있는 소는 보상성장의 효과를 기대할 수가 없기 때문에 큰소비육으로서의 효과가 적다. 그리고 체중이 너무 작은 것은 비육기간이 너무 길어 회전이 늦고 체중이 많이 나가는 것은 비육소득이 그만큼 낮아지게 된다.

그러므로 다음 사항에 유의하여 비육할 소를 고르는 것이 바람직하다.

㉠ 건강한 소를 구입해야 한다. 건강하지 못한 소를 구입하게 되면 발육이 부진할 뿐 아니라 질병에 걸린 것은 치료비가 들게 되고 자칫하면 죽게 되어 비육사업을 하기도 전에 실패하여 손해만 보게 된다. 그러므로 설사를 한다든지 어디에 이상이 있나를 자세히 살펴 보아야 한다.

건강하지 못한 소는 털도 꺼칠하고 윤기도 나지 않는 것이 보통이나 소를 팔기 위해서 집에서 약간의 기름을 발라 털에 윤이 나도록 해서 시장에 팔러 나오는 경우가 간혹 있으므로 주의깊게 관찰해야 한다.

㉡ 소장사가 끌고 다니는 소는 가급적 구입하지 말아야 한다. 소장사는 이 장에서 팔리지 못하면 저 장으로 팔러 다니기 때문에 소가 극도로 피로해 있어 이것을 구입해서 비육하게 되면 오랫 동안 피로의 여파로 인해 살이 찌지 않게 된다. 그리고 옛날에는 소에게 물을 많이 먹여 판매하는 경우가 있었으나 근래에는 이러한 현상은 사라진 반면 도살장에서 도살할 소에게 물을 강제로 먹인 다음에 도살한다는 신문기사를 가끔 본 적이 있다.

그러므로 소를 구입할 때에는 직접 농가가 사육하던 소를 구입하는 것이 위에서 말한 것과 같은 불리한 조건을 사전에 막을 수 있는 것이다.

㉢ 풀사료 위주로 사육해서 잘 먹이면 살이 많이 찔 수 있는 것을 구입해야 한다. 그러나 너무 야위어 있는 것은 어딘가 이상이 있는 것이며 살

이 지나치게 많이 붙어 있는 것은 비육중 일당증체가 낮아지게 된다.

이상에서 설명한 것처럼 큰소비육을 하기 위하여 소를 구입할 때에는 여러 가지를 자세히 관찰한 다음에 이상이 없다고 판단될 때 구입하도록 한다.

(3) 구입 후의 초기 관리

우시장으로 팔려나온 소는 피로해 있으므로 우선 구입 후 집에 도착하면 먼저 안정을 시켜서 빨리 피로를 회복시켜 주는 것이 중요하다. 그리고 겨울철에는 따뜻한 물을, 여름철에는 시원한 물을 충분히 먹이고 질이 좋은 말린꼴을 먹인다. 그러나 배합사료를 많이 먹이게 되면 피로한 상태에서 소화를 충분히 시키지 못하여 설사 등 소화기 질병이 발생하게 되기 때문에 배합사료를 조금씩 늘려 먹인다.

말린꼴은 처음에는 체중의 0.5% 즉 250kg인 소는 1.2~1.3kg정도를 먹이고 다음날부터는 1%를 먹이고 배합사료는 0.5% 정도를 2~3일 먹여보아 설사 등 소화에 이상이 없으면 조금씩 늘려 먹여 10여일 후에는 정상적인 양 즉 체중의 1.6% 정도의 배합사료를 먹인다. 그러나 소화를 돕기 위하여 제1위 강화제 즉 소화제를 먹이는 것도 효과적인 방법으로 먹이지 않은 것에 비하여 구입초기의 발육의 증체가 높았다는 시험 보고가 있다. 그러므로 가급적 구입한 다음 제1위 강화제를 먹이는 것이 안전하며 본제품은 가격이 싸고 여러 종류가 있으며 수의약품을 취급하는 곳에서 판매하고 있으나 거의 동일한 효과를 나타내기 때문에 구입이 용이한 것을 선택하여 사용해도 무방하다.

그리고 본격적으로 비육에 들어가기 전에는 구충제를 먹여야 한다. 대부분의 농가에서는 소가 병이 발생하여야만 치료하는 것이 보통이지만 내부기생충을 구제하기 위해서 구충제를 먹이는 농가는 드물기 때문에 비육하기 전에 우선 내부기생충을 구제하는 것이 기생충에게 영양분을 뺏기지 않으므로 그만큼 살이 잘찌게 되어 효과적이다.

그러므로 비육하기 전에 사소한 일이라도 세심하게 실천해야만 비육사업을 성공적으로 이끌 수 있게 된다.

또한 구입한 소는 주인이 바뀌었으므로 새로운 주인에게 경계심을 갖게 된다. 그때는 자주 피부손질 등을 실시하여 빨리 친근감을 갖도록 노력해

야 한다. 특히 수소는 비교적 성질이 사납기 때문에 그 소의 성질도 파악
해서 난폭한 소에는 섣불리 가지 말고 자칫 잘못하면 뿔에 받칠 위험이
있으니 조심해서 접근하도록 해야 한다.

(4) 비육기간 설정

큰소비육은 단기비육이므로 먼저 비육기간을 결정해야 한다. 큰소비육은
보통 90일에서 150일 정도 비육하므로 구입한 소의 체중, 출하시기 등을 고
려해서 비육기간을 결정해야 한다. 예를 들면 대상우의 체중이 조금 큰 것
이면 기간을 단축시킬 수도 있고 추석이나 설날에 판매하기 위하여 비육우
를 구입했을 때에는 남은 기간을 비육기간으로 설정한 다음 체계적으로 비
육우에 알맞는 사육을 실시해야 한다.

그러나 90일간 비육을 목표로 추진하였으나 판매시기에도 살이 잘 찌고
가격이 오를 전망일 경우에는 비육기간을 더 연장하는 것도 경제적으로 유
리하다고 볼 수 있다.

그러나 비육우도 일정기간 동안에는 근육이 증가하여 일당증체가 높지만
어느 한계에 도달하면 근육증가보다 지방축적이 되므로 이때에는 일당증체
가 낮아져 무작정 비육기간을 늘린다고 좋은 것은 아니다.

(5) 비육기간중의 일당증체

비육의 기본적인 증체는 비육초기에는 살이 많이 찌도록 하고 살이 찌
게 되면 지방을 부착시키는 것이 원칙이나 큰소비육은 단시일에 증체를 시
키는 것이므로 이러한 단계를 무시하고 살만 찌도록 하는 방법이 있다.

그러나 큰소비육의 출하목표는 400~450kg이므로 이때 출하하는 것이
경제적이다. 450kg이상에서는 큰소비육에서도 지방이 부착되는 시기이므로
일당증체량이 떨어지게 된다. 그러나 지방이 부착되는 시기에는 사료도 지
방부착에 중점을 두어 배합한 것을 먹여야 하나 큰소비육시는 사료효율이
떨어지기 때문에 일당증체 즉 하루 증체되는 것을 보아가며 출하시기를 조
절하여야 한다. 비육초기에는 하루에 1kg이상 증체되는 것이 보통이나 비
육후기에 가서 1kg이하로 떨어지게 된다. 그러므로 생체가격 등을 고려하
여 증체목표를 설정하는 것이 좋다.

비육초기에 증체가 잘 되는 것은 비육하기 전에 일반농가에서 충분히
자라지 못하였다가 갑자기 영양이 풍부한 사료를 충분히 먹여 비육시키므
로 예전에 자라지 못했던 것까지 동시에 자라 일당증체가 높아지는 것이다.
그러나 이러한 현상이 비육하는 전기간을 통하여 이루어지는 것이 아니라
비육초기에 더욱 높은 증체를 보이게 되는 것이다.

큰소비육시 일당증체는 1kg이상 되게 하는 것이 바람직하므로 정기적인
체중측정으로 일당증체를 측정하여 1kg이상 증체될 수 있도록 사양관리를
해야 한다.

자질이 좋지 못한 소는 일당증체가 낮으므로 자질이 좋은 소를 구입하
는 것이 매우 중요하며 만약 구입한 소가 일정기간이 지나도 일당증체가
매우 낮은 것은 사료비 등 경영비가 많이 투입되는 대신 일당증체가 낮아
손해를 보게 되므로 이러한 소는 즉시 처분하는 것이 오히려 손해를 줄일
수 있는 방법이 되기도 한다. 이러한 소를 계속 비육시키게 되면 경제적인
손해가 더욱 많아지게 된다.

(6) 사료급여 기준

비육할 때에는 체중과 비육단계별로 알맞는 사료를 구입해서 먹여야 한
다. 즉 체중 300kg정도의 비육초기에는 큰소 비육전기 사료를 먹여야 하고
400kg정도에서는 비육후기 사료를 먹여야 정상적인 증체가 된다. 그러나
가격이 약간 싸다고 비육후기 사료를 비육초기에 먹이면 증체하는데 지장
을 가져 오게 된다.

그리고 사료는 배합사료를 이용하는 것이 좋다. 배합사료에는 소가 살찌
는데 가장 알맞는 영양분이 고루 함유하고 있어 비육우가 살이 잘 찌게
되는 것이다.

그래서 큰소비육에 알맞는 사양표준이 설정되어 있으며 이 사양표준에
의한 사양을 해야 정상적인 증체가 이루어진다.

'83년도에 축산시험장에서 한국표준 가축사료급여 기준을 설정한 것을
소개하면 다음과 같다.

그러나 시판되고 있는 배합사료는 사양표준에 맞게 배합되어 있으므로
배합사료를 구입하여 먹이면 사양표준에 맞게 급여하고 있다고 볼 수 있다.

과거에는 배합사료를 구입해서 이용하지 않고 자가배합하여 사용하는 농

큰소 비육시의 사양표준

체 중	건 물 (DM)	가 소 화 단 백 질 (DCP)	가 소 화 양분총량 (TDN)	칼슘(Ca)	인(P)	비타민(A)
kg	kg	kg	kg	g	g	kg
250	6.2	0.48	4.5	26	21	14
300	7.5	0.52	5.2	25	21	16
350	8.1	0.52	5.7	23	21	18
400	9.0	0.54	6.2	21	21	19
450	9.5	0.57	6.8	21	21	20
500	10.5	0.57	7.3	21	21	23

가가 있었으나 지금은 여러 가지 단미사료를 구입해서 배합하기 힘들어 거의 시판되고 있는 배합사료를 이용하고 있으며 농산부산물인 쌀겨나 보릿겨가 있을 경우 배합사료에 혼합하여 먹이는 경우는 간혹 볼 수 있다.

(7) 사료급여 요령

큰소비육을 하기 위하여 구입한 소는 그동안 풀사료 위주로 사육 되었기 때문에 비육초기 즉 구입해서부터 갑자기 배합사료를 많이 먹이게 되면 설사 등 소화기질병이 발생할 뿐만 아니라 먹은 사료를 완전히 이용하지 못해 결국 사료의 손실, 다시 말해 사료비가 많이 들어가게 됨은 물론 식욕이 떨어지게 되므로 비육우는 사료를 적게 먹게 되고 그로 인해 일당증체가 낮아지게 되어 결국 비육우 사육농가는 손해를 입게 된다.

그러므로 비육초기에는 소가 사료를 많이 먹을 수 있도록 훈련을 시키고, 배합사료는 제한하여 급여하는 대신 풀사료는 많이 먹이도록 한다.

그러나 비육후기에 가서는 비육효과를 높이기 위하여 배합사료를 충분히 먹이고 풀사료는 제한하여 먹이는 것이 좋다. 또한 배합사료도 무제한 먹이는 것이 아니고 체중의 1.9~2.0%를 먹이도록 한다. 소가 배합사료를 너무 많이 먹게되면 완전히 소화시킬 수 없어 소화장애로 인한 설사 등을 일으키게 되므로 소는 주인이 주는 대로 무작정 먹는 것이 아니라 어느 정도의 일정량만 먹게 된다. 그러므로 비육우 사육농가에서는 소의 똥을 관찰해서 설사증상이 있으면 배합사료 급여량을 줄이는 등 소의 소화상태를 관찰하면서 배합사료 급여량을 조절해야 한다. 특히 청초기(靑草期)인 여름철에는 소가 풀을 잘 먹기 때문에 풀만 충분히 주면 배합사료를 잘 먹지 않는다. 그러나 비육우에 필요한 영양분의 공급은 대부분 배합사료에 의해 공급되고 있으므로 일정량의 배합사료를 먹인 후 풀사료를 먹이도록 하여 배합사료를 남기지 않도록 해야한다.

비육기별 사료급여 기준량(체중비)

구 분	전 기	중 기	후 기
일 수 (90일 기준)	50일 (30)	70일 (30)	30일 (30)
배합사료(체중비)	1.6 %	1.7~1.8 %	1.9~2.0 %
조 사 료 (체중비)	1.0 %	0.85 %	0.65 %

사료 급여량(두당) 조사결과 　　　　　　　　　(단위 : kg)

사육규모	구 분	농 후 사 료				조 사 료				
		배합사료	강 류	곡 류	식품부산물	청애류	사일레지	볏 짚	건 초	기 타
단 기 비 육	5두미만	655	19	8	—	420	6	393	—	25
	5~9	777	38	37	2	248	126	536	—	15
	9두이상	809	55	14	382	151	—	447	—	—
	평 균	748	36	24	78	278	65	476	—	15
장 기 비 육	5두미만	1,198	24	30	—	725	—	600	5	20
	5~9	1,347	37	16	—	658	—	621	—	37
	9두미만	1,306	42	75	—	596	24	731	71	85
	평 균	1,289	36	48	—	647	11	667	35	55
평　　　균		930	36	32	52	402	47	540	12	29

(자료 : 축협 '84)

배합사료를 급여할 때에 체중에 맞는 양을 급여하기 위해서는 정기적으로 체중을 측정하고, 배합사료 급여할 때에도 계량기를 이용하여 정확한 양을 급여하는 것이 사료의 손실을 막아 경제적으로 유리하다.

소의 체중은 우형기(소저울)를 이용하는 것이 가장 정확하나 가격이 비싸기 때문에 소규모 사육농가에서는 부락공동으로 구입하는 것이 바람직하며 그것마저 어려울 때에는 소의 체중을 측정하는 줄자를 구입해서 활용하는 것이 좋다.

그리고 배합사료 급여량은 풀사료의 질에 따라서 급여량을 달리 해야 한다. 예를 들면 볏짚만을 먹일 때에는 배합사료를 많이 먹여야 하나 질이 좋은 목초나 옥수수 담근먹이 등을 먹일 때에는 배합사료 급여량을 줄여도 일당증체에는 큰 지장이 없으므로 풀사료를 최대한 활용해야 한다.

(8) 청초 급여

육성비육에서도 설명한 것과 같이 비육우에 청초를 급여하면 식욕증진과 건강유지에 필요하며 뇨결석증의 발생을 예방할 수 있다. 그러나 청초를 너무 많이 먹이면 발육이 느리고 육질과 고기의 질이 나빠지므로 하루에 15㎏ 정도 급여하는 것이 적당하다.

7. 송아지고기(화이트빌)를 위한 비육

외국에서는 생후 5~6개월령까지의 송아지 고기를 일반적으로 빌이라고 부르고 있으나 그 중에서도 특히 충분히 먹여서 강제비육을 한 생후 약 3개월령(약 100일)의 송아지 고기를 흰 송아지고기(화이트빌)라고 칭하고 있다. 화이트빌의 생산은 이러한 액상물만을 주고 고형물(농후사료나 조사료)은 전혀 주지 않는 것이 특징이다.

이 송아지 고기는 성우의 고기보다 희고(특히 열을 가하면 흰색깔이 더 두둘어진다) 우유만으로 기르기 때문에 고기에 우유냄새가 남아있고 더구나 질기지가 않기 때문에 유럽의 여러 나라에서는 고급육으로서 거래되며 특히 호텔의 레스토랑 같은데서 호평을 받고 있다.

축협중앙회에서 시험 사육하여 송아지 고기를 생산하였다는 보고가 있으나 앞으로는 호텔공급용으로 계약 생산하는 것이 바람직할 것이다. 그러므로 외국에서 실시하고 있는 송아지 고기 생산을 기술하고자 한다.

① 화이트빌용 송아지를 고르는 방법

생후 1주일이내의 홀스타인 수송아지로서 초유를 충분히 먹인 것을 선택한다. 초유를 먹지 않으면 태아변이 나오기 어렵고 면역체를 초유에서 얻지 않았기 때문에 질병에 걸리기가 쉽다.

체중은 40~50kg이 좋으며, 40kg이하의 송아지는 사육중에 사고가 많고 또 50kg 이상의 것은 값이 비싸며 사료요구율이 높아진다(증체 1kg에 필요한 사료의 양이 많아지는 경향이 있다).

② 화이트빌 생산용의 사료와 사료를 주는 방법

• 사료는 무엇을 사용하는가

화이트빌 생산용에는 전유 탈지유 혹은 인공유를 사용해도 좋지만 현재 가장 반응이 좋은 것은 아일랜드의 뎅카빗트사가 고안을 한 분말의 인공유가 많이 이용되고 있다. 이것은 탈지유나 버터밀크에 지방을 첨가해서 분유상태로 한 것으로 지방외에도 각종의 비타민류나 미네랄이 들어 있다.

다소 단맛도 있기 때문에 송아지가 좋아하며 더운물에 잘 녹고 방치해 두어도 침전(沈澱)이 되지 않는 것이 특징이다. 더구나 사료로서는 이 외에는 아무 것도 주지 않는다. 그러나 더운 여름철에는 소량의 물을 주어도 된다.

인공유 급여량 1회분(1일 2회 급여)

육용육성 개시 후의 일수	뎅카빗트 인공유의 1회 1마리의 급여량(분유를 녹일 때의 더운물의 양) 이것을 1일에 2회로 준다	뎅카빗트분말과 온탕과 비율(중량비)
생후 1~ 7 일간	모유 즉 초유만	
개시 1 일 째	1.7 *l* 의 온탕만	
〃 2~ 4 일째	1.7 *l* 의 인공유	1 : 10
〃 5~ 7 일째	1.7 *l* 의 인공유	1 : 8
〃 8~11 일째	2.3 *l* 의 인공유	〃
〃 12~14 일째	2.5~2.8 *l* 의 인공유	1 : 7.5
〃 3 주 째	3.4 *l* 의 인공유	〃
〃 4 주 째	4 *l* 의 인공유	〃
〃 5 주 째	5.1 *l* 의 인공유	〃
〃 6 주 째	5.7 *l* 의 인공유	〃
〃 7 주 째	6.8 *l* 의 인공유	〃
〃 8 주 째	식욕에 따라서 나머지량이 나오지 않는 량	〃

● 뎅카빗트분유의 급여량

송아지를 구입하면 첫날은 더운물만을 주고 이틀이 지난 이후에는 앞의 표의 인공유 급여량 1회분(1일2회 급여)과 같이 뎅카빗트분유를 더운물에 녹여서 먹인다.

가령 개시 후 2~4일째에는 뎅카빗트분유와 온탕의 비율은 1:10이며 1.7 *l* 의 인공유를 주게 되어 있다. 따라서 인공유 1.7kg(온수의 두게는 1 *l* 가 약 1kg다)에 약 170 g 의 뎅카빗트분유를 녹이면 된다.

그와 같이 해서 5~7일째는 1.7 *l* 의 인공유에 1:8의 비율로 뎅카빗트분유를 녹인다.

1.7kg(인공유)÷8=210 g (뎅카빗트분유)

따라서 210 g 을 녹이면 된다.

개시 후 8주 이후는 식욕에 따라서 잔량이 나오지 않을 정도로 주는데 인공유로서의 급여량이 8~10kg이 되면 소가 마시는데 대단히 힘이 든다. 이 경우에는 뎅카빗트분유와 온탕에 비율을 1:7정도로 해서 농도를 높이는 편이 좋다.

● 뎅카빗트분유를 녹이는 방법

뎅카빗트분유는 더운물에 잘 녹는다. 우선 더운물의 소정량을 양동이에다 담아서 이 안에다 뎅카빗트분유를 달아서 넣고 교란기로 교란을 시킨다.

더운물의 온도는 소에게 급여할 때 섭씨 41도를 정상으로 하기 때문에 양동이에다 넣을 때는 2~3도 높이는 편이 좋다.

열 마리 이상의 송아지를 사육할 경우는 가정가스 또는 프로판가스용의 기물을 사용하면 능률이 오른다.

● 조제한 인공유를 먹이는 방법

인공유두(검은부분)와 포유구

급여시의 인공유의 온도는 섭씨 41도로 한다. 온도는 온도계를 사용해서 반드시 확인하도록 한다. 손가락으로 검온을 하는 것은 확실한 것이 아니기 때문에 좋지 않다.

인공유를 양동이에서 그냥 마시게 하면 송아지의 미발달된 제 1, 2위로 들어가서 자칫하면 전위부레증을 일으킬 우려가 있고 많은 소에게 먹이는 것은 매우 어려운 일이다. 그 때문에 특수한 인공유두(위의 그림)가 일반적으로 사용되고 있다.

이 인공유두를 뒤에 말하는 사육상자 앞에 장치를 해 놓고 양동이를 위에다 매달아서 사이폰에서 흐르는 인공유를 송아지에게 먹이도록 한다.

인공유두에도 여러 가지 종류가 있다. 유두에 구멍이 뚫려 있는 것은 생후 1개월까지는 그대로가 좋으나 그 후는 인공유의 양이 늘기 때문에 빨아들이기에 힘이 든다. 2개월 이후는 가위로 십자(+)로 잘라서 구멍을 좀 크게 만들어 준다.

인공유의 급여량은 조석 2회인데 12시간마다 주는 것이 좋으며 특히 8주째부터 뒤에 다량의 인공유를 먹일 경우에는 간격을 12시간을 두는 것이 정량을 먹일 수 있는 방법이다.

인공유두나 양동이는 항상 깨끗하게 보존하지 않으면 안 된다. 포유 후 바로 더운물에 합성세제를 타서 씻어 둔다. 이때 인공유두의 고무튜브에는 인공유의 찌꺼기가 남아 있으므로 세제로 여러 번 씻고 헹군뒤 걸어서 물기를 없앤다. 지저분한 것을 그대로 두면 설사의 원인이 된다.

③ 시설과 관리

• 사육함(스톨)

적은 숫자의 사육이라면 우사의 일부를 개량해서 칸을 만들고 바닥에는 나무발판을 깔 정도라도 사육은 할 수 있다.

그러나 다두 사육을 할 경우에는 다음 그림처럼 사육함을 만들고 바닥에는 붙였다 뗏다하는 나무발판을 만든다. 마지막 체중이 150kg를 목표로 하는 것이기 때문에 상당히 두꺼운 판을 사용하지 않으면 안 된다.

• 우 사

다두 사육 경영으로서는 30~50마리 정도의 우사를 만드는 것이 좋다. 그 구조를 송아지의 육용 육성우사와 사육함(우사)처럼 만들게 되면 호오스

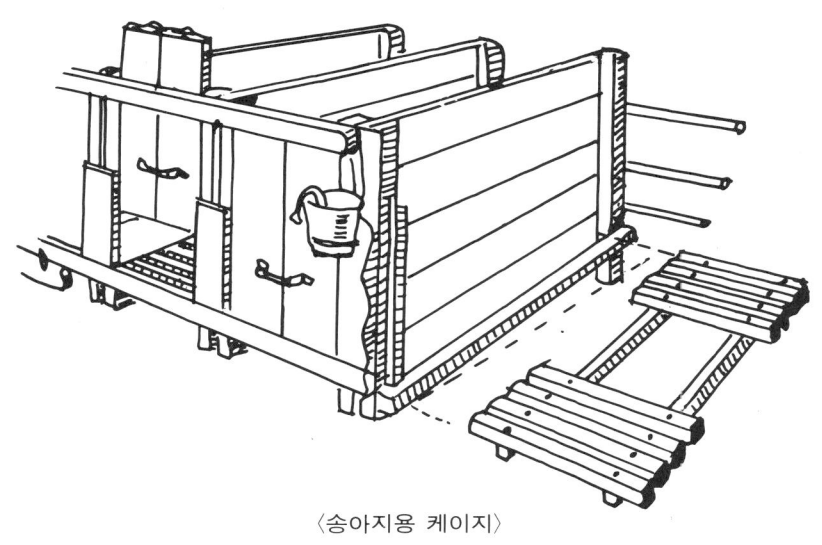

〈송아지용 케이지〉

천정에 금망을 치고 그 위에 건초 또
는 짚을 약 30cm로 얇게 깔고 온도
를 유지하며 환기를 돕는다.

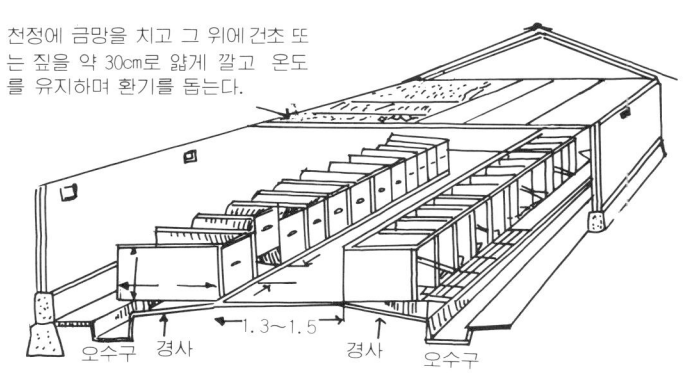

오수구   경사   1.3~1.5   경사   오수구

〈송아지의 육성우사와 사육함(우사)〉

하나로도 우사 안의 청소를 할 수 있기 때문에 편리하다. 창은 환기를 주로 하고 큰 창보다는 작은 창을 많이 만든다.

● 관리를 어떻게 하는가

사육함에는 깔짚은 넣지 않는다. 엄동시에 송아지를 구입할 경우에는 생후 2주간까지 깔짚을 넣어도 되는데 그 후는 중지한다(가능한 돼지우리용 보온휠타를 넣는 편이 좋다). 짚의 채식량이 늘게 되면 제1위가 발달되어 인공유의 섭취량이 줄거나 지육의 비율이 저하되기 때문이다.

화이트빌의 생산상 주의해야 할 것은 온도이다. 사내온도는 섭씨 15~20도가 적당하며 섭씨 5도 이하가 되면 송아지는 설사를 하기 쉬우며 이 설사는 여러 가지로 손을 써도 쉽게 낫지 않는다. 될 수 있는 대로 우사에 바람이 들어가지 않도록 주의함과 동시에 사육함을 거적으로 싸매 준다.

또한 여름철의 고온은 증체에 지장이 생긴다. 우사에 발을 치거나 창을 열어서 바람이 잘 통하게 해 준다. 따라서 추운지방이라면 1~3월에 더운 지방이라면 7~8월에 쉬도록 하고 연간 3회전(回轉)을 하는 편이 현명하다.

④ 화이트빌 출하에 대한 주의

화이트빌 생산시험 결과

번호	사육 일수	개시시 체 중	종료시 체 중	출하시 체 중	일당 증체	사료총 급여량	사 료 요구율	도살직 전체중	지육 중량	지 육 률
	일	kg	kg	kg	kg	kg	%	kg	kg	%
1	91	40.0	137.7	140.5	1.07	120.3	1.23	128.0	82.5	64.5
2	〃	50.8	151.8	155.0	1.11	144.7	1.43	147.0	92.4	62.8
3	〃	54.3	146.5	141.5	1.01	137.3	1.48	140.5	92.0	65.5
4	〃	47.0	139.6	139.0	1.02	126.5	1.37	130.0	82.0	63.1
5	〃	48.5	144.7	147.5	1.06	136.3	1.42	135.5	85.5	63.1
6	〃	41.5	138.0	140.0	1.06	130.5	1.35	127.0	83.0	65.4
7	〃	42.5	134.3	136.5	1.02	126.7	1.37	126.0	80.5	63.9
8	94	42.5	141.5	143.0	1.05	132.9	1.34	133.5	83.0	62.1
9	91	53.6	136.5	138.0	0.91	127.1	1.53	128.0	80.0	62.5
10	〃	51.7	152.2	153.0	1.10	148.1	1.47	144.0	87.0	61.8
11	〃	50.9	144.8	146.5	1.03	133.6	1.42	139.5	88.0	63.1
12	〃	45.4	156.0	137.0	1.22	152.3	1.38	150.0	99.0	66.0
평균	91	47.3	143.6	145.3	1.05	134.7	1.40	135.7	86.4	63.6

출하시의 체중은 140~150kg이 적당하며, 이것을 생후 약 100일 동안에 완성시킨다. 하루에 약 1.0~1.2kg의 증체가 필요하다.

이 동안의 사료요구율은 1.4~1.5이기 때문에 100kg를 증체시키자면 약 140~150kg의 뎅카빗트의 분말이 필요하다.

지육의 비율은 소화관의 발달이 나쁘고 머리나 사지골도 가볍기 때문에 도살 직전 체중에 대해서 약 63~66% 정도된다.

8. 거세우(去勢牛)의 육성비육

생후 3개월에 젖을 뗀 송아지(생후2~4개월 혹은 이유 후 조기에 거세)를 대상으로 약 1년간을 육성비육해서 생후 18개월 전후에서 체중 450kg 정도로 완성시키는 비육을 거세우의 육성비육이라고 한다. 이 방법은 일본에서 많이 실시하고 있는 것이므로 소개하고자 한다.

(1) 거세우 육성비육의 특징

거세우의 육성비육에는 비육생리적으로 큰소의 비육과는 매우 다른 특이성이 있다는 것은 이미 말한 바와 같다. 이것을 다음과 같은 이점과 난점으로 나누어서 이 비육의 특징을 분류해본다. 이 분류는 오늘날에도 거세우 육성비육의 본질을 이해하는데 있어서 많은 도움이 될 것이라그 믿는다.

월령에 의한 증체 1kg에 요하는 영양분의 변화

월	령	0~3	4~8	9~10	11~12	13~14
증체1kg에	DCP(kg)	0.42	0.59	0.59	0.60	0.80
필요한	TDN(kg)	1.87	3.91	4.51	6.04	6.54

① 거세우 육성비육의 이점

첫째, 비육효율이 높은 것, 어느 가축이라도 유령기~중령기~장령기와 월령이 나아감에 따라서 증체에 요하는 사료의 양이 많아지는 것이 원칙이다.

위의 도표는 유용(乳用) 수송아지의 육성시기에 있어서의 증체 1kg에 필요한 가소화단백질(可消化蛋白質)(DCP)과 가소화양분총량(TDN)을 월령별로 조사한 것인데 월령이 경과함에 따라서 사료를 이용하는 능력이 점차로 저하된다는 것이 확실하게 인정된다. 이처럼 육성비육은 거세우나 암소라도 소의 왕성한 성장력을 이용해서 능률적으로 고기소를 만드는 비육법이기 때문에 이론적으로는 가장 합리성이 높은 비육법이라고 말할 수 있다.

둘째, 농후사료 급여량도 적게 들어서 좋고 사육장소도 좁아도 된다. 시험성적으로 보아 1년 동안에 조사료를 생초로 환산(볏짚과 건초를 4배, 콩과 건초를 5배로 하면 생초량이 된다)해서 6,000kg으로 하면 1일 평균 농후사료는 약 3~4kg이 되며 양질인 조사료를 일반에게 너무 많이 주지 않고도 4~6개월에 완성되는 큰소비육의 약 7~8kg, 암소 보통비육의 6~7kg에 비해서 농후사료의 급여량은 단연 적다.

다음으로 축사관계로는 앞장에서 말한대로 계류식, 몰아넣기식 혹은 간단한 개방식의 어느 우사라도 좋고 축사건축비도 싸기 때문에 다두화는 쉽게 된다.

세째, 생력관리를 할 수 있는 것

생력관리시험에서는 1일 한 마리당 7분으로 모든 사양관리를 마치고 더구나 1일당 0.9kg이라고 하는 굉장한 증체결과를 얻고 있다. 연구실에서는 매일 사료의 급여량을 달고 그위에 조사료의 풀베기 급여시간까지 넣어서 1일 한 마리당 15분을 치고 있으므로 익숙해진 농가라면 이 정도의 생력관리쯤은 할 수 있을 것이며 지금도 많은 농가에서 시행되고 있다. 이것은 육성비육의 발육이 왕성하기 때문에 할 수 있는 것으로 노인이나 부녀자들도 다두화할 수 있는 것이다.

네째, 지육비율이 비교적 높고 지육의 크기도 알맞아야 한다.

거세우 육성비육의 지육비율(도살 직전 체중에 대한)은 생체중으로 450kg 전후이면 약 60%라고 하는 것이 보통 상식으로 되어 있으나 그중에는 65%나 되는 것도 있다. 소가 작으면서도 지육이 비교적 높은 것은 유령기부터 본격적인 비육적 육성방법으로 자랐기 때문에 체형도 육우쪽이 되고 좋은 살집과 지방이 붙었기 때문이다. 앞에서 말한 65% 전후의 지육이 나온 소는 가슴이 깊고 몸의 폭도 있기 때문에 몸의 신축이 실제 이상으로 짧게 보여지는 육우투입으로 보인다. 한우라도 육성이나 비육방법만 좋다면 이런 소를 훌륭히 기를 수 있다.

지육의 크기는 생체중을 대강 450kg으로 올렸다면 지육인 240kg는 단단한 것이어서 정육점에서 좋아할 적당한 크기의 범위에 들어갈 수 있으며 요즘에는 이 정도의 지육이 비싸다. 지육시장에 따라서 정산(精算)방법이 여러 가지가 있으나 내정가격을 지육가격의 3%정도로 평가하는 방법(떨어진 시세가 오를 때라는 것을 말한다)의 시장에서는 지육이 큰 것을 극도로 싫어하는 경향이 있으나 이러한 시장에서는 육성비육은 대환영이다.

이상과 같이 시장성이 높은 것에도 이 비육이 성장하는 큰 원인이 있다.

다섯째, 출하를 할 때 규격이 일치하기 쉬운 것이 좋다. 요즘 각종 농산물과 함께 축(농)협 등에 의한 계통출하가 많아지고 있다. 이 경향은 육축(肉畜)에 있어서도 예외는 아니다. 이때 중요한 것은 시장의 요구에 적합한 생산물을 하나하나 갖추어서 출하하는 것이다. 또한 출하를 항상 대량으로 하는 것에 의해서 그 곳의 특산물로서 유명해져 유리한 거래도 성립된다.

육성비육은 대체로 목표체중인 450kg에 달한 것을 출하하면 지육비육이나 육질에 큰 차가 없는 것이 보통이다. 그러므로 앞으로 더욱 증대될 것이라고 생각되는 지육시장에 대한 공동출하에는 각 비육중에 가장 적합한 비육법이라고 말할 수 있다.

이상의 점을 통해서 생각되는 것은 첫째, 육성비육의 보급성에 있으며, 둘째, 송아지의 공동구입 및 비육우의 공동출하가 극히 용이하고, 셋째, 난점에서 취급되는 풀사료의 보급만 잘 해 나갈 수 있다면 다두 사육도 충분히 가능하다고 볼 수 있다.

우리나라 한우의 비육은 육성비육이 주체가 되고 암소 비육은 사육두수의 많고 적음에 따라 좌우될 전망이다.

② 거세우 육성비육의 난점

첫째, 양질의 풀사료가 필요하다. 소의 발육은 이미 앞에서도 말한 바와 같이 우선 신경계에서 시작되고 골격 근육이 이어 발달하고 마지막으로 지방이 부착하는 순서가 된다. 충분히 골격을 완성시키는데는 칼슘, 인, 마그네슘의 회분(灰分)이 필요하며 그 급원으로서 양질의 풀사료를 주지 않으면 안된다. 또 발육에 필요한 비타민 A도 풀사료에는 충분히 포함되어

있다. 처음부터 농후사료만 주어서 육성을 하게되면 체중은 증가되지만 골
격이 작고 골골한 소가 되기 때문에 300kg를 넘을 무렵부터 증체가 갑자
기 떨어져서 375kg정도로 그치는 경우를 종종 볼 수 있다. 이러한 소가
되지 않도록 답리작(畓裏作)은 물론이며 될 수 있으면 사료폭을 확대하여
목초나 사료작물을 재배해 둘 필요가 있다. 또한 풀사료를 다급하는 것에
의해서 사료비를 절약할 수 있다.

   둘째, 농후사료를 배합하는데 연구가 필요하다. 사료배합의 중요성에 관
해서는 이미 말한 바와 같지만 일반적으로 한우 사육농가에서는 대부분 쌀
겨, 보릿겨 등을 먹이고 있기 때문에 많이만 주면 살이 붙을 것이라는 습
관적인 사료급여 방법이 지금까지도 남아있다. 우선 소의 단기비육정도라면

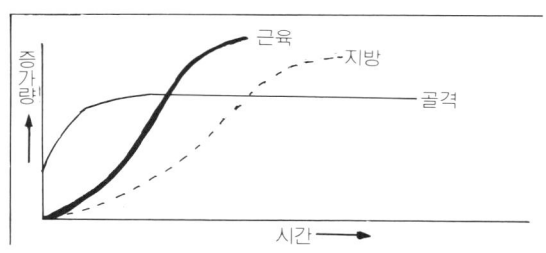

골격근육지방의 발육곡선

좋은 지방을 붙이는 데는 보리를 많이 주는 것도 좋지만 보리 중심으로
배합한 사료를 주면 중기(中期) 비육 이상이 되면 잘 먹지 않게 될 우려
가 있다. 그러나 육성비육에서는 비육기간이 길기 때문에 발육의 각 시기
에 따른 것처럼 사료의 배합비를 바꾸고 조사료와 농후사료의 비율을 생각
해서 급여량을 바꾸어 가는 것이 중요하다. 중소비육에 대한 사료급여의
큰 요령이 있다. 다음 그림은 사료배합의 양부가 화우인 송아지의 발육에

시험구분과 배합비(중량비)

시 험 구 분	콩깻묵	쌀 겨	보 리	밀기울	골 분	식 염
제 1 구	—	80	10	10	1~2	1~1.5
제 2 구	—	50	20	30	1~2	1~1.5
제 3 구	50	50	—	—	1~2	1~1.5
제 4 구	30	20	20	20	1~2	1~1.5

(사료배합의 양부가 송아지의 발육에 미치는 영향)

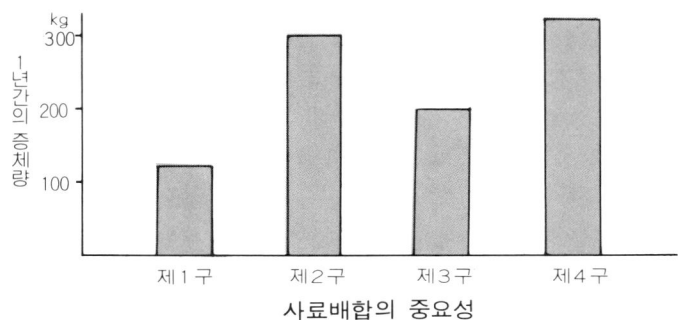

사료배합의 중요성

미치는 영향을 면밀하게 시험한 후 그 결과를 그림으로 나타낸 것이다. 이 시험에서는(시험구분과 배합비의 표처럼) 사료의 배합내용이 다른 4시험구를 만들어 각구에 정상으로 발육된 이유 후의 송아지 네 마리(암,수 각 두 마리씩)에게 풀사료를 충분히 주면서 1년간을 육성해서 그 증체중을 조사하고 있다. 그 결과 제1구와 제2구는 사용을 한 사료의 종류가 같고 단 그 배합비가 다를 뿐이지만 연간 증체중은 단연 제2구가 우수하여 적정한 배합비의 사료를 준다는 것이 얼마나 중요한가를 잘 나타내 주고 있다. 일반적으로 육성기에는 단백질이 풍부한 사료를 다급할 필요가 있다고 말하고 있으나 그것도 정도문제로서 간단한 배합내용은 오히려 효과가 없다는 것을 제3구의 성적이 실증하고 있다. 제4구처럼 적어도 4종류 정도의 단미(單味)사료를 사용함으로서 영양적으로 균형이 잡힌 배합으로 한다면 암, 수가 다같이 이상적인 발육을 할 수 있다는 것도 이 시험에 의해서 확실해졌다. 따라서 거세우의 육성비육에서는 보편적으로 생각하는 것처럼 적어도 4종류 이상의 사료를 배합하고 더구나 그 사료단가를 될 수 있는 대로 싸게 하는 것이 요령이라고 하겠다. 그러나 신용있는 제품의 배합사료를 구입, 사용하는 것이 바람직하다.

세째, 육색(肉色)이 엷고 살의 단단함이 부족한점. 쇠고기 색깔은 나이가 많음에 따라서 짙고,수소는 암소보다도 짙으며,거세우는 특히 양자보다 엷은 것이 원칙이다.

일반적으로 거세우 육성비육의 육색은 흔히 피하(皮下)의 엷은 근육색깔과 같다고 하지만 단면(斷面)의 색깔이 심하게 엷은 것은 아니며 큰 암소의 육색에 비해서 좀 떨어지는 정도다. 육성 비육우가 시장에서 판매 되었을 때나 요즈음의 정육점에서 문제시 되지는 않는다.

또한 살의 단단함이 부족하고 물기가 많다든가 하는 비판도 처음에는 있었으나 원래 이 비육은 최상급의 전골고기를 만드는 비육만이 아니기 때문에 이것 또한 그리 문제삼지 않아도 된다.

넷째, 비육기간이 10~12개월은 너무 길다고 볼 수 있다. 가장 좋은 방법은 비육회전을 빨리해서 돈을 벌어들이는 것이라고 할 수 있겠다. 이런 점으로 보아 육성비육을 완성하는데 1년이 걸린다는 것은 길다고 본다. 또 자금의 회전이 늦는다는 것은 요즘의 소위 기업적인 대책은 아직 없으나 다음과 같은 방법이 이용되고 있다.

우선은 송아지 생산지로서 수송아지의 시장에 출하하는 월령을 될 수 있는 대로 늦추어 가급적 풀사료 위주로 사육한 다음 판매하도록 하는 것인데 그렇게 하다보면 결국 큰소비육이 될 수 있다고 볼 수 있다.

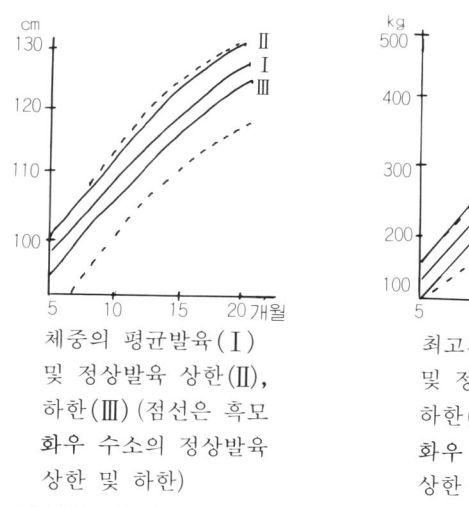

체중의 평균발육(Ⅰ)
및 정상발육 상한(Ⅱ),
하한(Ⅲ)(점선은 흑모
화우 수소의 정상발육
상한 및 하한)

최고의 평균 발육(Ⅰ)
및 정상 발육 상한(Ⅱ),
하한(Ⅲ)(점선은 흑모
화우 암소의 정상발육
상한 및 하한)

(2) 거세우 육성비육용 송아지를 선택하는 방법

① 발육이 좋은 송아지를 선택할 것

비육의 완성 목표는 생후 18개월에 체중 450kg이다. 가령 나쁘다고 하더라도 18개월에 400kg이상이 되지 않으면 정육용으로 환영받지 못한다. 그러므로 발육에 관한 시험에 사용된 공시우(供試牛)중 생후 18개월에 400kg이상으로 발육한 65마리에 관한 정상발육의 범위를 체중과 체고에 관해서

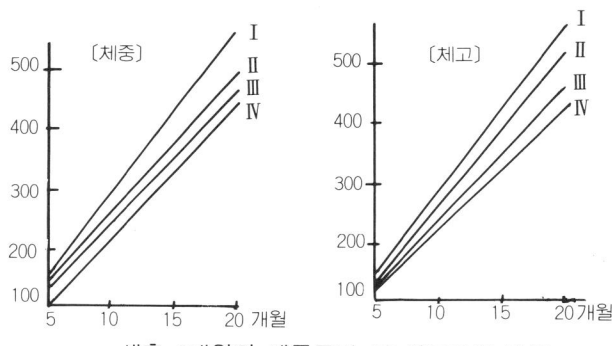

생후 8개월의 체중군별 및 최고군별 발육

조사한 것이 앞면의 그림이다.

즉 체중, 체고가 다같이 종웅우(種雄牛) 정상발육 범위의 반 이상의 높은 수치를 나타내고 있다. 육성비육 송아지에는 발육이 상당히 양호한 것을 선택하는 편이 그후의 완성에 편리하다.

실례를 나타낸 것이 생후 8개월의 체중군별 및 체고군별발육의 그림이다. 이 연구로서는 전국적으로 보아 비육레벨이 높은 어느 농가 육성비육 매월의 체중측정 성적을 사용했다. 우선 생후 8개월시의 체중을 대소별로 나누어서 그후의 발육과의 관계를 조사해 보았으나 초기의 체중이 른 것은 그후의 체중 증체도 크고 특히 처음부터 체중이 큰 I의 그룹은 그 외에 III그룹과의 차가 비육기가 진행됨에 따라서 점차로 크게 되어 있고 바로 단거리 경주에서 시작이 좋았던 자가 그 후에도 점점 차를 내서 결정선에 들어선 것 같은 결과이다. 이 경향은 체고에서는 더욱 현저하게 빨리 완성된 소일수록 처음의 체고가 높고 그 후의 성장도 좋다는 것을 알 수 있다.

생후 17~19개월에 450kg으로 완성시키기 위해서 필요한 송아지의 체중

송아지의 체중(생후만월령) 체중 450kg에 달하는 월령	6 개월	7 개월	8 개월
17 개 월 반	176kg	200kg	224kg
19 개 월	149	172	195

이와 같은 연구결과를 보면 육성비육 송아지는 생후 17개월에서 19개월

로서 확실히 450kg으로 완성하려면 생후 6개월에서 8개월에 앞의 표와 같은 체중이 되어 있는 것을 선택할 필요가 있다는 것을 알 수 있다.

② 장래 비육성이 큰소를 선택할 것

생후 18개월에 450kg이상으로 만들어 보려면 생후 약 6개월로 좀 작지만 150kg 전후의 송아지를 사용한다면 만 1년에 약 300kg의 증체로 만들면 된다. 그러므로 처음부터 송아지가 큰 것을 이용하면 사육기간도 짧고 당연히 조사료가 작아도 되기 때문에 큰 송아지를 선택해야 한다. 곤란한 것은 어느 곳의 우시장이나 발육이 좋은 소는 값이 비싸다. 때로는 실질이상의 비싼 값을 부를 때도 있다. 또 송아지의 중개를 할 때 보면 가격이 판명되지 않을 경우도 적지않다. 따라서 이런 경우에는 제2의 수단으로 발육은 보통이지만 장래 비육 가능성이 있는 소를 선택해야 한다.

일반적으로 비육이 큰 송아지와 그렇지 못한 송아지를 비교해보면 아래 표와 같은 차이가 있다.

크게 자라기 쉬운 송아지 그렇지 못한 송아지의 차이

	크게 자라기 쉬운 소	크게 자라기 어려운 소
몸전반에서 받는 느낌	태평스럽게 보인다	섬세하고 우아하게 보인다(몸체가 단단해 보이는 것도 좋지 않다)
전후 높이의 관계	체고(앞)보다 십자부고(뒤가 5~6% 높다)	앞뒤의 높이가 같고 성우와 같이 균형이 잡혀 보인다.
다리의 길이와 비절의 높이	다소 다리가 긴 정도 비절이 높고 연결점도 짧지 않다	낮고 마디가 짧은 것은 크지 않는다.
가슴의 길이	적당한 길이가 있다.	가슴이 얇다.
체적	몸이 잘 뻗고 살붙음, 늑골의 뻗기가 좋고 배도 발달해 있다.	동체가 잘 뻗고 늑골·살붙음이 좋고 배가 조여짐이 좋다(늑골이 짧은 것 늘어진 배는 안 된다).
얼굴	입이 크고 턱의 발달이 좋다.	입이 작고 턱의 발달이 좋지 않다.
턱	두텁고 길이가 적당하다.	얇고 길다.
어깨의 부피	기갑부가 두터운 편이다.	기갑부가 얇다.
피부의 여유	여유가 있다.	여유가 없다.

③ 포유중 거세우(哺乳中去勢牛)가 좋다

미국의 거세육우는 생후 4~10주에서 거세된 것을 스티어라고 해서 환영을 받고 있으며 젖뗀 후 조금씩 성상(性相)이 나타나려고 할 시기에서 나중에 거세된 것은 스탭이라고 해서 환영을 받지 못한다고 한다. 우리나라에서는 종래 이유 직후에서 생후 12개월 정도까지 행해지는 것이 보통이었다. 그리고 이들의 실적에서 또 비교시험의 결과를 가지고 포유중의 거세와 이유 후의 거세를 비교해보면 과도한 방목과 같은 조방(粗放)스런 관리를 행하지 않는 한 수술에 의한 발육의 저해는 포유중의 거세에는 거의 없다고 해도 좋다. 체형자질에서는 포유중의 거세에 의해서 암소다워지고 발도 가늘고 뼈의 굵기도 약간 가는 경향이 있다. 비육능력은 포유중에 거세를 하는 편이 우수하며 육질의 면에서도 좋은 경향이 있기 때문에 포유중에 거세한 것을 선택하면 된다.

(3) 거세우 육성비육우의 사육법

① 사료를 주는 데는 이런 점에 주의를 한다

● 양질의 조사료를 충분히 주자

육성비육을 종소비육이라고 말하는 것처럼 발육이 대단히 왕성한 시기의 비육이기 때문에 근육과 뼈의 발육을 충분히 잘 시키기 위해서는 단백질이나 비타민류 혹은 무기물 등을 줄 필요가 있다. 그러나 볏짚이라든가 질이 나쁜 야초는 중요한 성분을 거의 갖추지 못하고 있다. 이것에 비해 사료작물이나 목초 등에는 단백질은 물론 무기물 등이 풍부하게 포함되어 있다. 예를 들어 사양표준에도 나타나 있는 발육에 중요한 비타민A의 근원이 되는 카로틴은 농후사료에는 거의 포함되어 있지 않지만 양질의 조사료에는 그것이 다량으로 포함되어 있다. 또한 농후사료는 아주 조금밖에 포함되어 있지 않은 칼슘도 앞서 말한 양질의 조사료에는 다량으로 포함되어 있으며 더구나 포함되어 있는 인과 칼슘과의 조화가 이루어지고 있다. 물론 단백질이나 양분총량 등도 볏짚이나 조악한 야초보다는 대단히 많고 소도 좋아하며 먹기때문에 볏짚을 줄 경우보다 많은 양을 줄 수가 있으며 그만큼 농후사료가 절약이 되는 것이다. 특히 중요한 것은 야초중에도 사료작물이나 목초류보다 영양이 떨어지지 않는 것이 있으며 이것을 이용함으로써 사료작물이나 목초의 부족을 충분히 보충해야 하는 것이다. 그것은 사료작물이나 목초를 만들 때 필요한 경영이나 노력을 그만큼 절약할 수 있다는 점이다.

참억새나 띠, 싸리, 칡, 콩과의 풀 그리고 잡초 등이 무성하고 있을 경우에는 소가 즐겨 먹는데다 영양분도 상당히 많다. 칡은 앞의 사료의 성분에서 말한 바와 같이 단백질 성분총량 등 클로우버와 비슷하다.

- 단백질이 풍부한 사료를 주자

풀 종류만으로 충분한 단백질을 준다는 것은 실제상으로는 어려우며 농후사료로서도 단백질이 풍부한 것을 주지 않으면 안 된다. 큰소비육과는 달라서 비육전기에 특히 콩깻묵 같은 단백질사료를 많이 주어야 한다.

- 무기물이나 비타민A를 급여한다

인(燐)은 농후사료에 많이 포함되어 있기 때문에 보통의 경우에는 염려하지 않아도 된다. 칼슘은 양질의 조사료에는 많이 포함되어 있으나 농후사료를 다급하는 비육의 경우에는 인과 칼슘과의 균형상 칼슘은 따로 주는 것이 좋다. 나트륨과 크로놀은 소금의 형으로 준다. 식염은 풀을 많이 줄 때 충분히 주어야 한다. 그를 위해서는 소가 자유롭게 핥아 먹을 수 있는 장소에다 놓아 준다. 비타민A는 사료작물이나 양질의 목초 등을 충분히 주면 문제는 없다. 요즘 가축영양상 필요로 하고 있는 무기물이나 비타민류를 잘 조합해 첨가제로서 판매되고 있기 때문에 비육우에 먹여 보는 것도 좋다.

- 절대로 설사를 시켜서는 안 된다

비육에 설사는 금물로서 특히 육성비육에서는 설사가 나서 발육이 잘못되었을 때 복구를 시킨다는 것은 어려우며 1주일 정도 설사를 계속하는 비육은 체념하는 것이 좋다.

이유 직후의 송아지를 구입한 초기에는 특히 주의가 필요하다. 그런데 큰소와 같이 생각하고 한꺼번에 다량의 사료를 주게 되면 설사를 일으키기가 쉽다. 그러므로 처음에는 부드러운 건초를 주고 농후사료로서는 밀기울을 조금 가할 정도로 한다. 그리고 1주일에서 10일 정도 지나서 사료에 익숙해지면 서서히 농후사료를 늘리고 알맞는 양을 먹이도록 한다.

또한 육성비육에서는 양질의 풀 종류를 많이 주지 않으면 안 되지만 수분이 많은 생풀이나 콩과 풀 등의 경우 설사가 나기 쉽기 때문에 하루 정도 햇볕에 말려서 주면 된다. 그리고 사일레지는 겨울철 푸른 것이 적을 때의 사료로서는 적당하지만 주기 시작할 때 갑자기 많이 먹이기 시작하면 설사를 하므로 맨 처음에는 조금씩 주다가 차차 늘려서 주도록 한다. 하루에 급여하는 양은 중소가 3~7kg, 큰소라도 10~15kg이면 된다. 이것은 수분과 산을 많이 포함하기 때문이며 양질의 사일레지라면 좀 많이 준다고 하더라도 별 지장이 없다. (송아지는 가급적 6개월 이상되면 먹인다.)

그러나 사일레지를 장기간 주게 되면 볏짚이나 건초를 주어서 타액으로 이것을 조절시킬 필요가 있다. 소의 타액의 pH는 약 3.2로 제1위안의 pH의 조절을 하는 작용이 있다. 건초는 다량으로 주어도 무방하다.

② 사료의 급여량
● 사료 급여 기준

육성비육에서 농후사료와 조사료를 어느 정도가 적합한가를 알아 두어야한다. 아래의 표는 1일 한 마리의 체중 100kg당의 기준량이다. 표에 표시해놓은 조사료는 건초를 기준으로 한 것이기 때문에 만약 생초로 줄 경우에는 이 양의 4~5배의 양을 주지 않으면 안 된다. 이것은 전부터 해오던 비육시험의 결과나 미국 송아지의 비육 혹은 만 2세 소의 비육 경우에 사양

중소비육의 사료급여기준

조사료의 질	사료\월령	6~7	8~12	13~15	16~18(20)
좋은 경우	조 사 료	1.4~1.8kg	1.6~2.0kg	1.3~1.5	1.0~1.2kg
	농후사료	0.7~1.1	0.6~0.9	1.0~1.2	1.4~1.6
보통 경우	조 사 료	1.2~1.6	1.0~1.3	0.7~1.0	0.5~0.7
	농후사료	1.0~1.4	1.3~1.5	1.5~1.8	1.8~1.9

주 : 체중 100kg당 1일량 (일본)

표준 등을 생각해서 만들어진 것이다. 사료작물이나 목초의 풋베기 건초 사일레지 등이 주체가 되는 경우에는 조사료의 질이 보통인 경우의 기준을 사용하면 된다. 또한 농후사료의 배합예를 나타내면 다음표와 같다.

배합예(Ⅰ)(비육시험 : 일본)

기 별	보 리	밀기울	탈지강	콩깻묵	어 분	소 금	칼 슘	기타
전반육성	38 %	40 %	10 %	10 %	2 %	1.5 %	2.5 %	0.05 %
후반육성	20	30	30	30	—	1.5	1.0	

배합예(Ⅱ)(비육시험)

생 후 월 령	보 리	밀기울	탈지강	콩깻묵	칼 슘	소 금
0 ～12	20 %	30 %	30 %	20 %	1.2 %	1.0 %
12 ～14	25	30	30	15	1.2	1.0
14 ～18	30	30	35	15	1.2	1.0
18 ～19	30	35	30	5	1.2	1.0
19 ～19.5	40	35	20	5	1.2	1.0
19.5 ～20	45	30	20	5	1.2	1.0
20 ～20.5	50	33	10	5	1.2	1.0

주 : 생후 19개월 이후 배합비율을 조금씩 바꾸고 있는 것은 19개월이 바로 성기에 해당되기 때문에 도살시간을 성하에서 벗어나서 비육기간을 연장하기 위함.

배합예(Ⅲ)(비육시험)

생 후 월 령	보 리	밀기울	탈지강	콩깻묵	소 금	칼 슘
6 ～ 8	25 %	30 %	25 %	20 %	1.0 %	1.2 %
9 ～ 11	30	30	20	20	1.0	1.2
12 ～ 13	40	30	15	15	1.0	1.2
14 ～ 15	50	30	10	10	1.0	1.2
16 ～ 18	60	30	5	5	1.0	1.2

이상 대략의 기준을 참고로 해서 농가에서는 입지조건이나 비육기간, 출하시기 등을 생각해서 적당한 사료급여를 연구하면 된다. 농후사료는 비육

산육능력검정용 사료배분 비율(중량비)

기 간 / 종류 체중 kg	제 1 기(110일) (150～240)	제 2 기(110일) (240～345)	제 3 기(110일) (345～450)
보 리	20 %	25 %	30 %
옥수수(황 색)	10	15	20
밀기울(보통것)	28	28	28
쌀 겨	20	15	10
콩 깻 묵	20	15	10
어 분	1	1	1
식 염	0.5	0.5	0.5
칼 슘	0.5	0.5	0.5

단계별로 먹여야 한다. 비육초기부터 농후사료를 급여하는 것은 조사료의 질을 잘 생각해서 앞에서 말한 급여기준을 참고로 해서 적량을 결정해야 한다.

● **풀을 많이 주어서 비육하는 법**

조사료를 많이 주어서 사육비를 절약한다는 것은 경영상 중요하지만 옛부터 풀을 지나치게 먹이면 육질이 떨어진다고 한다. 사실 풀을 많이 먹인 소 중에는 특히 몸 지방의 색깔이 노랗게 되어서 상품가치가 떨어지는 것이 있기 때문이다. 시험결과 조사료 다급의 비육시험에서도 조사료가 8000kg(생초환산)을 넘는 양을 먹였을 때 이러한 반응이 나타났으며 특히 10,000kg가 넘는 구가 심했다고 한다. 그러나 무게가 느는 방법이나 지육비율에는 영향이 없다.

결국 조사료를 많이 먹일수록 사료비의 합계가 싸기 때문에 차익이 많은 결과가 나온다. 또 다른 조사료 다급여의 비육시험에서도 농후사료를 기준사료 기준량의 반으로 줄이고 그 대신에 양질의 풀을 먹여서 대단히 좋은 성적을 올리고 있다.

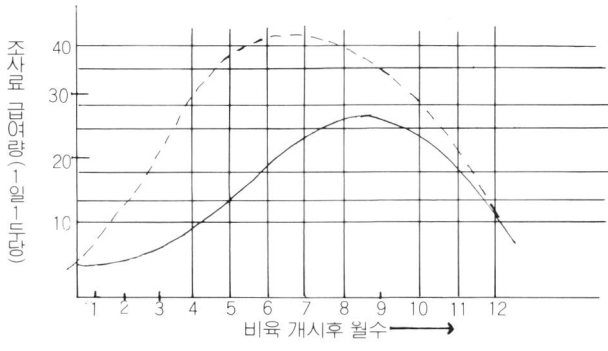

조사료 급여량의 변화

조사료를 다급했을 경우에 중소비육을 할 수 있다는 것을 알았지만 지나치게 많이 주게 되면 지방의 질이나 색깔에도 영향이 있으며 합계는 7,500kg전후로 보는 것이 적절하다. 비육기에 적당한 양의 농후사료를 주어서 완성하게 되면 비육의 초기에 많이 먹여도 조사료가 육질저하의 큰 우려는 없다고 전해지고 있다. 조사료를 다급했을 경우에 몸 지방의 색깔이

(1) 조사료에 의한 사료급여량

	초기 (약 6개월)		중 기 (약 3개월)			말 기 (약 3개월)		
	1~2	3~6	7	8	9	10	11	12
농후사료 체중 (%)	0.7~0.8	0.8~1.0	1.1	1.2	1.3	1.4~1.5	1.5~1.6	1.6~1.8
조 사 료 (청초kg)	10~15	20~30	25~35			25	20	20

주 : 농후사료는 체중에 대한 % 조사료는 청초로서의 1일 한마리당의 급여
    량으로 표시.

(2) 앞표급여 경우의 농후사료의 배합비율   (단위 : %)

	초기 (약 6개월)		중기 (약 3개월)			말 기 (약 3개월)		
	1~2	3~6	7	8	9	10	11	12
밀 기 울	30	30	30	30	30	30	30	30
생 쌀 겨	30	30	25	20	20	15	10	10
콩 깻 묵	20	20	15	10	5	5	5	5
보 리	20	20	30	40	45	50	55	55

어떻게 변화하는가는 아직 확실하지 않다.

　조사료 급여량의 변화(앞면의 그림)는 여러 시험장에서 행해졌던 중소비
육 시험에서의 조사료 급여량을 나타낸 것이다. 그림에서도 알 수 있는 바
와 같이 맨 처음 4kg정도에서 시작하고 그후 점차로 양을 늘려 비육의 중
기 경까지는 약 25kg정도의 풀종류를 주고 있다. 비육 말기에는 급격하게
조사료를 줄이고 그 대신에 농후사료를 먹이고 있다. 그러나 조사료 다급
위주로 갈 경우에는 점선에서 표시한 윗부분으로 미리부터 많은 조사료를
먹을 수 있는 방향으로 이끌고 가야 한다.

제 7 장   한우의 질병

한우의 장점은 거친 사양관리에도 잘 견디고 또한 질병에 대한 저항력이 강하며 다른 가축에 비해 질병에 걸리는 율이 적다. 이러한 점이 바로 한우가 우리나라의 영농에 적합하고 또 오늘날과 같이 많은 번식을 하게 된 중요한 원인의 하나라고 할 수 있다. 그러나 가끔 뜻하지 않은 질병의 발생으로 폐사되는 경우가 있다.

우리는 우선 한우의 질병에 대한 대체적인 진단과 치료의 상식을 알고 평소 그 건강 상태를 잘 살펴, 병이 발생하지 않도록 사양 관리에 주의해야 한다. 또한 예방주사를 적합한 시기에 접종토록 하여 질병에 의한·피해를 최소한 줄이도록 힘써야 겠다.

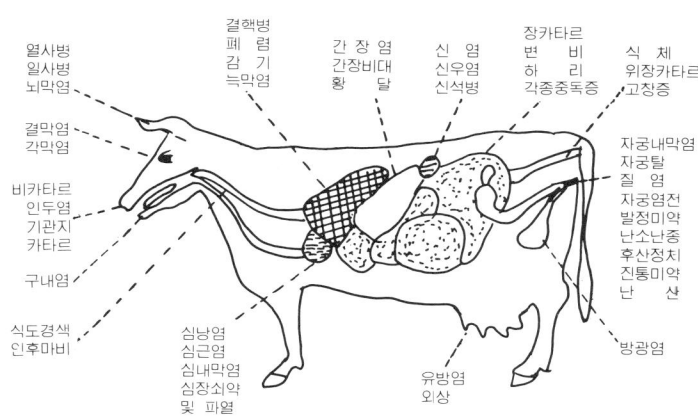

소에 발생하는 질병

이상과 같이 한우에 가끔 발생하는 질병에 대하여 일반적으로 치료할 수 있는 방법과 거기에 앞서 미리 병의 발생을 발견할 수 있는 건강 진단법을 소개하면 다음과 같다.

건강 진단법

① 우체(牛體)의 일반 상태

코끝은 항상 젖어 있으며 눈을 시원하게 뜨고 광채가 있어 주위 환경의 자극에 대하여 반응이 예민하고 사료를 먹은 후에는 되새김을 계속하는 것이 건강한 소이다.

② 체 온

한우의 체온은 1세 이상은 섭씨 37.5~39.5도이고, 1세 미만의 송아지는 이보다 좀 높아 38.5~40.5도가 된다(미열 39.0~40.0℃, 중열 40.0~41.0, 고열 42.0℃ 이상). 정확한 체온은 체온계를 사용하면 가장 확실하나 이것이 없는 경우에는 사람의 체온을 손바닥으로 이마를 만져보고 아는 것과 마찬가지로 소에는 귀나 뿔〈角根〉을 만져보면 보통 알 수 있다. 위장염, 폐렴, 전염병 등에 걸리면 섭씨 40도 이상의 높은 열을 내게 된다.

체온계를 사용할 때는 물이나 침으로 체온계를 적셔 미끄럽게 한 후 항문에서 직장으로 3~5분 가량 넣어서 측정한다. 이때 무리를 가하면 소가 놀라서 돌아치므로 체온계를 파손하든지 장(腸)에 상처를 입히는 수가 있는데 이때에는 항문 주위를 가볍게 긁어 주면 조용해진다. 또한 열이 나면 보통 코끝이 건조하고 각근부(角根部)에 열을 느낄 수 있으며 식욕이 없어지고, 눈이 충혈되며 힘없이 우두커니 서 있는 일이 많다.

③ 호 흡

건강할 때의 호흡수는 1분에 10~30 정도이나 몸에 이상이 생기면 이보다 많아진다. 호흡수를 조사하려면 옆구리의 숨쉬는 모양을 자세히 관찰하면 셀 수 있으며 또는 콧구멍에 손을 대고 세는 방법도 있고, 겨울에 일기가 추울 때에는 흰 입김이 나오므로 이것으로 조사할 수도 있다.

호흡수는 운동, 기온의 상승, 흥분, 채식(採食), 임신 등에 따라 다르며 보통 폐렴, 심장의 병, 고창증(鼓脹症) 등이 발생한 경우에는 심하게 증가된다.

④ 맥 박

건강한 소의 맥박은 성우는 1분에 60~80 , 그리고 송아지는 80~110 회 정도인데 병이 발생하면 보통 맥박이 빨라지고 따라서 수가 증가한다.

특히 심장이 약해질 때에는 증세가 심하면 1분에 120이상이나 되며 빠르고 약해서 잘 알 수 없을 정도다. 맥박의 측정법은 보통 사람의 손목의 맥박을 재어보는 것과 같이 소의 앞다리 발목의 안쪽 요골 동맥을 만져보면 알 수 있다. 이외에 꼬리 밑의 털이 없는 부분인 미저동맥 혹은 아래턱의 하악동맥에 의하여 측정할 수도 있다. 그러나 이것은 좀 훈련이 필요하며 처음에는 알기 어렵다.

⑤ 배분(排糞)과 배뇨(排尿)

똥은 하루에 보통 큰소는 30~40kg이며 그 모양은 똥이 땅에 떨어졌을 때 형체가 흐트러지지 않을 정도가 건강한 소다. 그러나 위장염 또는 설사 등의 경우에는 묽은 죽과 같거나 혹은 물과 같으며 또 심한 냄새가 난다.

똥에 흰점막이 섞여 나오는 것은 창자의 점막이 떨어져 나오는 것이고 새빨간 것은 피가 섞여 있기 때문이다. 또 굳고 작은 동글동글한 똥은 변비의 증거이다.

한편 오줌의 횟수는 하루 8~10회이며 약간 누른빛을 띠고 투명한 것이 정상적인 오줌이다. 붉은 색깔은 피나 혈구(血球)가 파괴되어서 그 색소가 섞인 것이다.

소의 정상적인 기준수치

구 분	내 용
체 온	정상체온 38.0~39.5℃
맥 박 수	큰소 60~80회 / 1분
	송아지 80~110회 / 1분
호 흡 수	10~30회 / 1분
물 먹 는 양	50~60 l / 1일
되 새 김 질	6~8회 / 1일
침 의 양	큰소 약 50 l / 1일
제 1 위 용 적	몸이 큰소 150~230 l
	몸이 작은소 100~130 l
똥 의 양	큰소 30~40kg / 1일

⑥ 식욕 및 음수량(飮水量)

소도 사람과 마찬가지로 건강할 때에는 잘 먹는데 열이 나거나 혹은 소화기 계통에 병이 있거나 또는 어디가 아플 때에는 제일 먼저 식욕에 이상이 생기게 된다.

또 사료의 질이 나쁜 때나 사료를 갑자기 변경했을 때에도 잘 먹지 않는 경우도 있으므로 병이 있어 식욕이 나쁜지, 사료를 바꾸어 습관이 안되어 그런지를 잘 판단하여야 된다. 또는 식욕이 있는데도 불구하고 사료를 먹은 후 즉시 토해 버리는 수가 있는데 이것은 인후마비의 특이한 증세다. 그리고 하루 음수량은 대개 20~60 l 정도이다.

1. 소화기 질병

(1) 고창증(鼓脹症)

① 원 인

위 안에 갑자기 많은 가스가 차는 병으로 발효하기 쉬운 사료(고구마덩굴, 자운영, 클로버 등과 같은 콩과식물) 또는 이미 부패 발효된 사료(농산 가공 찌꺼기, 감자, 근채류) 혹은 사료의 종류가 갑자기 바뀌었을 때 등인데 예를 들면 겨울 동안 가두어 기르다가 방목시켰을 경우에 일어난다.

② 증 세

우선 복부 특히 요각(腰角) 아래 오목 들어간 부위가 부어오르고 호흡이 빨라지며 사료를 먹지 않는다. 이때 왼편 요각 아래쪽을 손으로 두드리면 마치 북을 치는 듯한 소리가 난다. 시간이 지나면 배는 심하게 부어올라 요각부가 안 보이게 된다. 소는 몹시 고통을 느끼며 처음에는 호흡이 곤란하고 배가 불러 일어서 있다가 나중에는 참을 수 없어 쓰려져 눈도 움직이지 않게 된다. 이때 체온은 높아지지 않는 것이 특징이다.

③ 치 료

우선 위 속에 있는 가스를 배출시키기 위하여 머리가 있는 앞쪽을 높이고 뒤쪽을 낮게 한 다음 좌측 복부를 맛사지 해 주고 목타르를 짚다발에 발라서 입에 자갈을 물려주어 가스가 밖으로 나오도록 한다.

그리고 가스민, 가스마인, 가스트리트 등을 물에 타서 먹이면 효과가 좋다.

이상과 같이 치료해도 효과가 없으며 복부가 계속 부어 오르면 즉시 투관침을 이용하여 가스를 뽑아 주어야 한다. 가스를 뽑을 때에는 서서히 뽑아야 하고 다 뽑은 다음에는 그곳에 옥도정기로 소독을 해 주고 항생제를 2~3일 주사하는 것이 안전하다.

고창증은 치료하면 일단 가라앉았다가 12~24시간이 지나 재발하는 경우도 있으므로 주의깊게 관찰하여야 한다.

(2) 제1위 식체

① 원 인

소화하기 나쁜 사료나 변질된 사료를 주었을 때, 사료를 갑자기 변경시켜 먹이거나, 기후의 급변 그리고 병을 앓고 난 후 쇠약한 때, 또는 분만 전후의 쇠약한 때에 주로 발생하고 물먹는 양이 적을 때에도 발병한다.

그리고 사료포대, 실, 비닐 등 소화하기 힘든 이물질을 먹었을 때에도 식체가 발생하게 된다.

② 증 상

식욕이 전혀 없고 되새김도 정지되거나 미약해지며 불안한 상태를 보이며 신음하는 소리를 낸다.

귀와 네다리를 만져 보면 냉기가 있으나 몸의 온도 변화는 나타내지 않는다. 청초라든가 보리 등 곡류 사료를 많이 먹어 식체가 발생할 경우에는 물같은 설사를 하게 된다. 간혹 가벼운 고창증 증세를 나타내는 경우도 있다.

③ 치 료

우선 절식시키거나 사료의 급여량을 반으로 줄인다. 그리고 위운동 촉진을 위하여 스티뮤렉스, 타후민, 루멕스, 도루라제 등을 물에 타서 먹이고 좌측복부를 맞사지 해 준다. 고창증 증세를 나타낼 때에는 가스민, 가스마인, 가스트리트 등을 물에 타서 먹인다.

포도당액과 비타민 B 복합제를 정맥 주사한다.

(3) 송아지의 설사

① 원 인

생후 20~30일 된 송아지는 어미소의 사료를 조금씩 핥아 먹는 것을 볼수 있는데 이때 송아지는 아직 위장이 발달되어 있지 않으므로 굳은 사료나 혹은 담근먹이 등 자극이 심한 것, 더러워진 깔기짚 등을 먹으면 보통 이 병에 걸린다. 특히 어미소의 건강이 좋지 않을 때 또는 일기가 나쁠때에는 더 많이 걸리는 경향이 있다. 또한 어미소가 유방염, 자궁내막염등에 걸렸을 때 송아지가 그 어미소의 젖을 먹을 때에도 설사를 하게 된다.

② 증 세

송아지의 설사는 엉덩이나 꼬리가 더렵혀져 있으므로 곧 알 수 있다. 송아지의 설사변은 그 빛깔이 두 가지로 흰 것과 검은 것이 있다. 처음에는 죽같은 모양이 곧 물같이 되고 또 순식간에 마치 물총을 쏘는 것같이 증세가 심해진다. 나쁜 냄새가 나는 점액이 섞여 나오기도 하고 심해지면 피똥을 누는 경우도 있는데 송아지는 수일 내에 급격히 쇠약해진다.

③ 치 료

송아지가 있는 곳에는 보온을 잘 해 주고 사료도 소화가 잘 되는 것을 주되 주는 양을 반으로 줄이거나 12시간 정도 절식시킨다.

소화력을 높여 주기 위하여 하이라제·에비오제 등 소화제를 먹이고 로페린, 베루베린 등 지사제를 주사한다.

설파제와 헤로세친, 네오마이신, 테라마이신 등 항생제를 투여하면 효과가 좋으며 심한 설사로 인하여 탈수가 심할 경우 5% 포도당액을 정맥주사한다.

일찍 발견하여 치료하면 효과가 빠르나 늦게 치료하면 거의 효과가 없다.

(4) 식도경색(食道梗塞)

① 원 인

감자, 무우같은 근채류의 큰 덩어리를 먹다가 식도에 걸리는 병으로 때로는 분만 후 자기의 후산(後産)을 먹다가 일어나는 수도 있다.

② 증 세

갑자기 일어나는데 소는 목을 길게 뻗치고 머리를 숙이고 있으며 침을 많이 흘리고 힘이 없어 보이며 혓바닥을 내밀고 기침을 강하게 한다. 또 몹시 괴로와하며 불안한 표정을 짓는다. 사료를 주어도 먹지 않고 또 물을 먹이면 입이나 콧구멍으로 도로 흘러나온다. 이대로 시간이 오래 경과하면 위 내에 가스가 차서 고창증을 일으킨다.

③ 치 료

목 아래쪽으로 세로 골이 진 부위를 양쪽에서 쓰다듬어 감지한다. 목 위에 걸린 것이면 쉽게 만져지므로 연한 것이면 손으로 만져서 부수어 주고 입에 가까운 쪽이면 되뱉아 내도록 입쪽으로 밀어내린다. 이것이 불가능한 경우에는 고무관 또는 등나무 줄기를 식도로 조용히 집어 넣어 위까지 걸린 이물질을 토해내게 한다.

2. 호흡기 질병

(1) 폐 렴

① 원 인

우사의 틈 바람에 장시간 쏘이든가 찬비에 맞은 후 관리를 잘 못할 경우에 일어난다. 이 외에 전염성 세균에 의한 것, 기생충에 의한 것, 또는 이물(異物)이나 물 같은 것을 잘 못 먹은 경우에 일어난다.

② 증 세

섭씨 40도 이상의 고열과 기침이 특징이며 호흡, 맥박 모두 빠르고 콧물을 흘리며 식욕이 없다. 열은 4~5일간 계속되는 것과 올랐다 내렸다 하여 일정하지 않는 것이 있다. 호흡이 매우 거칠어져 상당히 떨어진 곳에서도 이것을 들을 수 있다. 이때 내쉬는 호흡이 몹시 구린내가 날 때에는 약이나 물을 잘 못 먹어 일어난 폐렴이라고 할 수 있다.

③ 치 료

안정이 가장 중요하므로 환기가 잘 되고 건조한 축사에서 안정시킨다.
테라마이신, 타이로신, 켄타마이신 등 항생제와 설파제를 주사하고 높은 열이 날 때에는 해열제인 피린제를 주사한다.

5% 포도당액에 삐콤을 혼합하여 혈관내에 주사하면 치료효과가 더욱 빨리 나타난다.

(2) 전염성 비기관염(IBR)

① 원 인
추운 겨울철과 환절기에 원거리 수송을 하는 등 자극에 의한 것이 주원인이며 특히 어린 소에 많이 걸리고 피해 또한 크다.

② 증 상
원기가 없고 식욕이 줄어들며 피가 섞인 콧물과 침을 흘린다.

호흡곤란과 기침도 하게 되며 콧등이 부어서 붉게 변하며 체온이 40℃ 이상 올라가며 임신한 소는 유산할 위험이 있다.

③ 치 료
원인균이 바이러스이기 때문에 직접적인 치료제는 없으나 2차적으로 침입하는 세균의 감염을 막기 위하여 항생제와 설파제를 주사한다.

병의 예방을 위해서 가을과 봄에 예방약을 근육에 3ml씩 4주 간격으로 2회 주사하면 된다.

(3) 창상성 심낭염(創傷性心囊炎)

① 원 인
이것은 호흡기가 아니고 심장의 병이나 편의상 여기에 기술해 둔다. 이 병의 원인은 거의 소에만 일어나는 것으로서 사료중에 섞여 있는 못, 철사, 바늘 등을 먹음으로서 일어난다.

또는 소가 생리적으로 무기물이 부족하게 되면 소는 땅에 떨어진 철물(鐵物) 즉 철사, 못같은 것을 주워 먹게 되는데 이것들이 위의 운동 여하에 따라 제2위와 횡격막을 뚫고 심장에 들어감으로써 일어나기도 한다. 이 것이 위 속에 머물러 있는 것을 창상성위염이라고 한다.

② 증 세
처음에는 확실한 증세가 없으므로 알기 어려운데 우선 설사와 소화기

장애를 일으키고 이어서 식욕이 감퇴 되고 반추가 중지되어 원기가 없고 동작이 둔해진다. 병이 심해지면 일어날 때, 걸어갈 때, 특히 언덕길에서 내려올 때 몹시 아파한다. 앞 겨드랑이나 가슴밑을 두드리면 매우 아파하며 말기에는 앞가슴 밑과 하복부에 부종이 생긴다. 이대로 방치해 두면 만성으로 영양이 나빠져 빈혈증으로 죽게 된다.

③ 치 료

근본적인 방법은 없다. 최근에는 자석(磁石)을 이용해서 입에서 제2위내에 집어 넣어 철물을 빨아내는 기계가 이용되고 있으나 실용화가 되어 있지 않다.

또는 제2위를 절개하고 꺼내는 방법도 있으나 오래된 것은 가능성이 없다. 일반적 요법으로는 영양 부족을 막기 위하여 될 수 있는 한 소화하기 쉬운 사료를 주고 영양제의 주사 또는 페니실린의 주사를 놓는다.

3. 산과 질병

(1) 후산정체(後産停滯)

① 원 인

건강한 소는 분만 후 4~5시간 후(2~8시간)에 후산을 자연히 배출하나 칼슘 부족 , 운동 부족, 영양 불량 및 농후 사료를 과식시킨 때에는 후진통이 약하기 때문에 이 증세가 일어나기 쉽다. 특히 이것은 유산했을 때 일어나는 경향이 많은데 생명에 위험은 없으나 자궁내막염 등의 원인이 되는 수가 있다. 식욕이 떨어지고 비유량이 감소되고 간혹 패혈증(敗血症)을 일으켜 죽는 일까지 있다.

② 치 료

분만 후 8시간이 지나도 후산이 안 나올 때에는 후산정체로 보아야 한다. 일단 후산정체가 되면 분만 후 3일 경 자궁내에 손을 넣어 태반을 꺼내야 하는데 이것은 전문가가 해야 안전하다. 그리고 태반을 꺼낸 다음에 자궁세척을 해주고 항생제를 주사해 주어야 자궁내막염 발생을 막을 수 있다.

3. 산과 질병 181

(2) 장기재태(長期在胎)

① 원 인

한우의 임신 기간은 285일이 보통이나 이것이 310일 이상 되어도 분만하지 않는 것을 장기재태라고 하며 이것은 유전한다. 그러나 한우에 있어서는 이와 같은 일은 극히 드문 일이나 젖소에는 가끔 나타나고 있다.

이와 같은 증세는 분만 예정일이 지나도 유방은 물론 음부 등에 아무런 분만의 징후가 나타나지 않으며 태아는 건강하므로 점점 어미의 뱃속에서 자라게 되므로 결국 나중에는 어미, 태아가 함께 위험하게 된다.

② 치 료

분만 예정일보다 2주일 가량이 경과하면 대책을 강구해야 한다. 즉 분만 촉진제를 주사해서 송아지가 분만되도록 해야 한다. 송아지가 뱃속에서 계속 자라게 되면 송아지가 크기 때문에 정상분만이 안 되고 난산할 우려가 있다.

만약 분만촉진제를 주사해도 송아지가 분만되지 않으면 최후의 수단으로 제왕절개수술을 하여 송아지를 꺼내야 한다.

(3) 자궁탈(子宮脫)과 질탈(膣脫)

① 원 인

분만 후의 진통이 강할 때, 몸이 건강하지 못한 소에 일어나기 쉬우나 이것도 한우에는 드문 병이다.

② 치 료

분만시에 일어나는 질탈은 자연히 낫는 수가 많다. 탈출한 질이나 자궁은 소독액으로 깨끗하게 씻은 후 2% 백반수로 다시 씻고 점막에 상처를 입히지 않도록 집어넣은 후 흘러나오지 않도록 압박 붕대를 음부에 대준다.

자궁탈의 경우는 자궁이 뒤집혀 밖으로 나온 것으로 이 때에는 자궁을 안으로 밀어 넣은 다음 잘 소독한 맥주병을 거꾸로(밑쪽으로) 질내에 집어넣고 맥주병의 주둥이에 끈을 매어 병이 빠져 나가지 않도록 소의 목에 고정시키면 된다. 이외에 우사의 바닥 뒤쪽을 좀 높이 하든지, 또는 조사료를 줄이고 운동을 적당히 시키는 것도 좋다.

(4) 자궁내막염

① 원 인
자궁내에 세균이 침입하여 일어난다. 분만시에 산도(産道)에 상처가 생기든지 후산이 정체하였을 때 또는 인공 수정시에 기구나 정액이 불결한 경우 등에 일어난다.

② 증 세
발정시의 점액에 흰빛 또는 누런빛의 고름이 섞여 있거나 이것이 외음부에 붙어 있기도 한다. 정상 발정인데도 종부를 시켜도 수태가 되지 않으며 직장 검사를 해보면 자궁벽이 늘어져 있어 탄력이 없고 또 수축력도 약하다.

③ 치 료
가벼운 증세는 생리적 식염수의 자궁 세척만으로 치료되나 서척 후 설파제를 함께 쓰면 더욱 효과적이다. 또 항생물질인 오레오마이신도 좋다.

4. 전 염 병

(1) 탄저(炭疽)

① 원 인
일명 비탈저(脾脫疽)라고도 하며 우리나라에도 이병은 다음의 기종저와 함께 가끔 발생하는 위험한 병으로 그 병균이 오랫 동안(40년 이상이나) 생존하므로 재발생의 위험이 크다. 이것은 사람과 공통된 전염병으로 아주 위험한 토양병(土壤病)인데 일년중 어느 때나 발생한다.

② 증 세
갑자기 높은 열이 나며 호흡 곤란과 식욕 부진, 그리고 반추도 전연 없고 설사를 하고 눈꺼풀이 붓고 입이나 코의 점막 및 눈의 점막이 암적색이 된다.
보통 소는 발병하면 2일 이내에 죽게 된다. 이때 간혹 코, 입, 항문에서 출혈을 하든지 혈반이 생기든지 한다.

③ 치 료

치료법은 없고 따라서 정기적으로 실시하고 있는 예방주사와 경우에 따라서는 면역혈청 또는 페니실린, 스트렙토마이신을 사용하면 효과를 볼 수 있다.

(2) 기종저(氣腫疽)

① 원 인

이병은 토양중에 있는 기종저균에 의하여 발생하는 것으로 앞의 탄저와 마찬가지로 피부의 상처 등을 통하여 감염되며 사람에도 전염하는 무서운 병이다. 또는 사료와 함께 입으로 병균이 침입되는 수도 있다.

② 증 세

보통 고열을 내며 식욕과 원기가 없고 호흡이 매우 곤란하며 근육(筋肉)이 많은 곳에 가스가 충만되어 패혈증을 일으켜 결국 2~3일에 죽는다. 간혹 만성이 되어 치료되는 수도 있으나 치사율(致死率)은 99~100％이다.

③ 치 료

이것도 탄저와 마찬가지로 치료법이 없으므로 매년 봄에 예방주사를 실시 해야 하는데 농촌에서도 예방주사를 매년 접종하여 사전예방에 만전을 기하고 있다.

약물 치료에는 설파제 또는 오레오마이신의 정맥 주사와 혈청을 함께 사용한다.그러나 별로 신통한 효과는 보지 못한다.

(3) 결 핵 병

① 원 인

소의 결핵병은 우형결핵균의 감염으로 생기는 경과가 긴 전염병이다. 그러나 드물게는 인형결핵균이나 조형결핵균의 감염으로 생기는 수도 있다.

현재 우리나라에서는 결핵우의 발생이 현저하게 감소되어 있으나 젖소에서 발생되는 경우가 있다.

② 증 세

결핵우의 병세가 상당히 진행되면 몸이 마르고 털도 광택을 잃고 기침이 많아진다. 또 체표의 임파절이 종대하기도 하나, 임상 소견에서는 전연 진단할 수 없는 예가 있는 것이 오늘날 대개의 결핵우의 실태이다.

③ 치 료

결핵우가 발생한 우사는 철저히 소독할 필요가 있다. 열탕으로 잘 세척한 다음 1% 크레졸 액, 3% 포르말린액 또는 석회수 등으로 소독한다.

이미 지적한 바와 같이 우리나라에서는 결핵우의 발생이 현저하게 저하되고 있으므로 청정군(淸淨群)에서는 결핵우가 잘못해서 도입되지 않도록 경계해야 한다. 구입시에는 소의 건강증명서를 조사한 다음 도입해야 한다.

소의 결핵은 사람에도 전염하므로 주의해야 한다. 그러나 이 결핵은 젖소에는 가끔 발생되나 한우에는 거의 없으므로 염려하지 않아도 된다.

5. 기타 질병

(1) 소의 위충증(胃蟲症)

① 원 인

선충(線虫)류의 일종으로 소의 위 속에 기생하여 위벽의 혈액을 빨아먹는 기생충이다. 많이 감염된 소는 1두가 몇천 마리의 기생충을 가지고 있어 놀라지 않을 수 없다.

② 증 세

위충에 많이 걸리는 것은 송아지와 육성우이며 송아지는 이 때문에 체중이 줄고, 전신이 쇠약하고, 빈혈증을 일으키며 피부와 점막이 창백해져 때로는 배가 마치 북과 같이 붓는다. 더욱 심해지면 아래쪽 턱이 붓는 수도 있다.

② 치 료

치료하지 않으면 폐사율이 높고 치료하면 천천히 회복된다.

시타린주사액을 체중 50kg당 2.5ml 근육주사 하거나 다이아벤다졸을 체중 1kg당 90~100mg 또는 파아벤다졸을 체중 1kg당 50~60mg 경구 투여한다.

(2) 간질증(肝蛭症)

① 원 인

간질의 기생으로서 급성 · 만성의 간염(肝炎)을 일으키는 병이다. 간질은 피를 빨아 먹는 벌레로서 마치 나뭇잎과 같이 큰 것으로 그 크기는 세로 직경 32㎜, 가로 직경 15㎜ 정도이며 보통 3~8세 정도의 소에 많이 기생하며 송아지와 늙은 소에는 별로 없다.

② 증 세

간장의 기능이 마비되어 소가 사료는 잘 먹는데도 여위며 빈혈이 일어나고 설사를 계속한다. 진단법에는 대변을 검사하여 이 충란(蟲卵)을 발견하든지 또는 간질 진단용 안티젠을 미근부(尾根部)에 주사하여 그 종대(腫大)하는 정도로서 진단하나 이것은 전문적 기술이 필요하므로 가까운 가축 병원에 의뢰하는 것이 좋다.

③ 치 료

간질구충제로 시판되고 있는 것은 매우 많다. 정제로서의 비치놀제, 테라확, 발바진-B, 빌레본정 그리고 액제로는 닐잘, 주사약으로는 간질렌과 빌레본주사약이 있으며 사용법에 따라 투여하면 좋은 효과를 나타낸다.

시판 간질구충제 및 사용법

품 명	용 법 및 용 량
정 제	
화 시 넥 스	체중 90㎏당 1정을 먹임.
테 라 확	체중 150㎏당 백색 1정, 체중 100㎏당 청색 1정을 먹임.
발 바 진 비	체중 100㎏당 1정을 먹임.
아 세 디 스 크	체중 100㎏당 1정을 먹임.
액 제	
닐 잔 액	체중 100㎏당 50㎖를 먹임.
주 사 제	
간·질 렌 주 사	체중 100㎏당 3㎖ 피하주사
리 나 이 드	체중 100㎏당 4㎖ 피하주사

(3) 우폐충병

① 원 인

본병은 우폐충이 비교적 큰 기관이나 기관지에 기생함으로써 생기는 질병으로 고도한 기생성 폐염이다. 따라서 호흡기장애가 만성화 되어 폐사율이 높다.

② 증 세

우폐충병은 섭취한 감염자충의 수에 따라 증세의 정도에 차가 있다. 보통 어린소일수록 강한 증세를 나타내나 성우는 중증에 빠지는 경우는 적고, 다만 우폐충의 매개자가 된다. 어린소의 주요 증세로서는 기침을 하고 호흡수의 증가, 폐의 럿젤음, 식욕감퇴, 수척, 빈혈 등으로 체중이 감소된다.

경도감염우의 증세는 여간 주의를 하지 않는 한 명료하지 못하나 중·고도 감염우가 되면 이들 증세가 뚜렷하게 나타나 다른 질병과의 구별이 확실하다. 발생은 유행적이어서 소의 1군중 수두가 걸리면 다른 소도 적건 많건 충체를 가지게 되는 수도 많다.

③ 치 료

환축을 격리수용 한다. 특별한 예방법은 없으며 보통 수개월 경과 후 자연 회복되며 중증인 것은 예후가 불량하다.

구충제를 다음과 같이 투여하면 효과적이다.

피페라진을 체중 1kg당 22mg을 경구투여 하거나 테트라미졸을 체중1kg당 10~12mg을 경구투여 한다.

(4) 소버짐

① 원 인

피부에 진균(곰팡이)이나 사상균이 감염되어 털이 빠지고 원형의 경계가 생겨 회백색의 부스럼이 생기며 그 부위는 거칠고 딱딱한 물질이 생기고 비육우나 젖소사육에서 주로 많이 발생한다.

② 증 상

피부가 연한 털주머니 속에 침범하여 병을 일으키게 되며 시간이 경과

함에 따라 2~3개월이 지나면 병변부위는 정상적인 피부와 윤곽이 뚜렷해지면서 회갈색을 띤다. 또한 원형의 꺼칠꺼칠한 가피(딱지)가 형성되며 이들은 주로 피부가 얇은 눈주위, 귀, 목덜미 주위에 발생이 많다. 특히 계절적으로는 밀집사육 되는 겨울철에 잘 발생하나 봄과 여름에는 거의 발생하지 않는다.

③ 치 료

버짐이 생긴 부분을 빳빳한 솔이나 빗 등으로 박박 긁어내고 강옥도정기나 시판되고 있는 코파톡스를 발라 준다. 예방을 위해서는 비타민A의 충분한 급여와 오염된 축사, 운동장, 철책 등 소가 접촉했던 모든 것을 석탄산 등 강한 소독약으로 소독한다.

(5) 뇨결석

① 원 인

몸 속에 존재하는 무기물이 오줌과 함께 밖으로 나오지 못하고 콩팥과 오줌보에 뭉쳐서 돌이 되는 것으로서 비타민A의 부족과 농후 사료를 많이 먹이는 비육우에서 많이 발생한다.

② 증 상

청초를 먹이지 않는 겨울철에 주로 발생하며 오줌을 눌 때 애쓰는 모습을 볼 수 있으며 한번에 다 누지 못하고 조금씩 자주 누며 불안해한다.

생식기의 음모에 흰색의 요결석이 붙어 있는 것을 볼 수 있으며 증상이 심해지면 배가 부어 오르고 뒷발로 배를 차려고 한다.

③ 치 료

발병초기에 염화암모늄을 하루 50g씩 먹이게 되면 효과가 있으며 비타민 A와 D를 먹이고 청초, 소금, 물 등을 충분히 준다.

예방을 위하여 배합사료를 많이 주고 풀을 적게 주는 비육말기에 있는 소에 염화암모늄을 하루에 마리당 35~40g씩 사료에 섞어 먹인다.

외과적 수술도 하며 방광파열 및 요독증의 경우에는 예후가 불량하다.

(6) 일사병(日射病) 및 열사병(熱射病)

① 원 인

일사병은 더운 여름 강한 직사 일광을 쬐었을 때, 그리고 열사병은 바람이 잘 통하지 않는 무더운 곳에 가두어 두었을 때나 혹은 습기가 많고 기온이 높은 날에 주로 발생한다.

② 증 세

두 가지 모두 증세는 비슷하다. 즉 침과 땀을 몹시 흘리며 혓바닥을 길게 내리고 호흡이 곤란해지며 몸의 중심을 잃어 비틀거리고 증세가 심해지면 갑자기 옆으로 넘어진다. 체온은 섭씨 42도 이상의 고열을 내며 가끔 이병으로 소가 급사(急死)하는 일이 있다.

③ 치 료

즉시 냉수를 전신에 뿌려 주고 그늘에서 바람이 잘 통하는 장소에 옮긴 다음 휴식시킨다. 또 냉수의 관장 및 강심제의 주사도 실시하면 좋다.

(7) 발굽의 병

발굽의 병에는 부제병이 가장 많이 발생하므로 여기에 대하여 설명한다. 특히 한우와 같은 역우에 있어서는 발굽은 매우 중요한 역할을 하므로 이것은 소홀히 할 수 없다.

① 원인과 증세

일반적으로 발톱을 깎지 않는 경우 또는 우사의 바닥이 항상 질고 썩어 불결한 경우 등에 발생한다. 증세는 발굽과 발굽 사이〈蹄間〉의 피부가 썩어 걸음을 절룩거리며, 발굽에 열이 있으며 근처가 붓는다. 그대로 방치해 두면 걸음걸이가 불가능하여 더욱 증세가 심한 때에는 발굽이 빠져 버리기도 한다. 이때 다리를 보정하고 발굽을 씻어 주면 발굽 사이에서 불쾌한 냄새가 나며 그곳을 만지기만 하여도 소는 몹시 아파한다.

② 치 료

발굽 사이의 더러운 것을 깨끗이 씻어낸 다음 옥도정기를 바르고 목타아르에 적신 탈지면을 그 틈에 끼우고 붕대를 감아 빠지지 않게 하여 둔다. 또한 스프레이처럼 뿌려주는 약제도 시판되고 있다.

　앞에서도 말한 바와 같이 1년에 2~4회 정도는 삭제(削蹄)를 해주고 또 가끔 시냇물로 끌고 다녀서 항상 발굽을 청결히 하면 이병은 발생하지 않는다. 또 축사의 습기 방지책으로 되도록 깔기짚을 자주 갈아주고 오줌이 잘 흘러가도록 할 것과 발굽 사이에 오물이 끼어 있으면 깨끗이 털어주도록 해야 한다.

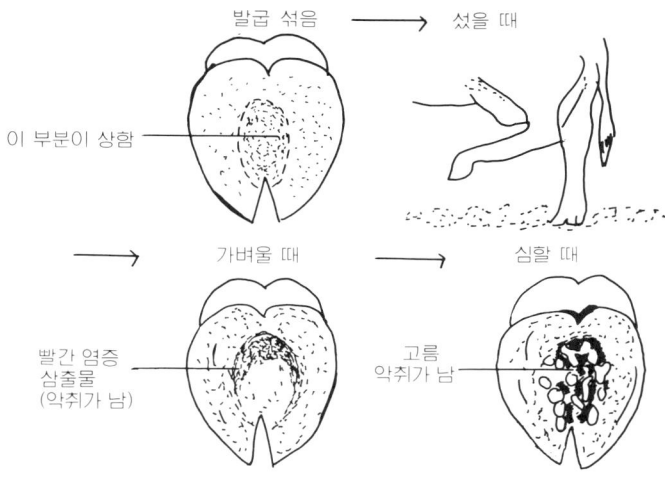

3% 유산동액 발굽 소독시 치료효과

구 분	증상별	처 리 두 수	회 복 된 두 수				회복되지 않은 두 수
			4 일	8 일	12일	계 (%)	
소 독	+	6	3	2	1	6(100)	0(0)
	++	3	0	1	2	3(100)	0(0)
	+++	2	0	0	1	1(50)	1(50)
	계	11	3	3	4	10(91)	1(9)
무소독	+	4	0	0	1	1(25)	3(75)
	++	4	0	0	0	0(0)	4(100)
	+++	2	0	0	0	0(0)	2(100)
	계	10	0	0	1	1(10)	9(90)

（자료 : 북해농업시험회의성적）

소 예방접종 기술

예 방 약	접 종 시 기	접종량	부 위
전염성 비기관염 백신	6개월 이상된 소에 년2회 4주간격으로 2회주사	3ml	근육
혼합 백신 〈전양성비기관염(IBR), 파라인푸렌자-3(PI-3), 바이러스성하리(BVD)〉	6개월 이상된 소에 년2회 4주간격으로 2회주사	5ml	
탄저, 기종저	6개월 이상된 소	2ml	피하

(8) 예방약 사용 및 취급요령

㉠ 전염병에 따라 주사기, 양, 부위가 다르므로 예방주사 프로그램에 따라 적기에 알맞는 양을 지시된 부위에 주사한다.

㉡ 예방약은 종류에 따라 성분이 각기 다르므로 내용설명서를 잘 읽어보고 지시사항에 따라야 한다.

㉢ 예방약은 2~5℃의 냉장고에 보관한다.(햇빛, 높은 온도는 약효를 떨어뜨린다.)

㉣ 잘 보관된 예방약이라도 유효기간 이내의 것만 사용한다.

㉤ 주사기구는 30분이상 끓여서 사용할 것이며, 주사침은 한 마리당 1개를 사용한다.(주사침을 통해서 전염병을 전파시킬 위험성이 있다)

㉥ 생균백신을 주사할 때는 항생제, 설파제 등을 동시에 사용하지 않는다(예방약에 있는 생균을 죽여 효력을 떨어뜨릴 위험이 있다)

㉦ 건강상태가 나쁘거나 스트레스를 받고 있는 가축은 회복된 뒤에 주사한다.

㉧ 예방접종후 남은 약제나 소독물 기타 물품은 태우거나 땅속에 깊이 묻는다.

제 8 장   사료 종류와 이용

1. 비육에 사용되는 사료와 특성

　현재 대부분 비육우 사육농가에서는 배합사료를 구입하여 이용하고 있으나 자기가 직접 배합하여 먹이고자 할 때에는 사료의 특성을 잘 알아둘 필요가 있다. 그와 동시에 다두 사육에 있어서는 그 가격을 잘 조사해 보고 어떻게 하면 배합사료의 단가를 싸게 할 수 있겠는가 하는 것도 생각해 두지 않으면 안 된다.

(1) 곡류(穀類)

① 보리류

　소의 비육용 사료로서 옥수수 , 수수 다음으로 사용되고 있으며 그중에서도 보리, 나맥(裸麥) 등이 중심이 되고 있다.

　보리는 전분질이 많고 섬유질이 비교적 적으며, 단백질도 상당히 있어 영양상 균형이 잡힌 소화가 잘 되는 사료로서 이것을 주면 매우 단단한 흰 지방을 지니게 되어 고기맛도 좋아지므로 비육에 없어서는 안 될 사료이다. 통보리 그대로는 소화율이 떨어지게 되므로 빻아서 주거나 납작보리로 해서 주도록 한다.

　나맥은 보리보다 섬유질이 적은 만큼 비육에는 아주 좋은 사료라 할 수 있다.

　밀은 보리나 나맥보다 단백질의 질이 좋아 소가 아주 잘 먹는다. 또 밀을 소에게 주면 고기 색깔이 선명하고 좋은 육질의 것을 얻을 수 있다고 한다. 따라서 식욕이 떨어지는 비육 후반기에 식욕증진의 뜻에서 사용하는 것도 좋으나 밀은 재배농가가 극히 적기 때문에 구입하기 힘들다.

		조	성	분	(%)		소	화	율
	수 분	조단백질	조지방	가용무질소물	조섬유	조회분	조단백질	조지방	조섬유
보 리	12.2	11.0	1.9	67.3	4.8	2.8	64.2	72.7	66.7

연맥 즉 귀리는 보리와 단백질이 거의 비등하고 섬유질이 많으므로 비육용으로서의 사료 가치는 다른 맥류보다 떨어진다. 또 철분을 많이 함유하므로 고기 색깔이 약간 진하게 된다.

② 쌀싸라기

싸라기를 먹인 쇠고기는 매우 맛이 있다고 한다. 그래서 장기 비육 완성기에 싸라기를 쓰는 경우가 있다.

지방이 단단하지 않지만 쌀겨나 콩처럼 연하게 되지는 않는다. 다량으로 사용하면 식욕이 떨어진다고 하며 또한 너무 과분하기도 하다.

그러므로 완성기에 쌀싸라기를 조금씩 다른 비육사료와 섞어 주는 것이 좋다.

벼쭉정이는 섬유소가 많은 반면 매우 딱딱하므로 될 수 있는 대로 삶아서 비육 전반(前半)에 주도록 한다.

	조 성 분 (%)						소 화 율		
	수 분	조단백질	조지방	가용무질소물	조섬유	조회분	조단백질	조지방	조섬유
쌀싸라기	12.9	10.8	6.0	64.7	2.2	3.4	48.0	88.0	53.0

③ 옥수수

단백질이나 섬유의 함량이 적은 전분질 사료로서 소화도 좋고 소가 즐겨 먹는 것으로 우리나라에서 생산되는 배합사료에 가장 많이 이용되고 있다. 콩깻묵 같은 양질의 단백질 사료와 섞어 주면 비육에도 좋다.

또 황색 옥수수에는 비타민 A가 많이 함유되어 있어 다른 농후사료에는 없는 특색이 있다. 단단한 사료이므로 적당한 크기로 분쇄하여 배합한다.

	조 성 분 (%)						소 화 율		
	수 분	조단백질	조지방	가용무질소물	조섬유	조회분	조단백질	조지방	조섬유
옥수수	13.8	8.7	3.9	70.0	2.0	1.6	69.9	81.6	53.3

④ 콩

기름과 단백질이 많고 탄수화물이 적다. 많이 주면 지방이 누렇게 되고 연하게 된다고 하며, 또 설사를 일으키기 쉬우므로 비육 초기에 약간 혼합하여 준다.

	조 성 분 (%)						소 화 율		
	수 분	조단백질	조지방	가용무질소물	조섬유	조회분	조단백질	조지방	조섬유
콩	11.6	37.4	15.2	22.9	8.2	4.7	80.1	79.2	96.0

(2) 밀기울 · 겨류

① 밀기울

여러 가지 영양분이 균형있게 들어 있으며 인(燐)도 꽤 들어 있으므로 고기 맛이 좋아진다고 한다. 또 맥류와 마찬가지로 희고 우량한 지방을 생산하는데 맥류에 비하면 약간 연해지는 것이 특징이다.

소도 즐겨 먹으므로 비육의 전 기간을 통해서 안심하고 줄 수 있으며 비육에는 옥수수와 더불어 중요한 사료다. 그러나 탄수화물의 함량이 적고 보리에 비하면 비육사료로서의 가치가 떨어진다.

밀기울은 보통 밀기울과 특수 밀기울의 두 가지 종류로 나눌 수 있으며 전자는 밀가루의 부산물이지만 후자는 사료 목적으로 재배한 밀기울로서 사료가치가 높다. 비육용으로는 특히 전관(專管) 밀기울을 많이 사용하고 있다. 옛날에는 밀을 많이 재배하였으나 지금은 재배면적이 점차 줄어들어 구입하기 힘들다.

	조 성 분 (%)						소 화 율		
	수 분	조단백질	조지방	가용무질소물	조섬유	조회분	조단백질	조지방	조섬유
밀기울	12.6	14.7	3.7	55.5	8.9	4.6	77.4	67.3	41.7

② 쌀겨

밀기울과 마찬가지로 인이 많이 포함되어 있으며, 이것을 급여한 쇠고기는 매우 감미가 있다고 한다.

소도 즐겨 먹으므로 비육용 사료로 매우 중요하다. 다만 생쌀겨에는 15

~18%나 지방이 있기 때문에 많이 주면 설사를 일으키기 쉽고 조한 고기의 지방을 연하게 한다.

그러나 탈지미강(脫脂米糠)은 지방분도 10%정도이므로 그다지 신경쓰지 않아도 되는데 어떤 경우에는 너무 지나치게 주지 않도록 하는 것이 중요하며, 비육 말기에는 양을 줄이는 것이 좋다.

	조　　　성　　　분　　(%)						소　　　화　　　율		
	수 분	조단백질	조지방	가용무질소물	조섬유	조회분	조단백질	조지방	조섬유
생 쌀 겨	11.6	12.6	17.1	39.5	9.8	9.4	55.9	81.3	8.0
탈지미강	12.8	17.0	2.0	46.9	9.4	11.9	40.6	100	64.8

③ 보릿겨

맥류와 마찬가지로 지방의 살을 만든다고 하는데 영양가는 밀기울이나 쌀겨보다 훨씬 떨어진다.

특히 1번겨(거치른 겨)는 단백질이 적고 섬유질이 많아 조사료 정도의 영양가밖에 없다.

그러므로 될 수 있는 대로 2번겨(마무릿 겨)를 쓰도록 하면 소의 기호성도 좋고 비육 사료로서 적합하다.

	조　　　성　　　분　　(%)						소　　　화　　　율		
	수 분	조단백질	조지방	가용무질소물	조섬유	조회분	조단백질	조지방	조섬유
보릿겨	11.6	12.8	5.4	54.0	10.3	5.9	64.8	75.6	53.0
• 고운것	11.8	15.1	5.3	55.7	6.7	5.4	63.0	79.0	59.0
• 거친것	11.5	9.4	4.8	50.1	18.1	6.1	59.8	67.2	56.3

(3) 깻묵류

① 콩깻묵

콩깻묵은 양질의 단백질을 40%이상이나 함유하고 있어, 비육용 단백질 사료로서 아주 좋다.

탄수화물은 보리의 절반가량도 되지 않으므로 탄수화물이 많이 포함된 사료와 배합하여 준다.

소가 즐겨 먹으며 고기의 맛 또한 좋아지므로 비육에는 매우 많이 사용되고 있다.

그러나 값이 다소 비싸므로 많이 배합하는 것은 경제상 어려움이 많으므로 비육우 사료에는 사양표준에 맞게 배합하는 것이 경제적이다.

	조 성 분 (%)						소 화 율		
	수 분	조단백질	조지방	가용무질소물	조섬유	조회분	조단백질	조지방	조섬유
콩 깻 묵	12.3	44.9	1.6	29.5	5.4	6.3	90.0	38.0	57.0

② 유채씨깻묵

양질의 단백질을 30 % 정도 함유하고 있다. 추출한 것은 콩깻묵보다 사료가치는 20 % 정도 떨어지지만 비육우에 좋은 사료다.

다만 주의할 것은 겨자유를 포함하고 있으므로 다량으로 주면 종종 위장 장해를 일으킨다. 그러므로 얇게 펼쳐 놓아 겨자유를 발산시킨 다음에 주도록 한다.

	조 성 분 (%)						소 화 율		
	수 분	조단백질	조지방	가용무질소물	조섬유	조회분	조단백질	조지방	조섬유
유채씨깻묵	11.5	36.0	2.7	30.8	10.9	8.1	86.0	89.0	24.0

③ 아마씨깻묵

양질의 단백질을 30 % 이상 함유하고 있으며, 소가 즐겨 먹는 좋은 사료로서 다른 사료와 섞어 주도록 한다.

	조 성 분 (%)						소 화 율		
	수 분	조단백질	조지방	가용무질소물	조섬유	조회분	조단백질	조지방	조섬유
아마씨깻묵	11.2	36.4	2.2	35.9	8.6	5.7	88.0	89.0	52.0

이밖에 면실깻묵, 참깻묵, 들깻묵 등 기름을 뽑아 낸 깻묵은 단백질이 많이 함유되어 있고 소도 잘 먹는다.

아마씨깻묵, 유채씨깻묵, 땅콩깻묵 등의 깻묵류를 주면 고기의 지방은 연해지지만 농가에서는 아마씨깻묵을 구입하기 힘들다.

(4) 식품제조박류(粕類)

① 전분박(澱粉粕)

고구마나 감자에서 전분을 채취한 후의 찌꺼기로서 대부분이 탄수화물이고 단백질은 거의 없다.

생것은 수분이 80~90 % 정도이며, 운반이나 저장 관계로 건조된 것을 시판하는 것도 있다.

이것을 사용할 경우는 맥류의 경우보다 단백질 사료를 많이 줄 필요가 있다. 소가 즐겨 먹는 사료는 아니므로 다른 맛있는 사료와 섞어 준다면 비육에 사용해도 좋은 사료다.

	조 성 분 (%)						소 화 율		
	수 분	조단백질	조지방	가용무질소물	조섬유	조회분	조단백질	조지방	조섬유
전분박 • 옥수수(생)	76.6	3.5	1.0	15.8	2.4	0.7	84.0	84.1	16.2
• 고구마(생)	85.5	0.6	0.04	11.36	2.2	0.3	72.2	66.4	22.6
• 감 자(생)	87.4	1.0	0.1	9.1	0.5	1.9	15.0	10.0	29.0

② 비지

단백질이 비교적 많이 함유되어 있으며, 소도 즐겨 먹으므로 전분질 사료와 섞어서 준다. 그러나 여름철에는 변질되지 않도록 잘 보관하면서 먹여야 한다.

	조 성 분 (%)						소 화 율		
	수 분	조단백질	조지방	가용무질소물	조섬유	조회분	조단백질	조지방	조섬유
비 지	82.9	4.8	1.6	5.9	4.2	0.6	82.2	86.3	58.5

(5) 뿌리 채소류

① 고구마, 감자

전분질이 대부분이며, 지방이나 섬유가 적고 또 단백질은 아주 적다. 소가 즐겨 먹으므로 단백질 사료와 섞어 주면 비육사료로 적합하다.

고구마에 요소(尿素)를 섞으면 보리와 콩깻묵을 섞은 것과 같은 정도의 비육 효과를 얻을 수 있다.

이것을 주사료로 하면 단단하고 순백색의 지방을 만든다고 하는데 지방의 질은 약간 연한 편이다. 인산의 함량이 적기 때문에 고기의 맛이 약간 떨어지게 된다.

또 고구마를 많이 주면, 그 즙액 때문에 저장 중에 고기 색깔이 검게 된다는 설도 있었으나 실제로 실험해 본 결과 그렇지 않다는 것이 밝혀졌다.

생감자를 줄 때는 얇게 썰어서 주는 것이 좋다. 푸른색으로 변한 감자에는 솔라닌이라는 독소를 함유하고 있으므로 그 부분은 도려내서 주는 것이 좋다.

고구마는 생것을 그대로 저장하기 어려우므로 잘게 썰어서 5~10%의 썬 짚을 섞어서 싸일로에 채워 넣거나 썰어서 말린 고구마로 만드는 것이 좋다. 겨류와 섞어서 고구마 사일레지로 하는 것도 비육사료로는 아주 좋다.

	조　성　분　(%)						소　화　율		
	수 분	조단백질	조지방	가용무질소물	조섬유	조회분	조단백질	조지방	조섬유
고 구 마	74.6	1.5	0.3	21.3	1.4	0.9	44.7	20.8	8.0
감　　자	78.4	2.7	0.2	16.9	0.8	1.0	58.9	0.96	1.9

② 고구마 덩굴

	조　성　분　(%)						소　화　율		
	수 분	조단백질	조지방	가용무질소물	조섬유	조회분	조단백질	조지방	조섬유
생　　것	84.9	2.4	0.5	7.5	2.9	1.8	43.0	54.0	57.0
마 른 것	14.0	11.0	2.8	40.9	20.7	10.6	—	—	—

단백질이 비교적 많고 연하므로 소가 즐겨 먹는다. 한번에 너무 많이 주면 고창증(鼓脹症)을 일으키거나 설사의 염려도 있으므로 주의한다. 건초나 사일레지로서 저장한다.

③ 무우, 무우잎

약 90%의 수분을 함유하고 있어 이것을 주면 소의 식욕증진견에 효과가 있다. 특히 잎에는 비타민 A를 함유하고 있어 영양상으로도 효과가 좋다.

		조	성	분	(%)		소	화	율
		수 분	조단백질	조지방	가용무 질소물	조섬유	조회분	조단백질	조지방	조섬유
무	우	90.4	2.4	0.1	5.1	1.2	0.8	71.0	64.0	94.0
무말랭이		12.4	14.4	2.2	47.8	11.8	11.4	—	—	—
무우 잎	생것	89.2	2.7	0.6	4.1	1.4	2.0	78.3	81.0	66.9
	마른것	12.1	23.7	3.3	29.8	11.7	19.4	78.3	81.0	66.9

(6) 볏짚과 들풀

① 볏 짚

섬유가 많고 단백질은 매우 적으며 비타민도 함유되어 있지 않으나 벼농사를 하는 농가에서는 쌀의 부산물로서 대량을 보유하고 있고 이것을 소의 사료로 이용하므로 소의 조사료로서 널리 쓰여지고 있다. 그러나 볏짚을 그대로 먹이지 말고 암모니아 처리 등으로 사료가치를 향상시킨 다음 이용하는 것이 좋다.

급여할 때 마른 것 그대로도 되지만 더운물을 붓거나 곡류를 삶는 여열을 이용해서 삶아 주면 잘 먹는다. 그러나 영양적으로는 변함이 없다.

	조	성	분	(%)		소	화	율
	수 분	조단백질	조지방	가용무 질소물	조섬유	조회분	조단백질	조지방	조섬유
볏 짚	12.0	4.2	2.1	38.0	28.3	15.1	37.2	38.4	57.5

② 산야초

콩과나 유채과의 풀이 많을수록 영양분이 많으며, 들판의 밭두렁이나 제방의 풀들은 볏짚에 비해 단백질이나 비타민류가 풍부하고 영양분이 많다.

그러므로 비육우에는 될 수 있는 대로 밭두렁이나 제방의 풀을 주도록 한다. 그와 같은 장소에 클로우버나 오차아드그라스와 같은 목초를 파종해 두면 영양적으로 좋은 풀을 채취할 수 있어 농후 사료도 절약된다. 들풀을 말린 것은 겨울철의 조사료로서 없어서는 안 되는 중요한 것이다.

	조　　성　　분　(%)						소　　화　　율		
	수 분	조단백질	조지방	가용무질소물	조섬유	조회분	조단백질	조지방	조섬유
바 랭 이	79.7	2.0	0.5	9.5	6.2	2.1	58.5	53.7	65.5
강아지풀	68.9	2.1	0.9	15.5	9.9	2.7	51.8	56.1	64.8
기 름 새	76.2	2.1	0.7	11.2	8.3	1.5	66.9	56.6	70.3
실 새 풀	69.1	3.1	0.4	13.9	10.7	2.8	68.9	51.6	69.5
소리쟁이	64.0	6.2	1.1	7.5	6.4	3.8	60.6	51.5	68.6
쇠 비 름	91.4	1.6	0.2	4.1	1.4	1.3	—	—	—
민 들 레	81.5	3.6	0.56	7.03	4.43	2.88	68.3	55.3	52.6
질 경 이	81.4	3.1	0.5	10.3	2.5	2.2	50.4	49.8	66.5
칡(마른것)	12.0	16.3	3.3	38.5	22.9	7.0	63.0	34.0	42.0

(7) 사료 작물과 목초

■ 뒷그루용 사료 작물

① 자운영

논의 뒷그루로 일부 지역에서만 재배되고 있다. 양질의 단백질이 많이 함유되어 있으며, 잘 말려서 건초로 만든 것은 사료가치가 높다.

소가 매우 즐겨 먹으며 건초를 하거나 사일레지 등 모두 좋다. 건초로 할 경우에는 잎을 떨어뜨리지 않도록 주의하는 것이 중요하다.

② 풋베기 귀리

재생력이 빨라서 몇번이고 베어낼 수 있으며 수확량도 많다. 또 영양분도 많이 함유되어 있어 소도 즐겨 먹는다.

늦가을과 초봄까지 이용할 수 있으며 벳치류와 혼파(混播)하면 단백질 함량이 많아서 비육사료로 아주 좋다.

	조 성 분 (%)						소 화 율		
	수 분	조단백질	조지방	가용무질소물	조섬유	조회분	조단백질	조지방	조섬유
수 잉 기	86.9	1.9	0.4	5.6	3.6	1.6	63.0	59.0	74.0
출 수 기	79.9	2.3	1.0	9.0	5.7	2.1	56.0	43.0	64.0
개 화 기	78.9	1.8	0.8	8.9	7.7	1.9	62.0	64.0	69.0

③ 벳치류

단백질이 비교적 많이 함유되어 있는 덩굴성 콩과 작물로서 맥류와 함께 파종하면 보리의 줄기잎을 지주로 해서 잘 자란다. 풀이 연하여 소도 잘 먹는다.

	조 성 분 (%)						소 화 율		
	수 분	조단백질	조지방	가용무질소물	조섬유	조회분	조단백질	조지방	조섬유
콤몬벳치	82.5	3.2	0.8	7.7	3.9	1.9	73.0	57.0	54.0
헤이리벳치	87.5	2.4	0.6	4.4	4.0	1.1	69.0	54.0	49.0

④ 이탈리안라이 그라스

재생력이 강하여 몇번이고 베어낼 수 있으므로 수량은 지극히 많다. 소의 기호에 맞아 안심하고 줄 수 있는 목초이며 건초나 사일레지에도 적합

	조 성 분 (%)						소 화 율		
	수 분	조단백질	조지방	가용무질소물	조섬유	조회분	조단백질	조지방	조섬유
수 잉 기	83.8	2.9	0.8	7.3	3.4	1.8	77.0	60.0	79.0
출 수 기	81.7	2.2	0.7	9.3	4.6	1.5	74.0	60.0	76.0
개 화 기	76.2	2.6	0.8	9.8	8.9	1.7	58.0	58.0	63.0

하다. 특히 우리나라 남부지방에서는 논뒷그루로 많이 재배하고 있다.

이밖에 뒷그루용으로서 중부지방에서는 호맥을 주로 재배한다.

■ 여름철 풋베기 사료 작물

① 풋베기 옥수수

풋베기든 사일레지든 소는 다 잘 먹으며 수량도 매우 많으므로 여름철 사료작물 중의 왕좌를 차지하는 것이라 할 수 있다.

영양적으로 말하면 양분총량은 보통이지만 단백질의 함량은 적다.

사일레지에는 비타민 A가 잘 보존되므로 겨울철 비육용 사료로서 중요한 것이라 할 수 있다. 풋베기콩과 함께 사일레지로 하는 것은 단백질을 보충하는 의미에서 바람직하다.

	조 성 분 (%)						소 화 율		
	수 분	조단백질	조지방	가용무질소물	조섬유	조회분	조단백질	조지방	조섬유
유 숙 기	77.7	2.4	0.4	12.5	5.8	1.2	67.6	72.3	63.6
호 숙 기	75.9	2.3	0.7	13.6	5.8	1.7	66.4	73.2	63.2
황 숙 기	68.9	3.0	0.7	16.6	8.6	2.2	65.2	74.1	62.7

② 풋베기 콩

단백질을 많이 함유하고 있다.

풋베기 그대로 주어도 좋고 옥수수와 함께 사일레지로 하거나 건초로 해도 좋다.

이밖에 여름철 풋베기용 사료 작물로서 수수류 및 수단 그라스 등이 있다.

	조 성 분 (%)						소 화 율		
	수 분	조단백질	조지방	가용무질소물	조섬유	조회분	조단백질	조지방	조섬유
풋베기콩	78.0	4.9	0.7	9.7	5.2	1.5	82.4	48.0	47.0

■ 목   초

콩과의 것으로는 라디노클로우버, 알팔파 등이 일반적으로 재배되고 있으며, 벼과의 것으로서 오차아드 그라스, 이탈리안라이 그라스, 켄터키부루 그라스, 페레니얼라이 그라스, 티모시 톨페스큐 등이 일반적으로 재배되고 있다.

콩과와 벼과를 혼파한 목초는 비육우의 조사료로서 전술한 풋베기 작물과 마찬가지로 최고로 좋아 비육효과가 높을 뿐만 아니라 농후사료가 상당히 절약되기 때문에 경제적으로도 유리하다. 청초 그대로 주거나 건초 또는 사일레지로 해서 주어도 좋다.

청초류를 다량으로 주면 유연한 체지방을 만든다고 하며, 인(燐)의 함량이 적어서 그런지 고기 맛이 그다지 좋지 않다고 한다.

이점을 고려하여 밀기울과 같이 인이 많은 것을 섞어서 주면 좋을 것이다. 또한 푸른풀을 많이 줄 경우에는 지방의 색깔이 약간 누렇게 될 염려도 있다.

사일레지에 대해서는 건조성 조사료를 주는 것과 거의 변함이 없고 육질이나 지방을 저하시킬 염려도 없다고 한다.

(8) 기타 사료

① 서강 사료

감자를 곱게 썰어서 20~30% 정도의 쌀겨를 첨가해서 말린 것이므로 영양가가 풍부하여 비육사료로서는 아주 적합하다. 쌀겨 대신 밀기울을 사용해도 좋다.

② 잠사(蠶沙), 누에똥

단백질이 풍부하고 비타민 A도 포함되어 있는데 소는 즐겨 먹지 않으므로 한번에 다량으로 주어서는 안 된다.

하루 1.5~2kg까지가 한도이며, 비육말기에는 절대로 주지 않는 것이 좋다.

	조　성　분　(%)						소　화　율		
	수 분	조단백질	조지방	가용무 질소물	조섬유	조회분	조단백질	조지방	조섬유
잠　　사	12.0	13.9	2.8	44.5	13.1	13.7	82.5	62.4	52.5
누 에 똥	13.1	11.8	1.8	45.3	12.3	15.7	56.6	33.3	60.8

목초류의 일반성분   (단위 : %)

사 료 명	수 분	조단백질	조 지 방	조 섬 유	가용무질소물	조 회 분
오차드그라스	85.6	2.4	0.6	4.6	5.5	1.3
〃　（출수전）	88.2	2.26	0.6	3.4	4.5	2.1
〃　（개화전）	87.4	2.4	0.6	3.7	4.8	1.1
〃　（개화기）	84.6	2.7	0.2	4.9	6.2	1.5
〃　（개화후）	80.5	2.4	0.6	6.6	8.2	1.8
이탈리안라이그라스	81.3	2.0	0.4	3.5	11.6	1.3
〃　（출수전）	83.2	4.3	0.8	3.0	6.4	2.3
〃　（개화전）	80.0	1.4	0.3	1.9	15.5	0.9
〃　（개화기）	80.0	0.7	0.2	2.8	15.7	0.6
〃　（개화후）	82.1	1.5	0.4	6.2	8.5	1.4
페레니얼라이그라스	81.9	2.6	0.7	5.0	8.2	1.7
〃　（유초기）	85.0	3.0	0.7	3.0	6.5	1.8
〃　（출수전）	83.6	2.5	0.7	3.9	7.3	2.0
〃　（출수기）	81.5	2.8	0.7	5.1	8.2	1.8
〃　（개화전）	82.1	1.3	0.5	5.8	9.2	1.1
〃　（개화기）	79.1	2.4	0.6	6.8	9.7	1.5
톨 페 스 큐	72.5	4.4	1.1	7.9	11.8	2.3
〃　（출수전）	72.6	6.0	1.3	7.4	9.7	3.0
〃　（개화기）	71.7	5.6	1.4	8.3	10.4	2.6
〃　（개화후）	73.2	2.2	0.6	8.0	14.7	1.3
〃　（개화전）	86.9	3.1	0.5	2.5	4.8	2.2
메도우페스큐	83.2	2.7	0.6	4.9	7.1	1.5
〃　（유초기）	86.2	2.1	0.6	2.7	7.0	1.5
〃　（출수전）	84.4	2.8	0.5	4.6	6.3	1.3
〃　（출수기）	82.0	2.9	0.7	7.2	5.7	1.6
〃　（개화기）	79.8	2.9	0.7	7.2	8.1	1.4
티 모 시	79.2	3.1	1.0	5.5	9.5	1.7
〃　（출수전）	81.0	3.5	1.0	5.6	7.7	1.3
〃　（출수기）	80.9	2.8	1.0	4.6	9.2	1.6
〃　（개화기）	72.4	2.8	1.3	7.1	13.8	2.6
브롬그라스	80.2	3.2	0.6	5.7	8.6	1.8

(단위 : %)

사 료 명	수 분	조단백질	조 지 방	조 섬 유	가 용 무 질 소 물	조 회 분
블루우그라스	75.5	3.2	0.5	7.9	11.2	1.6
〃 (출수전)	87.7	2.8	0.7	3.4	4.1	1.3
〃 (개화기)	63.6	3.7	0.4	12.5	18.1	1.9
〃 (유초기)	81.1	3.1	0.9	3.7	9.0	2.2
〃 (출수기)	79.2	3.3	0.4	7.4	8.5	1.3
레 드 톱(개화후)	79.2	2.1	0.7	6.8	9.5	1.7
리이드카나리그라스	83.1	2.4	0.6	5.5	7.3	1.1
〃 (출수기)	82.9	2.3	0.6	5.4	7.6	1.2
〃 (개화기)	83.7	2.8	0.6	5.8	6.0	1.0
알 팔 파	73.4	5.3	0.8	8.3	10.0	2.3
〃 (개화전)	74.3	6.9	0.7	6.2	11.1	0.9
〃 (개화기)	74.8	5.8	0.8	8.2	8.6	1.9
〃 (개화후)	72.8	4.8	0.8	8.9	10.0	2.7
화이트클로버	81.2	4.9	0.8	4.1	6.9	2.0
〃 (개화기)	86.1	3.0	0.6	2.5	4.8	2.7
레드클로버	82.3	3.5	0.8	4.3	6.8	1.8
〃 (개화전)	82.1	4.1	0.8	4.8	6.7	2.0
〃 (개화기)	82.1	3.2	0.8	4.8	7.2	1.9
〃 (개화후)	82.1	3.2	0.8	4.4	7.2	1.9
라디노클로버	84.2	3.8	0.6	4.0	6.1	1.3
〃 (개화전)	87.6	3.7	0.6	1.9	5.0	1.2
〃 (개화기)	82.9	4.0	0.6	5.0	6.5	1.1
〃 (개화후)	82.5	3.7	0.4	4.5	6.7	2.2
알사이크클로버	79.6	4.4	1.2	5.2	7.4	2.2
버드풋트레포일	80.9	3.9	1.2	4.9	7.3	1.6
레스페데자	82.9	3.1	0.5	5.4	7.0	1.1
루 우 핀	82.2	2.0	0.5	5.7	8.4	1.2
스위트클로버	85.0	4.5	0.7	7.4	10.5	2.1
퍼시안클로버	80.2	2.8	0.7	4.9	8.1	3.4
헤아리베지	79.1	3.8	1.1	5.4	8.7	1.9
〃 (개화기)	79.6	5.6	1.2	4.2	6.9	2.5
〃 (개화후)	78.7	2.1	1.1	6.6	10.3	1.2

(단위 : %)

사 료 명	수 분	조단백질	조 지 방	조 섬 유	가 용 무 질 소 물	조 회 분
수단그라스	78.7	2.4	0.5	7.6	9.3	1.5
〃 (출수전)	81.2	3.2	0.6	5.7	3.6	1.8
〃 (개화후)	76.1	1.7	0.3	9.6	11.0	1.3
톨오트그라스	73.7	4.0	0.9	8.3	11.3	1.8
〃 (출수전)	79.3	5.3	1.2	5.1	7.2	2.0
〃 (개화기)	70.7	3.5	0.6	10.5	13.5	1.2
〃 (개화후)	70.2	3.2	1.0	9.3	14.2	2.0
브로드빈	80.6	3.5	1.4	5.8	0.1	8.8
세스파니아	79.1	5.4	1.3	1.8	10.9	1.5
다이리스그라스	79.6	2.0	0.2	6.4	10.3	1.5
카우그라스	87.7	2.2	0.4	2.7	5.9	1.1
도메스틱라이그라스	81.9	1.8	0.6	5.5	8.8	1.4
컴먼라이그라스	81.4	1.1	0.5	11.2	11.4	1.5
켄터키블루그라스	80.2	5.7	1.3	8.0	2.2	2.6
스무스부롬그라스	78.3	2.4	0.9	8.3	7.9	2.3
버팔로그라스	82.5	3.1	0.5	17.4	4.9	1.7
아메리칸비치그라스	65.4	3.9	1.7	3.5	13.6	1.9
로오데스그라스	78.1	1.6	0.3	1.2	11.2	1.6
베히아그라스	79.9	2.2	0.3	6.6	9.3	1.8
러시안컴프리	87.8	3.0	0.6	1.5	5.1	2.0
〃 (5 월)	87.3	3.5	0.8	1.3	5.5	1.5
〃 (6 월)	87.7	2.9	0.5	1.6	5.3	2.0
〃 (7 월)	88.4	3.1	1.5	1.5	3.2	2.3
〃 (8 월)	82.3	2.4	0.6	1.3	11.4	2.1
〃 (9 월)	86.8	2.9	0.6	1.7	5.2	2.7
〃 (10월)	86.7	3.4	0.6	1.4	5.4	2.5
〃 (11월)	88.9	2.5	0.5	1.0	4.8	2.5
스트로베리클로버(개화후)	78.7	4.2	0.7	3.8	8.9	3.7
뉴우질랜드화이트클로버	88.9	2.6	0.4	1.8	5.2	1.1
목 초 류(건초)						
혼 합 목 초	12.5	11.7	2.3	29.8	35.6	8.1

(단위 : %)

사 료 명	수 분	조단백질	조 지 방	조 섬 유	가 용 무 질 소 물	조 회 분
오차아드그라스	13.2	10.3	3.0	29.0	37.7	6.8
〃 (출수전)	11.9	17.1	3.9	24.9	34.2	8.1
〃 (개화전)	13.6	13.1	3.1	25.8	36.4	8.0
〃 (개화기)	11.3	13.0	3.4	29.8	35.8	6.8
〃 (개화후)	13.2	10.6	2.7	29.2	36.3	7.9
〃 (6. 22일)	12.9	14.2	5.4	26.5	30.9	1.2
〃 (6. 14일)	12.2	14.0	4.1	27.2	32.4	1.0
〃 (10.28일)	12.8	18.0	5.6	16.4	39.9	7.5
이탈리안라이그라스	12.9	23.4	3.3	25.6	36.6	18.3
〃 (출수전)	12.7	12.3	4.3	15.6	33.5	11.7
〃 (개화전)	12.4	17.8	3.9	23.9	31.2	10.9
〃 (개화기)	11.5	9.1	2.0	28.8	40.9	7.8
〃 (개화후)	12.5	7.1	2.0	30.1	41.3	7.0
페레니얼라이그라스	12.5	7.9	2.5	27.2	43.5	6.4
〃 (출수전)	12.6	9.1	2.8	25.4	42.8	7.2
〃 (개화전)	12.4	6.6	2.3	28.9	44.2	6.6
톨 페 스 큐	11.9	15.8	3.6	25.6	35.4	7.6
〃 (출수전)	12.4	19.4	4.2	23.9	30.9	9.5
〃 (개화기)	11.7	17.5	4.4	26.1	32.2	8.2
〃 (개화후)	12.9	7.3	1.9	25.9	47.9	4.2

(9) 볏짚의 사료가치 향상

현재 농촌에서 이용되는 볏짚은 양축에 매우 중요하면서도 저질에 속하므로 볏짚 의존도가 높을수록 가축의 발육 및 번식 등에 장애를 가져오기 쉽기 때문에 볏짚의 사료가치 향상이 시급한 문제이며 그 방법을 소개하면 다음과 같다.

① 암모니아 처리

• 작업순서

바닥을 비닐(0.1mm두께의 비닐이용)에 구멍이 나지 않도록 평평하게 고른 다음 비닐을 깔고 볏짚을 쌓는다. 특히 가장자리는 나중에 접어서 밀봉할 수 있도록 70cm 정도 남기고 중심부분에는 파이프나 나무를 박아 나중에 가스주입관을 넣기 쉽도록 한다.

볏짚을 다 쌓은 후에는 덮개 비닐을 덮고 가장자리의 바닥비닐과 덮개 비닐을 겹쳐 접어서 밀봉한 후 가스를 중심부에 주입하고 주입부위의 구멍까지 완전 밀봉하고 바람에 비닐이 펄럭이지 않도록 끈으로 중간을 둘러 묶는다.

• 암모니아 가스 주입량

3톤의 볏짚을 처리할 때 암모니아 가스 100kg이 필요하며 볏짚 무게의 4%에 해당하게 된다. 이때 암모니아가스 대신 암모니아수를 이용할 수도 있다.

• 처리기간

기온이 높으면 처리기간이 짧고, 기온이 낮으면 처리기간이 길어진다.

기 온	처리 소요 기간	기 온	처리 소요 기간
30℃이상(더운여름)	1 주일	5~15℃(봄, 가을)	4~8 주
15~30℃(초 여 름)	1~4 주	5℃이하(겨울)	8주 이상

• 이 용

적당한 처리기간이 지난 다음 비닐을 벗겨내면 처음에는 속에 남아 있는 암모니아 냄새 때문에 잘 먹으려하지 않으므로 2~3일 바람을 쐬인 후 먹인다.

암모니아 처리 비용은 가스와 비닐값으로 보면 볏짚 1kg당 20원 정도 드나 처리이용으로 얻어지는 증체 또는 배합사료 절약효과가 이보다 크므로 훨씬 유리하다.

종 류	조단백질	가소화양분총량 (TDN)	소 화 율	섭취량 비율
보통 볏짚	4.2%	37.5	47.2	100
처리된볏짚	11.2	46.1	55.9	육성우 142 ⎱ 비육우 115

(자료: 축시 '86)

② 석회볏짚

• 제조법

볏짚 100kg당 소석회 10~12kg(생석회 8~10kg)을 물 800 l 에 녹인 석회수를 만들어 짚을 잠기게 담가 2~3일간 두었다가 물에 잘 씻어서 말리거나 그대로 말려 이용한다. 그대로 말리게 되면 공기중의 탄산가스(CO_2)와 결합하여 탄산석회($CaCO_3$)로 변하여 해가 없을 뿐만 아니라 부족되기 쉬운 칼슘의 공급제가 된다.

또한 2~3일간 담가두는 대신 2시간 정도 삶는 방법도 있으며 이것을 자비석회볏짚 제조법이라고 한다.

석회수 사용횟수에 따른 석회와 물의 보충

	1 회	2 회	3 회	4 회
볏 짚(kg)	100	100	100	100
생석회(kg)	10	7 보충	5 보충	3 보충
물 (l)	900	300 보충	200 보충	200 보충

• 알맞는 재료

볏짚과 같이 녹색이 아니고 갈색을 하고 있는 것으로 단백질함량이 4% 이하이고 조섬유의 함량이 많고 거친식물 즉 볏짚, 보리짚, 밀짚 등은 석회처리를 하면 부드러워지고 조섬유의 소화가 잘되어 이로우나 건초, 고구마덩굴 등은 석회처리를 하면 카로틴이 모두 파괴되고 상당량의 단백질도 분해되므로 처리해서는 안 된다.

볏짚을 석회처리하면 부드러워지고 규산의 함량이 적어지고 소화효소의 침투가 용이하게 되어 소화가 잘되고 전분가가 2~3배로 증가한다.

③ 가성소다 처리

독일의 레흐만은 보리짚 100kg을 5%의 가성소다용액을 섞어 끓여서 중성반응이 나타날 때까지 물로 씻거나 보리짚 100kg을 가성소다 2% 용액에 담가 4~6시간 끓인 다음 2시간 동안 공기를 불어넣으면서 교반하여 알칼리도를 낮춘 뒤 식혀서 사료로 쓰는 방법도 창안하였다.

또한 볏짚을 잘게 썰어 시멘트바닥 등에 깔고 4%의 가성소다액을 고루 뿌려주는 방법도 있다. 그러나 가성소다는 강하기 때문에 잘못하면 피해를 볼 우려가 있어 주의하여야 한다.

가성소다처리를 하면 목질화한 세포막내의 리그닌, 큐틴, 규산의 일부가 제거되고 이들 함유물질과 섬유소, 펜토산 등과의 결합에 균열이 생겨 소화기내의 세균에 의하여 만들어진 효소 셀루라제의 침투, 소화가 잘되게 된다.

④ 계분볏짚 발효

이 방법은 사일레지 조제법과 같이 볏짚을 비닐싸이로에 30cm정도씩 넣어가며 계분과 강류를 물과 혼합한 다음 볏짚위에 적당량 고루 뿌려가며 밟아주는 것으로서 제조과정 중 계분냄새가 난다는 것이 농민의 호응도를 받지 못하는 원인의 하나라고 생각된다.

(10) 비단백태질소화합물 이용

반추가축은 단위(單胃)가축이 이용할 수 없는 값싼 요소 등 비단백태질소화합물을 이용하여 체내에서 단백질을 합성할 수 있어 사료중의 값비싼 단백질을 절약할 수 있다.

비단백태질소화합물은 반추가축에만 이용이 가능한 것은 반추위내에 있는 미생물의 작용으로 필요한 단백질과 아미노산의 일부를 보충내지는 충당할 수 있다.

현재 우리나라에서 비육사료, 낙농사료 등에 요소를 적당량 혼합하여 제조하고 있다.

요소는 주의깊게 사용하면 식물성단백질과 거의 동등한 효과를 얻을 수 있지만 잘못 사용하면 독약과 같은 물질이 될 수도 있으므로 안전 급여 수칙을 준수해야 한다.

① 비단백태질소화합물의 종류

비단백태질소화합물이란 효소나 산으로 분해해도 아미노산이 생성되지는 않지만 질소를 함유하고 있어 단백질과 같은 작용을 하는 것을 말하며 다음과 같은 여러 종류가 있다.

● 요 소

비단백태질소화합물중 가장 많이 이용되는 것으로 질소함량 46%로서 조단백질로 환산하면 287%(46%×6.25)이나 영양소가 전연 함유되어 있지 않기 때문에 탄수화물 사료와 함께 이용하여야 하며 요소는 기호성이 없는 물질일 뿐 아니라 제1위 내에서 급속히 분해되어 암모니아를 생성하고 중독을 일으킬 위험성이 많으므로 주의해 이용하여야 한다.

우리나라에서 주로 이용하는 것이 요소이다.

- 비우리트(Biuret)

두 분자의 요소가 축합된 형태로 요소와 대체가 가능하며 가축에 급여할 때 분해 속도가 느려 암모니아 생성의 분포가 고르며 요소보다 중독 위험성이 적고 안전하다.

- 암모늄염

암모늄과 휘발성 지방산이 잘 이용되며 질소와 인이 동시에 부족한 사료는 암모늄염을 사용하나 기호성이 문제가 된다.

- 요인산

요소를 인산에 첨가하여 만드는 것으로 질소 17%, 인 20%를 함유한 것으로 반추가축에 사용할 수 있으나 취급이 불편하고 실용성이 낮다.

- 요 산

가금의 똥에 들어있는 것으로 단백질 공급원으로 쓰여질 수 있다. 그러나 요산 그 자체가 사료로 쓰여진다는 것보다 요산 함량이 높은 자릿짚의 이용에 관심의 대상이 되고 있다.

- 시아누릭산

요소의 열분해 부산물이며 사료용 비우리트와 요소에서 발견되었으며 질소공급원으로 이용 될 수 있다.

② 요소의 이용기구

요소가 가축 체내에 들어가면 다음과 같은 단계를 거쳐 이용하게 된다.

- 제1단계

요소가 반추위내 미생물의 작용에 의하여 암모니아(NH_3)와 탄산가스(CO_2)로 분해된다.

- 제2단계

에너지(열량)원으로 섭취한 탄수화물이 탄수화물 분해 효소에 의해 케톤산이나 휘발성지방산으로 분해된다.

- 제3단계

암모니아와 케톤산이 미생물 효소 등에 의해 아미노산으로 합성된다.

- 제4단계

합성된 아미노산을 원료로 미생물단백질을 합성하여 이용하게 된다.

탄수화물사료가 많이 있는 경우에도 제1단계 반응이 먼저 나타나며 우리나라에서 겨울철 섬유소, 리그닌 함량이 많은 볏짚 등을 줄 때 제2단계 반응이 늦게 나타나 이용률이 떨어지며 특히 요소를 많이 급여했을 때 중독발생이 우려된다.

③ 요소 이용효율에 영향을 주는 인자

- 영양적인자
- 탄수화물의 종류

전분이나 포도당이 많이 있을 경우에는 이용효율이 증가하나 소화하기 힘들고 탄수화물공급이 충분하지 못한 셀루로즈나 리그닌 함량이 많을 경우에는 이용률이 떨어진다.

- 사료단백질의 용해도와 함량

요소로부터 생성된 암모니아의 사료단백질로부터 생성된 암모니아가 경합이 되므로 제1위에서 분해되지 않는 사료단백질을 급여할 때 이용효율이 증가된다.

예로서 옥수수 단백질인 제인(Zein)은 제1위에서 40％가 분해되고 60％는 직접 소장에서 분해 이용되기 때문에 이것을 급여하면 요소의 이용효율이 높아진다. 그러나 카제인 같은 것은 제1위에서 90％정도 분해되기 때문에 요소와 경합이 심하므로 이용도가 떨어진다.

- 무기질과 비타민

요소는 질소외에는 영양소가 거의 없으므로 요소급여량을 증가 시킬 때는 비타민과 무기질을 급여하면 이용효율이 높아진다.

- 알팔파 분말의 배합

알팔파 분말을 제조 판매하는 외국에서는 요소급여시 알팔파 분말을 혼합하여 이용효율을 높이고 있다.

- 사양적인 인자

요소는 적당량을 균형된 사료와 함께 급여함이 중요하며 너무 많이 급여하면 요소중독을 가져올 뿐 아니라 이용률을 감소시키므로 주의해야 한다. 요소는 처음에는 적은 양을 먹이기 시작하여 점차 늘려 알맞는 양을 먹여야 한다.

④ 요소의 급여형태

우리나라에서는 배합사료에 요소, 단미사료를 첨가 이용하는 것이 대부분이나 외국에서는 다음과 같은 여러 방법으로 이용하고 있다.

   ㉠ 요소전분 혼합사료

   ㉡ 피막물질로 보호된 요소사료

   ㉢ 고(高)요소 사료

   ㉣ 알팔파요소 펠렛사료

   ㉤ 요소첨가 사일레지

   ㉥ 요소당밀 액상사료

   ㉦ 요소규산염 광물질사료

   ㉧ 요소셀루로즈 사료

⑤ 요소사료의 안전급여법

   ㉠ 요소안전수준 − 배합사료의 2~3%, 사일레지의 0.5%을 급여한다.

   ㉡ 총단백질 요구량의 ⅓ 이상은 급여하지 않는다.

   ㉢ 1일 1두 0.23kg 이상의 요소를 소에게 급여하지 않는다.

   ㉣ 사료중 조단백질 함량이 13% 이상일 때는 급여하지 않는다.

   ㉤ 고에너지 사료와 함께 급여한다.

   ㉥ 고요소 사료는 알팔파 분말과 함께 이용한다.

   ㉦ 고요소 사료의 기호성 증진을 위하여 소금 3.5%를 첨가한다.

   ㉧ 물과 함께 급여하지 않는다.

   ㉨ 성장중인 가축보다 비육우에 효과가 크다.

   ㉩ 젖소는 산유초기보다 산유후기에 급여하는 것이 좋다.

   ㉪ 반추위가 발달되지 않은 송아지에게는 먹이지 않는다.

⑥ 요소중독

• 원 인

요소를 짧은 기간에 다량 급여하면 갑자기 암모니아의 농도가 높아져 미생물단백질 합성 속도보다 체내로 흡수되는 속도가 빠르기 때문에 중독증이 발생하게 된다.

요소중독은 에너지의 함량이 적은 사료를 급여하거나 굶주린 소에게서 더욱 발생하기 쉽다.

가축체중 1kg당 요소를 0.5~1.0 g 이상 급여하면 중독위험이 있다.
- 증 상

신경장애, 호흡곤란, 근육의 경련과 강직현상, 구토가 있으며 심하면 죽게 된다.
- 치 료

요소중독증이 발생하면 묽은 식초(5%초산) 3.8 l 를 냉수 20 l 와 경구투여하여 중화를 시키거나 냉수 19~38 l 을 경구투여하면 치료가 된다.

⑦ 요소사용시 문제점

일부 양축농가에서는 요소가 가축체내에서 대사과정 등을 정확히 알지 못하고 있으며 단지 요소를 사료에 첨가하면 좋다는 것만을 알고 무작정 사료에 첨가하여 이용하는 경우가 있으며 특히 배합사료중 요소가 함유된 사료에도 첨가시키는 경우가 있다.

또한 우리나라에서는 월동기에 볏짚 의존도가 매우 높아 충분한 에너지 공급 부족에 따라 요소의 이용효율이 떨어지게 된다.

그러므로 요소는 정확히 인식한 후 알맞게 이용하는 것이 가장 중요하다.

2. 육우(肉牛)의 사양표준

(1) 육우의 사양표준이란 무엇인가

소를 비육할 경우 사료가 부족하면 살이 찌지 않으며, 그렇다고 너무 주어도 손실이 많다.

다두사육에서는 소를 경제적으로 잘 살찌우기 위해서는 과부족이 없도록 사료를 주는 것이 중요하며, 이런 기준 표가 있으면 편리하다.

사료는 앞에서 기술한 바와 같이 여러 가지가 있고 함유된 영양분도 다양하므로 사료 그 자체로 표시하기는 곤란하다.

그래서 사료에 포함되어 있는 영양분 중 특히 중요한 성분에 대하여 기준이 되는 것이 사양표준이다.

육우의 사양표준은 여러 가지가 있는데 그중 미국의 NRC 사양표준과 모리슨 사양표준 등이 유명하다.

비육우의 영양소 요구량(NRC)

성장 및 비육중인 어린 수소와 1세된 수소의 1일 영양소 요구량   (두당)

체 중 (kg)	일당증 체 량 (kg)	최 소 건 물 섭취량 (kg)	조사료 (%)	단 백 질		에 너 지			가소화 영양소 총량 (kg)
				총 단 백 질 (g)	가소화 조단백 질 (g)	정 미 (유지) (mcal)	정 미 (증체) (mcal)	대 사 (mcal)	
100	0	2.1	100	0.18	0.10	2.43	0	4.2	1.2
	0.5	2.9	70~80	0.36	0.24	2.43	0.89	6.6	1.8
	0.7	2.7	50~60	0.40	0.28	2.43	1.27	7.1	2.0
	0.9	2.8	25~30	0.46	0.33	2.43	1.68	7.7	2.1
	1.1	2.7	15	0.49	0.36	2.43	2.10	8.4	2.3
150	0	2.8	100	0.23	0.13	3.30	0	5.6	1.6
	0.5	4.0	70~80	0.44	0.28	3.30	1.20	9.0	2.5
	0.7	3.9	50~60	0.49	0.33	3.30	1.73	9.6	2.7
	0.9	3.8	25~30	0.54	0.37	3.30	2.27	10.7	3.0
	1.1	3.7	15	0.58	0.41	3.30	2.84	11.3	3.1
200	0	3.5	100	0.30	0.17	4.10	0	7.0	1.9
	0.5	5.8	80~90	0.57	0.35	4.10	1.49	12.1	3.4
	0.7	5.7	70~80	0.61	0.39	4.10	2.14	13.0	3.6
	0.9	4.9	35~45	0.61	0.40	4.10	2.82	13.3	3.7
	1.1	4.6	15	0.63	0.43	4.10	3.52	14.2	3.9
250	0	4.4	100	0.35	0.20	4.84	0	8.2	2.3
	0.7	5.8	55~65	0.62	0.39	4.84	2.53	14.4	4.0
	0.9	6.2	45~60	0.69	0.44	4.84	3.33	16.2	4.5
	1.1	6.0	20~25	0.73	0.48	4.84	4.17	17.0	4.7
	1.3	6.0	15	0.76	0.51	4.84	5.04	18.6	5.2
300	0	4.7	100	0.40	0.23	5.55	0	9.4	2.6
	0.9	8.1	55~65	0.81	0.50	5.55	3.82	19.5	5.4
	1.1	7.6	20~25	0.82	0.52	5.55	4.78	20.4	5.6
	1.3	7.1		0.83	0.54	5.55	5.77	21.6	6.0
	1.4	7.3		0.87	0.57	5.55	6.29	22.5	6.2
350	0	5.3	100	0.46	0.26	6.24	0	10.6	2.9
	0.9	8.0	45~55	0.80	0.49	6.24	4.9	20.8	5.8
	1.1	8.0	20~25	0.83	0.52	6.24	5.36	22.4	6.2
	1.3	8.0	15	0.87	0.55	6.24	6.48	24.2	6.8
	1.4	8.2	15	0.90	0.57	6.24	7.06	25.3	7.0

성장 및 비육중인 어린 수소와 1세된 수소의 영양소 요구량(두당)

체 중 (kg)	일당증 체 량 (kg)	최 소 건 물 섭취량 (kg)	조사료 (%)	단 백 질		에 너 지			
				총 단 백 질 (g)	가소화 조단백 질 (g)	정 미 (유지) (mcal)	정 미 (증체) (mcal)	대 사 (mcal)	가소화 영양소 총량 (kg)
400	0	5.9	100	0.51	0.29	6.89	0	11.8	3.3
	1.0	9.4	45~55	0.87	0.54	6.89	5.33	24.5	6.8
	1.2	8.5	20~25	0.87	0.54	6.89	6.54	25.4	7.0
	1.3	8.6	15	0.90	0.56	6.89	7.16	26.5	7.3
	1.4	9.0	15	0.94	0.59	6.89	7.80	28.0	7.7
450	0	6.4	100	0.54	0.31	7.52	0	12.8	3.6
	1.0	10.3	45~55	0.96	0.57	7.52	5.82	26.7	7.4
	1.2	10.2	20~25	0.97	0.58	7.52	7.14	28.6	7.9
	1.3	9.3	15	0.97	0.59	7.52	7.83	29.0	8.0
	1.4	9.8	15	0.98	0.60	7.52	8.52	30.5	8.4
500	0	7.0	100	0.60	0.34	8.14	0	13.9	3.8
	0.9	10.5	45~55	0.95	0.56	8.14	5.60	27.1	7.5
	1.1	10.4	20~25	0.96	0.57	8.14	7.01	29.2	8.1
	1.2	9.6	15	0.96	0.58	8.14	7.73	29.7	8.2
	1.3	10.0	15	0.97	0.60	8.14	8.47	31.4	8.7

1) 1kg TDN-3.6155mcal/ME로 계산했음.

성장 및 비육중인 어린 수소와 1세된 수소의 영양소 요구량(건물사료중)

체 중 (kg)	일당증 체 량 (kg)	최 소 건 물 섭취량 (kg)	조사료 (%)	단 백 질		에 너 지			
				총 단 백 질 (g)	가소화 조단백 질 (g)	정 미 (유지) (mcal)	정 미 (증체) (mcal)	대 사 (mcal)	가소화 영양소 총량 (kg)
100	0	2.1	100	8.7	5.0	1.17	—	2.0	55
	0.5	2.9	70~80	12.4	8.3	1.35	0.75	2.2	62
	0.7	2.7	50~60	14.8	10.7	1.60	1.00	2.5	70
	0.9	2.8	25~30	16.4	11.8	1.81	1.18	2.8	77
	1.1	2.7	〈15	18.2	13.3	2.07	1.37	3.1	86
150	0	2.8	100	8.7	5.0	1.17	—	2.0	55
	0.5	4.0	70~80	11.0	7.0	1.35	0.75	2.2	62
	0.7	3.9	50~60	12.6	8.5	1.60	1.00	2.5	70

성장 및 비육중인 어린 수소와 1세된 수소의 영양소 요구량(건물사료중)

체 중 (kg)	일당증체 량 (kg)	최 소 건 물 섭취량 (kg)	조사료 (%)	단 백 질		에 너 지			가소화 영양소 총량 (kg)
				총 단 백 질 (g)	가소화 조단백 질 (g)	정 미 (유지) (mcal)	정 미 (증체) (mcal)	대 사 (mca)	
	0.9	3.8	25~30	14.1	9.7	1.81	1.18	2.8	77
	1.1	3.7	〈15	15.6	11.1	2.07	1.37	3.1	86
200	0	3.5	100	8.5	4.8	1.17	—	2.0	55
	0.5	5.8	80~90	9.9	6.0	1.25	0.60	2.1	58
	0.7	5.7	70~80	10.8	6.8	1.40	0.78	2.3	64
	0.9	4.9	35~45	12.3	8.2	1.70	1.10	2.7	75
	1.1	4.6	〈15	13.6	9.3	2.07	1.37	3.1	86
250	0	4.1	100	8.5	4.8	1.17	—	2.0	55
	0.7	5.8	55~65	10.7	6.7	1.56	0.95	2.5	70
	0.9	6.2	45~50	11.1	7.1	1.64	1.02	2.6	72
	1.1	6.0	20~25	12.1	8.0	1.81	1.18	2.8	77
	1.3	6.0	〈15	12.7	8.5	2.07	1.37	3.1	86
300	0	4.7	100	8.6	4.8	1.17	—	2.0	55
	0.9	8.1	55~65	10.0	6.2	1.56	0.95	2.5	70
	1.1	7.6	20~25	10.8	6.8	1.81	1.18	2.8	77
	1.3	7.1	〈15	11.7	7.6	1.98	1.31	3.0	83
	1.4	7.3	〈15	11.9	7.8	2.07	1.37	3.1	86
350	0	5.3	100	8.5	4.8	1.17	—	2.0	55
	0.9	8.0	45~55	10.0	6.1	1.64	1.02	2.6	72
	1.1	8.1	20~25	10.4	6.5	1.81	1.18	2.8	80
	1.3	8.0	〈15	10.8	6.9	1.98	1.31	3.0	83
	1.4	8.2	〈15	10.9	7.0	2.07	1.37	3.1	86
400	0	5.9	100	8.5	4.8	1.17	—	2.0	55
	1.0	9.4	45~55	9.4	5.7	1.64	1.02	2.6	72
	1.2	8.5	20~25	10.2	6.3	1.81	1.18	2.8	80
	1.3	8.6	〈15	10.4	6.5	2.07	1.37	3.1	86
	1.4	9.0	〈15	10.5	6.6	2.07	1.37	3.1	86

성장 및 비육중인 어린 수소와 1세된 수소의 영양소 요구량(건물사료중)

체 중 (kg)	일당증 체 량 (kg)	최 소 건 물 섭취량 (kg)	조사료 (%)	단 백 질		에 너 지			
				총 단 백 질 (g)	가소화 조단백 질 (g)	정 미 (유지) (mcal)	정 미 (증체) (mcal)	대 사 (mcal)	가소화 영양소 총량 (kg)
450	0	6.4	100	8.5	4.8	1.17	—	2.0	55
	1.0	10.3	45~55	9.3	5.5	1.64	1.02	2.6	72
	1.2	10.2	20~25	9.5	5.7	1.81	1.18	2.8	80
	1.3	9.3	〈15	10.4	6.3	2.07	1.31	3.1	86
	1.4	9.8	〈15	10.0	6.1	2.07	1.37	3.1	86
500	0	7.0	100	8.5	4.8	1.17	—	2.0	55
	0.9	10.5	45~55	9.1	5.3	1.64	1.02	2.6	72
	1.1	10.4	20~25	9.2	5.5	1.81	1.18	2.8	80
	1.2	9.6	〈15	10.0	6.0	2.07	1.31	3.1	86
	1.3	10.0	〈15	9.7	6.0	2.07	1.37	3.1	86

1) 비육중인 수소의 모든 사료의 비타민 A 함량은 건물사료 1kg당 2,200IU이다.

한우 육성 및 비육시 사료급여량   (단위 : kg)

일당 증체량 (kg) 체중(kg)	0.4		0.6		0.8		1.0		1.2		배합사료영양수준	
	볏짚	배합 사료	볏짚	배합 사료	볏짚	배합 사료	볏짚	배합 사료	볏짚	배합 사료	CP (%)	TDN (%)
100	2.1	1.2	1.5	1.8	0.9	2.3	0.6	2.7			16	72
150	2.8	1.7	2.0	2.5	1.4	3.0	0.9	3.5			16	72
200	3.5	2.2	2.5	3.2	1.5	4.0	1.0	4.6	0.8	5.0	14	72
250	4.3	2.6	3.1	3.8	1.9	4.8	1.2	5.6	1.0	6.1	13	72
300	5.3	2.8	4.1	4.1	3.0	5.1	1.9	5.9	1.1	6.7	13	72
350	5.7	3.0	4.5	4.2	2.4	5.6	1.6	6.5	1.3	7.2	13	72
400	6.3	3.5	3.6	5.4	1.8	7.0	1.4	7.7	1.4	8.3	11	72
450	6.7	3.9	3.8	6.0	1.9	7.4	1.4	8.4	1.5	9.0	11	72
500	7.4	3.9	4.2	6.1	2.1	7.8	1.6	8.6	1.4	9.3	11	72

(한국표준가축사료급여기준, 농진청 '83)

비육우의 양분 요구량

체 중	일 당 증체량	건 물 요구량	조 단백질	가 소 화 양분총량	칼 슘	인	비타민
	kg	kg	kg	kg	g	g	천단위
100 kg	0.8	3.0	0.42	1.9	24	16	7
	1.0	3.0	0.48	2.0	28	19	7
	0.8	5.0	0.61	3.5	23	18	13
200	1.0	5.0	0.65	3.8	27	20	13
	1.2	5.5	0.69	4.1	30	22	13
	0.8	7.5	0.79	4.8	22	19	16
300	1.0	7.5	0.81	5.2	25	22	16
	1.2	7.5	0.84	5.6	29	23	16
	0.8	9.0	0.83	5.9	19	18	19
400	1.0	9.0	0.87	6.2	21	20	19
	1.2	9.5	0.90	6.9	23	21	19
	0.8	10.5	0.89	6.7	19	19	23
500	1.0	10.5	0.93	7.3	20	20	23
	1.2	11.0	0.96	8.2	21	21	23

(한국표준 가축사료 급여기준 농진청 '83)

    NRC의 표준은 1945년 경에 처음으로 작성되었으나 그후 여러 차례에 걸친 개정이 이루어졌다.

    비육에 사용하는 사료의 특성에 대해서는 앞에서 설명하였는데 사양 표준에 따라서 사료 계산을 할 경우에는 각 사료에 대한 건물량(乾物量), 가소화 조단백질(DCP), 가소화 양분총량(TDN)을 우선 알지 않으면 안 된다. 그래서 이 계산을 위하여 위의 양분표를 참고로 하면 된다.

    그러나 비육용 배합사료를 이용하게 되면 비육사료에는 사양표준에 맞게 영양분이 고루 배합되었기 때문에 그대로 먹이면 된다.

한우 육성 및 비육시 사료급여량

(단위 : kg)

일당증체량 / 체중(kg)	0.4			0.6			0.8			1.0			1.2			배합사료 영양수준	
	벗짚	산야초(청초)	배합사료	벗짚	산야초(청초)	배합사료	벗짚	산야초(청초)	배합사료	벗짚	산야초(청초)	배합사료	벗짚	산야초(청초)	배합사료	CP(%)	TDN(%)
100	0.4	5.5	0.8	0.3	4.0	1.5	0.2	2.6	2.0	0.1	1.6	2.5				16	72
150	0.6	7.2	1.0	0.4	5.5	2.0	0.3	4.0	2.6	0.2	2.5	3.0				16	72
200	0.8	8.9	1.4	0.6	6.6	2.5	0.4	4.4	3.5	0.2	3.4	4.2	0.1	2.2	4.8	14	72
250	0.9	11.0	1.6	0.7	8.2	2.9	0.4	5.5	4.2	0.3	3.4	5.2	0.1	2.1	6.0	13	72
300	1.2	13.3	1.6	0.9	10.8	3.0	0.7	8.3	4.2	0.4	5.0	5.4	0.2	2.5	6.5	13	72
350	1.2	14.4	1.7	1.0	11.7	3.1	0.6	7.2	4.8	0.4	4.5	6.0	0.2	2.8	7.0	13	72
400	1.4	16.0	1.8	0.9	10.0	4.2	0.5	6.0	6.0	0.2	3.0	7.5	0.2	3.1	8.0	11	72
450	1.5	17.0	2.1	0.9	10.5	4.8	0.5	6.0	6.6	0.2	3.0	8.3	0.3	3.4	8.7	11	72
500	1.6	17.0	2.3	1.0	11.6	4.7	0.6	7.0	6.7	0.3	3.5	8.3	0.3	2.6	9.1	11	72

(한국표준가축사료급여기준, 농진청 '83)

한우 육성 및 비육시 사료급여량

(단위 : kg)

일당증체량 / 체중(kg)	0.4			0.6			0.8			1.0			1.2			배합사료 영양수준	
	벗짚	옥수수담근먹이	배합사료	벗짚	옥수수담근먹이	배합사료	벗짚	옥수수담근먹이	배합사료	벗짚	옥수수담근먹이	배합사료	벗짚	옥수수담근먹이	배합사료	CP(%)	TDN(%)
100	0.4	7.7	0.5	0.3	5.7	1.2	0.2	3.8	1.9	0.1	2.4	2.4				16	72
150	0.6	10.2	0.6	0.4	7.7	1.6	0.3	5.7	2.4	0.2	3.6	3.1				16	72
200	0.8	12.8	0.8	0.6	9.6	2.1	0.4	6.4	3.2	0.2	4.0	4.1	0.1	2.6	4.8	14	72
250	0.9	15.9	0.8	0.7	11.9	2.3	0.4	7.9	3.9	0.3	4.9	4.9	0.1	3.1	2.1	13	72
300	1.2	19.2	0.7	0.9	15.6	2.2	0.7	12.0	3.1	0.4	7.2	4.8	0.2	3.6	6.3	13	72
350	1.2	20.8	0.8	1.0	16.9	2.3	0.6	10.4	4.3	0.4	6.5	5.7	0.2	4.0	6.9	13	72
400	1.4	23.0	0.7	0.9	14.4	3.5	0.5	8.6	5.6	0.2	4.3	7.3	0.2	4.5	7.8	11	72
450	1.5	24.0	1.0	0.9	15.2	4.0	0.5	9.0	6.1	0.2	4.5	8.0	0.3	4.9	8.4	11	72
500	1.6	24.0	1.2	1.0	16.8	3.9	0.6	10.0	6.2	0.3	5.0	8.0	0.3	5.3	8.8	11	72

(한국표준가축사료급여기준, 농진청 '83)

(2) 사양표준을 적용할 때는 체중을 정확히 알 필요가 있다

소의 거래 뿐만 아니라 합리적인 사양을 하기 위해서도 반드시 체중을 정확히 알아둘 필요가 있다.

왜냐하면 사양표준은 모든 체중을 기초로 해서 어떤 영양분이 어느 정도 필요한가를 정하고 있기 때문이다.

최근에는 비육우를 많이 사육하는 곳에서는 소의 체중을 재는 저울이 있는 곳도 생기게 되었는데 아직도 없는 곳이 대부분이다. 지금도 눈짐작으로 체중을 정해서 사료는 체중과는 무관하게 자기의 경험이나 육감으로 급여하고 있는 농가도 적지 않다.

비육 특히 다두사육을 잘 해나가고자 할 경우에는 이렇게 사육하면 경영적으로 낙제다.

될 수 있는 대로 체중을 15~30일마다 측정하여 이것을 기초로 해서 사료의 급여량을 정하지 않으면 안 된다.

가능하다면 체중을 측정하는 시간을 오후 1시라면 1시로 항상 일정하게 하는 것이 좋다.

따라서 비육을 많이 하는 곳에서는 공동시설로서 소저울〈牛衡器〉을 가능하다면 부락마다 비치하거나 혹은 축협을 통해 구입하여 순회하면서 체중을 측정하도록 하면 좋다.

이와 같이 해서 체중을 측정하는데는 소저울을 사용하는 것이 가장 정확한데 이것이 없을 경우에는 줄자〈卷尺〉를 이용해서 체중을 추정한다.

그것을 이용하는 요령은 다음과 같다.

㉠ 소가 사료를 먹은 후, 2~3시간 후에 측정한다.

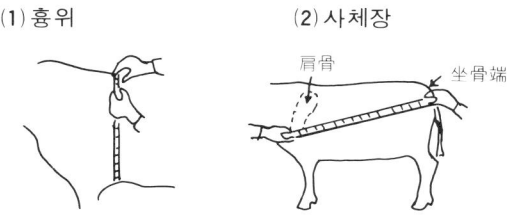

(1) 흉위   (2) 사체장

〈체중 측정을 위한 줄자 사용법〉

ⓛ 소를 평평한 장소에 바른 자세로 세워서 잰다. 몸집이나 목이 굽어 있으면 오차가 크게 생기기 쉽다.

ⓒ 가슴둘레의 측정법(그림①) : 견갑골 뒷구석의 바로 뒤를 잰다. 줄자를 조이는 것은 너무 세거나 느슨해도 안 된다. 세게 조일 때와 느슨하게 조였을 때의 중간치를 택한다.

ⓔ 사체(斜體) 길이의 측정법(그림②) : 다른 사람에게 줄자의 0의 눈금있는 곳을 어깨 한쪽에 대게 하고 자기는 줄자를 뻗쳐서 좌골 끝까지 그림처럼 비스듬히 그 길이를 잰다. 이때 소의 몸집 표면에 바짝 대고 자연스럽게 잡아 당겨 재는 것이 비결이다.

ⓜ 관위의 측정법 : 앞다리의 가장 가는 부분을 세게 조여서 측정한다.

ⓗ 이와 같이 해서 측정한 흉위 사체장을 다음 두 가지 표에 적용시켜서 체중을 알 수 있다.

한우의 줄자를 이용한 간이체중조견표

가슴둘레(cm)	성 별 (kg)		가슴둘레(cm)	성 별 (kg)	
	우	含		우	含
100	78	80	155	266	275
105	90	92	160	291	300
110	102	105	165	317	327
115	116	119	170	344	356
120	130	133	175	373	386
125	146	150	180	403	418
130	163	167	185	435	452
135	181	186	190	469	487
140	200	206	195	504	523
145	221	228	200	541	562
150	243	250	205	579	603

(자료 : 축시 '83)

처음 줄자를 이용할 때에는 소가 덤벼들것 같아 조금 무서우나 수차례 반복하여 실시하면 손쉽게 할 수 있다.

3. 사료의 급여량과 급여비율을 어떻게 결 정하는가

(1) 비육기간을 어떻게 나누는가

현재 많은 비육농가는 비육기간을 대체로 3기로 나누어서 사료의 급여량이나 배합비율을 바꾸거나 혹은 농후사료와 조사료의 급여비율을 변경하고 있다.

이 방법은 산육생리의 면에서 보아도 올바르며, 또 사료의 내용을 이렇게 해서 조금씩 변화시킴으로써 항상 식욕을 유지시킬 수가 있다.

보통 쓰여지고 있는 분류법에서는 제1기〈前期〉, 제2기〈中期〉, 제3기〈後期〉로 되는데 특히 젖뗀 송아지를 비육할 경우에는 제1기 앞에 육성기를 거친 다음 비육에 들어가는 것이 바람직하다.

제1기는 배를 만드는 시기라고 한다. 비육사료에 익숙하게 함과 동시에 근육조직의 증가, 혹은 보수를 해서 장래 지방이 충분히 들어갈 만한 소지를 만드는 시기이다.

그 때문에 단백질이 풍부한 사료를 줄 필요가 있는데 이 시기에는 아직 식욕이 왕성하므로 조사료를 많이 주어 사료비의 부담을 줄인다.

제2기는 계속해서 증육을 시키는 시기로 지방의 부착이 많아지는 시기이기도 하다.

증체는 잘 되지만 식욕은 점차 떨어지기 시작한다. 그리고 비교적 값이 비싼 콩깻묵과 같은 단백질이 풍부한 사료를 줄이고 전분질이 많은 사료를 조금씩 늘려준다.

물론 농후사료 전체의 양도 많아지므로 조사료는 줄인다.

제3기는 비육의 완성기이며 육질개선에 들어가는 시기이므로 증체는 거의 지방의 증가에 의하는 것이며, 더구나 이 지방의 질은 주어진 사료의 종류에 따라서 영향되는 것이 크므로 콩깻묵과 같은 단백질 사료를 줄이고 그 대신 곡류나 밀기울을 늘인다 그러나 사료의 배합이 너무 간단하면 식욕이 떨어지므로 콩깻묵, 쌀겨도 조금은 배합해 둔다.

조사료는 더욱 급여량을 적게 하고 가능하면 질이 좋은 건초를 먹이는 것이 좋다.

각 비육기별 일수는 어느 비육에서든 그 소의 전 비육기간을 대체로 3

등분하는 것이 좋다. 큰소 비육의 경우 150일 비육에서는 제1기 50일, 제
2기 70일, 제3기 30일의 식으로 하는 방법도 있다.

(2) 하루의 사료 급여량

비육할 때 하루에 몇 kg의 사료가 소요되는가 하는 것은 비육우의 체중,
종류에 따라 일률적은 아니지만 비육설계상 중요한 일이다.

육성비육우의 사료급여 예(체중비)

비 육 기	배합사료 급여량	조사료 급여량
전 기	1.6%	1.4%
중 기	1.8	1.2
후 기	2.0	1.0

육성비육시에 생산비의 대부분을 사료비가 차지하게 된다.

(3) 농후 사료와 조사료의 비율은 어느 정도로 하면 좋은가

하루에 급여하는 양은 대체로 알았는데 이것은 농후사료와 조사료를
함께한 것이다.

그렇다면 비육에 적당한 농후사료와 조사료의 비율을 어느 정도가 좋
은가가 문제가 된다.

그것은 농후사료의 급여량이 너무 많아지면 경제적으로 타산이 맞지 않
을 뿐만 아니라 사료의 소화율도 나빠지며, 그렇다고 해서 농후사료를 제
한한다면 살이 잘 찌지 않게 되기 때문이다.

그러므로 농후사료와 조사료의 적정비율은 7:3이지만 조사료의 질이 좋
으면 6:4로 일당증체(日當增體)에 큰 차이는 없는 것으로 나타났다.

소의 하루 조사료 섭취가능량   (체중비)

종 류	섭취가능량	종 류	섭취가능량
청 초	10~12%	담 근 먹 이	5~6%
청 예 작 물	8~10	건 초	2~3
근 채 류	6~8	볏 짚	1.5

4. 사료배합

전술한 것으로써 비육우에 주는 사료의 급여량이나 농후사료와 조사료와의 비율도 짐작이 간 셈인데 그것만으로는 아직 불충분하다.

농후사료 조사료에는 각각 여러 가지가 있으며, 양분도 각각 다르다.

사양표준에는 그 내용으로서 가소화 단백질, 양분총량 또한 칼슘, 인, 카로틴 등 비육우에 필요한 양분을 표시하고 있다.

(1) 가소화 양분총량(可消化養分總量)

사료 속에 포함되어 있는 영양분은 전부가 소의 체내에 소화흡수 되는 것은 아니다.

따라서 사료의 영양가를 정확히 알기 위해서는 소화될 수 있는 양분이 어느 정도 있는가가 중요하다.

양분총량이라는 것은 가소화, 즉 소화될 수 있는 단백질, 지방, 탄수화물을 합계한 것이다.

이 경우 지방만은 2.25배로 하는데 그것은 다른 양분에 비하여 지방이 약 2.25배의 열량을 갖고 있기 때문이다.

따라서 양분 총량이라는 것은 소의 몸에서 이용되는 영양분의 합계라는 뜻이며, 사료를 급여할 경우, 중요한 의미를 지니고 있으며 표준으로 표시하고 있는 것이다.

(2) 가소화 단백질(可消化蛋白質)

단백질은 탄수화물이나 지방과 마찬가지로 에너지원이 되거나 체지방을 만드는 작용도 하는데 주로 근육, 내장, 혈액, 유즙, 태아 등을 만드는 특수한 작용을 한다.

이 작용은 탄수화물이나 지방에서는 불가능하므로 가축을 기를 경우, 세 가지 성분 중에서 단백질이 가장 문제가 된다. 사양표준에 단백질의 필요량이 반드시 표시되어 있는 것은 이 때문이다.

(3) 비타민 A

비타민 A는 발육에 직접 관여하지는 않으나 간접적으로 발육을 촉진하거나 안염(眼炎) 기타 여러 가지 염증에 대한 저항성을 주는 작용을 한다.

각종 비타민 중에서 소에게는 가장 중요하며 결핍증이 나기 쉬운 것이 비타민 A이다.

사료 속에 포함되어 있는 카로틴이 소의 체내에서 비타민 A로 바뀌어지므로 사양표준에는 비타민 A의 필요량을 카로틴 양으로 표시하고 있다.

다음 표에서 알 수 있듯이 농후사료에는 황색 옥수수 이외에는 거의 함유되어 있지 않다.

뿌리 채소에는 당근과 황색 고구마 이외에는 거의 함유되어 있지 않다. 카로틴이 많은 것은 다음 표에 표시되고 있는 바와 같이 청초 양질의 건초나 사일레지 등이다.

또한 호박에도 카로틴이 많이 들어있다.

비육우에 대하여 여름철에는 청초를, 겨울철에는 건초 혹은 사일레지를 주는 것은 비타민 공급원의 뜻에서도 중요하다.

사료 100 g 중의 카로틴 함유량   (단위 : mg)

사 료 명	함 량	사 료 명	함 량
오차아드(생)	5.97	콩 건초	3.00
티모시(생)	5.40	티모디(건)	1.17
수단그라스(생)	4.70	고구마	4.49
황라디노클로우버(생)	5.55	보 리	0.04
레드클로우버(생)	4.60	밀	0.01
켄터기블루그라스(생)	7.93	옥수수(황)	0.48
알팔파(생)	6.20	귀 리	0.10
자운영(생)	3.70	콩	0.01
풋베기 옥수수	4.60	면실박	0.02
풋베기 귀리	5.95	아마씨깻묵	0.03
풋베기 보리	4.60	밀기울	0.02
풋베기 콩	8.40	간유	30.00
무우잎	3.00	옥수수 사일레지	1.40
콩 사일레지	3.22	레드클로우버(건)	1.89
알팔파(건)	2.51	칡 건초	3.92

(4) 인과 칼슘

무기물 중에서 인과 칼슘이 중요한 것은 세삼 말할 필요도 없으며 다음 표에서 알 수 있듯이 칼슘은 농후사료 속에는 매우 적고 풀류 특히 콩과 풀에 풍부하게 함유되어 있다.

우리나라의 비육은 농후사료를 많이 급여하고 조사료는 그다지 사용하지 않는 것 이외에도 질도 나쁜 것이 대부분이므로 칼슘은 부족하게 된다.

칼슘이 부족되면 발육이 좋지 않으며, 비육에 나쁜 영향을 주므로 칼슘을 보급하는 뜻에서 탄산석회를 첨가해야 하는 것이므로 칼슘의 보급효과는 연령이 어릴수록 잘 나타난다.

인은 농후사료에 아주 많이 함유되어 있으며, 조사료에는 그다지 함유되지 않고 있다. 인은 육질에 관계가 있으며 인이 결핍되면 고기의 맛이 떨어진다.

또 고기의 보존성도 나빠지고 고기가 줄어드는 비율도 많다고 한다.

풀만으로 사육한 쇠고기의 맛이 좋지 않은 것은 인(P)의 결핍 때문이라고 한다. 쌀겨로 사육된 고기는 맛이 좋아지고, 콩깻묵을 주면 고기의 향기가 좋아진다고 사람들은 말하고 있는데 이것도 인 때문으로 생각되고 있다.

사료중의 칼슘과 인의 함유비율 (단위 : %)

사 료 명	칼슘	인	사 료 명	칼슘	인
볏 짚	0.33	0.12	자 운 영(건)	0.76	0.09
사료용 무우청	0.06	0.02	오 차 아 드 (건)	0.32	0.67
레 에 프	0.20	0.03	보 리	0.08	0.41
풋베기 옥수수	0.04	0.06	나 맥	0.05	0.21
풋 베 기 귀 리	0.06	0.07	옥 수 수	0.03	0.29
풋 베 기 콩	0.18	0.14	밀	0.05	0.33
레드 클로우버	0.25	0.10	쌀 겨	0.04	1.72
옥수수사일레지	0.07	0.06	보 릿 겨	0.14	0.62
청 초 (상)	0.18	0.08	밀 기 울	0.07	0.81
고 구 마(생)	0.03	0.02	콩	0.25	0.62
감 자 (생)	0.01	0.06	콩 깻 묵	0.28	0.64
야 건 초	0.32	0.40			

농후사료를 많이 주는 우리나라의 비육에서는 인이 사양표준에 표시되어 있는 양을 훨씬 초과하므로 문제되지 않는다.

그러나 칼슘의 양은 보통의 경우 표준에 표시된 20 g 에는 미치지 못하고 있다.

따라서 칼슘분이 많은 콩과 목초를 급여하거나 따로 칼슘제를 첨가해서 공급하지 않으면 안 된다.

표준에 의하면 칼슘과 인과의 비율은 4:3에서 1:1로 되어 있으며, 이와 같은 비율로 해나가기 위해서는 특별히 칼슘을 주지 않으면 안 된다.

대체적으로 농후사료의 약 1%에 해당하는 탄산석회를 첨가해서 주도록 하는 것이 바람직하다.

그리고 사양표준에는 나타나있지 않지만 소금은 반드시 주어야 한다. 사료중에는 소가 요구하는 만큼의 나트륨과 크롤을 함유하고 있지 않기 때문이다. 청초를 많이 먹고 있을 때는 특히 필요하다.

1일 20~30 g 을 준다면 소의 요구량을 충족시킬 수 있을 것이다.

소금을 가하면 농후사료의 맛도 좋아지므로 농후사료에 1% 정도 섞어주면 좋다.

(5) 사양표준에 의거한 사료급여 설계의 수립법

사료는 될 수 있는 대로 많은 종류를 배합하면 할수록 서로 영양분의 과부족이 보완되어서 균형이 잡힌 사료가 만들어진다.

특히 영양분 함량상으로 상반되고 있는 몇 가지 사료를 혼합함으로써 그 효과가 올라간다. 그러므로 사료를 배합할 때에는 여러 가지 단미사료를 혼합하여 영양분이 골고루 배합되도록 한다.

지금까지 기술한 지식에서 갖고 있는 사료를 사용하여 각 비육형태별 사료의 배합예를 작성해 보면 다음 표와 같다.

이와 같이 배합한 사료를 앞에서 이미 표시한 급여기준에 의해 급여하면 되는 것이다.

큰소 비육시 배합예   (단위 : %)

곡 류	박 류	강 류	소 금	패 분	첨가제
67	5	25	1	1.3	0.7

5. 사료의 조리와 조제

(1) 농후사료는 타는 것과 분쇄하는 것 중 어느 쪽이 좋은가

밀기울이나 쌀겨 혹은 콩깻묵 같은 것은 그대로 주어도 문제가 없으나 보리, 옥수수 등 딱딱한 곡류의 경우는 소화율이 떨어지게 된다.

그러므로 가루로 만들거나 맷돌에 타서 주고 있다. 전립(全粒) 탄 것, 빻은 것 중 어느 쪽이 비육에 효과가 있는가에 대하여 옥수수를 사용해서 시험해 본 결과에 의하면 육우의 증체량과 사료의 이용성이란 점에서는 성글게 분쇄한 것이 가장 좋다는 결과가 나왔다고 한다.

그러나 미분(微粉)하게 되면 내용물이 날아가거나 해서 취급하는 도중 허비하는 부분이 많아지고 소화율이 떨어진다. 그러므로 알맞은 크기로 분쇄하는 것이 적합하므로 배합사료 제조시 이 방법을 많이 이용하고 있다.

(2) 사료를 삶는 것과 그대로 줄 때 어느 쪽이 좋은가

맥류는 분쇄 또는 맷돌에 타서 밀기울, 겨류, 깻묵류와 함께 잘게 썬 조사료에 섞어서 주는 방법이 일반적으로 행하여지고 있다.

이 경우 소량의 물이나 더운물을 부어 휘저어서 주게 되는데 지방에 따라서는 삶아서 주고 있다.

전분질 사료는 삶으면 감미가 있어서 소가 잘 먹는 것이 대부분이다.

그러나 콩깻묵이나 아마씨깻묵과 같은 단백질 사료를 삶으면 오히려 소화가 잘 되지 않는다고 한다.

또한 조사료는 삶는다고 해서 소화가 좋아지는 것은 아니며 오히려 전혀 효과가 없다고 할 수도 있다. 다만 볏짚과 같은 영양분이 적은 조사료는 농후사료와 함께 삶으면 맛이 좋아져서 소가 잘 먹게 된다.

이와 같이 삶은 사료는 연료비의 소비는 물론 그 효과는 크지 않으므로 다두 사육의 경우는 그대로 먹이는 것이 좋다.

삶은 사료를 주는 경우에는 비육후반에 식욕을 돋구어 주는 의미에서 맥류만은 삶아서 줄 수도 있다.

(3) 반죽 사료가 좋은가, 물에 탄 사료가 좋은가

조사료에 농후사료를 섞어 줄 경우 더운물이나 찬물을 다량으로 부어 물을 섞어 사료를 그대로 주는 것은 좋지 않다고 하는데 비육우의 경우에도 예외는 아니다.

조사료에 농후사료가 묻을 정도로 소량의 더운물이나 찬물을 가하여 반죽사료로 해서 주는 것이 좋다. 다두 사육의 경우에는 농후사료와 조사료를 섞지 않고 따로따로 주고 물은 자유로이 먹도록 하는 것이 성력관리상 좋은 방법이다.

(4) 조사료는 잘게 썰어서 주어야 하나

지금까지 볏짚이나 건초 등의 조사료는 2~3cm 정도로 잘게 썰어서 비육우에 주는 것이 좋다고 밝혀졌다. 그러나 외국에서의 실험에서 목초를 여러 가지 길이로 절단해서 육우나 젖소에 급여한 예가 있다.

그 결과 썰지않고 그대로 급여할 경우 소화율이 높은 것으로 나타났다. 그러므로 사료를 잘게 썰 필요가 없다는 결론을 얻었다.

그러나 썰어서 주면 소가 일정시간 안에 많이 먹으므로 썰지 않은 것을 주는 것보다 체중이 더 늘어난다는 예도 있다.

조사료를 잘게 썰어 농후사료와 섞어 주면 조사료의 섭취를 좋게 하는데 효과적이며 이때 6cm가 넘도록 자르는 것이 좋다.

특히 질이 좋지 않은 조사료 즉, 볏짚, 들풀, 건초 같은 경우에는 낭비가 없도록 섭취시킬 수가 있다.

(5) 뿌리 채소류는 잘라서 준다

무우, 무우청, 고구마, 감자 등의 뿌리 채소류는 얇게 썰어 주는 것이 좋으며 통채로 주면 식도에 걸려 식도경색을 나타내는 경우도 있다.

또한 병들어 썩은 감자나 싹이 튼 감자에는 해로운 독소가 있으므로 소에게 먹이지 않는 것이 좋다.

6. 물을 주는 법

소가 하루에 마시는 물의 양은 한마디로 말할 수는 없지만 여름에는 겨울보다, 큰소는 작은소보다, 건초나 볏짚 등의 마른 조사료를 주었을 경우에는 청초나 뿌리 채소와 같은 수분이 많은 것을 주었을 경우보다 물을 많이 먹는다.

농후 사료를 많이 주었을 때 음수량이 많아지며 비육 초기에 비해 말기에는 물을 먹지 않게 된다.

보통의 경우 큰소의 음수량은 대체로 20~40 l 정도다.

비육우에는 여름에는 시원한 물을 주고 겨울에는 따뜻하게 데워 먹인다.

제9장 사료작물 재배 및 이용

소는 초식가축이기 때문에 반드시 풀이 필요하며 풀은 소의 기본사료가
되는 것이다.

그러므로 소를 사육함에 있어 풀은 꼭 필요한 요소이다.

또한 소에게 질이 좋은 사료작물을 생산 이용하면 소가 건강하게 자라
고 번식우는 번식력이 향상되어 매년 한 마리씩의 송아지를 낳게 된다. 그
러나 더욱 중요한 것은 질이 좋은 조사료를 최대한 이용함으로써 값비싼
배합사료를 줄일 수 있어 경영의 합리화를 기할 수 있다는 것이다. 특히
우리나라는 매년 막대한 외화를 들여 사료곡물을 도입하고 있는 실정이므
로 사료작물 확대생산 이용이 양축농가에서 시급히 해결해야 할 당면과제
이다.

년도별 배합사료 생산실적   (단위 : 천M/T)

	양 계	양 돈	낙 농	육 우	기 타	계
1971	613	20	33	7	29	702
1972	646	48	53	6	22	776
1973	685	122	83	5	15	910
1974	554	189	122	45	16	927
1975	569	136	151	33	13	901
1976	868	207	173	44	90	1,382
1977	1,155	350	266	96	32	1,896
1978	1,639	498	321	233	3	2,693
1979	2,044	1,130	439	266	2	3,880
1980	1,872	769	514	306	1	3,462
1981	1,842	761	471	415	2	3,490
1982	1,980	1,151	592	673	4	4,420
1983	2,246	2,013	710	871	12	5,852
1984	2,065	1,987	853	1,072	8	5,985
1985	2,310	1,924	994	1,209	21	6,457
1986	2,639	2,178	1,209	1,624	25	7,675
1987	2,933	2,953	2,404	2,673	54	9,018

(자료 : 농림수산부 '87)

소를 사육하여 많은 소득을 올릴 수 있다면 도시에 있는 사람까지도 배합사료 위주로 소를 사육하게 되므로 다두사육에 따라 수지가 맞지 않는다.

또한 소 사육두수가 늘어 가격이 불안정하게 되므로 소사육을 포기하게 된다. 그 결과는 그사람만 손해 보는 것이 아니고 소 사육에 정성을 다하는 양축농가가 피해를 보게 된다. 그러므로 앞으로 소를 사육하려면 먼저 사료작물 재배에 역점을 두고 시작하는 것이 현명한 방법이라 생각한다.

1. 담근먹이(사일레지)용 옥수수 재배

(1) 품종 및 특성

담근먹이로 재배하는 옥수수는 알곡생산 때 보다 밀식하는 것이 보통이므로 밀식 시켜도 쓰러지지 않는 특성을 가져야 하며 병충해에도 강하고 생육후기까지 식물체가 녹색을 유지해야 함은 물론 수량도 많아야 한다.

그간 우리나라에서 보급되고 있는 품종으로는 수원19호, 광옥, 진주옥, 횡성옥 등이 있으며 이들 품종은 모두 국내에서 육종한 품종으로 담근먹이용으로 재배하기에 매우 적합한 품종들이다.

특히 재래종 옥수수에 비하여 생육이 균일하고 잘 쓰러지지 않을 뿐 아니라 청애수량도 재래종 5,000kg / 10 a 정도에 비하여 보급종은 8,000kg / 10 a 내외로 월등히 높다. 그리고 외국에서 도입되는 파이오너 3160 MTC-12, MC 7676 등도 보급되고 있다.

그러나 이들 보급종들은 교잡종이므로 매년 종자를 구입해서 개배하여야 한다. 만약 자가채종 해서 다음해 심게 되면 수량감소가 매우 심하게 나타나고 생육이 고르지 못하다.

(2) 파종시기

옥수수는 일반적으로 지온이 섭씨 10도 이상이면 파종이 가능하다. 발아기간과 출아 후의 식물체 생장점이 지하부에 있어 서리피해가 별로 문제되지 않으므로 서리의 피해가 없는 한 되도록 빨리 심는 것이 수량이 많다.

지대별로는 중북부의 산간지(해발 400 m 이상)는 4월하순~5월상순, 중산

간지(해발250~400m)는 4월중순~5월상순, 중간 및 평야지(해발250m이하)
는 4월상순~5월상순, 그리고 충남 이남 남부지방의 중산간지는 4월중순~
5월상순, 중간 및 평야지는 4월상순~5월상순이 파종적기가 된다.

지역별 파종적기

지 대 구 분		파종적기
중 북 부	산 간 지 (표고 400m 이상)	4월하순~5월상순
	중 산 간 지 (표고 250m~400m)	4월중순~5월상순
	중간 및 평야지 (표고 250m 이하)	4월상순~5월상순
충남이남 남 부	중 산 간 지 (표고 250m 이상)	4월중순~5월상순
	중간 및 평야지 (표고 250m 이하)	4월상순~5월상순

(3) 파종량

보급종 옥수수 종자는 종자공급소에서 발아율 등을 검사한 종자일 뿐
아니라 재래종에 비하여 가격이 비싸기 때문에 1주당 1알씩 심는 것이 생
육, 수량 등을 감안해볼 때 가장 이상적이다. 이와 같이 1주 1알씩 심는데
필요한 종자량은 10 a 당 2.5~3kg이 된다. 그러나 발아율이 낮거나 파종시
기가 늦을 경우에는 약간 적량보다 많이 파종한다.

(4) 재식밀도

담근먹이용 옥수수는 토양의 비옥도 등에 따라 재식거리가 다르나 인력
파종의 경우에는 이랑나비 60cm, 포기사이 20~25cm가 적당하며 트렉타 등
기계를 이용할 때에는 이랑나비 70cm, 포기사이 15~ 20cm가 알맞다.
파종깊이는 3~5cm가 적당하다. 일찍 파종하는 경우 다소 얕게 심는 것
이 낮동안 태양열에 의하여 지온이 높아 발아에 유리하며, 건조한 토양에
서는 깊게 심는 것이 토양수분의 이용에 용이하다.

(5) 시비량 및 방법

시비량은 토양의 비옥도에 따라 생육기간 품종 및 알곡이나 담근먹이
등에 따라 다르지만 현재의 보급품종의 경우 다음과 같이 시용하는 것이

적당하다.

시 비 량   (단위 : kg / 10 a)

구 분	성 분 량	비 료 명	실 량
질 소	20	요 소	43
인 산	15	용인 또는 용과린	75
칼 리	15	염화 가 리	25

시비방법은 인산과 칼리질비료는 전량기비로 주고 질소는 반량을 기비 그리고 나머지 반량은 옥수수 잎이 7~8매 때 즉 옥수수가 무릎정도까지 자랐을 때 웃거름으로 준다. 그러나 사질토 등에서는 질소비료의 40％를 기비, 60％를 추비로 주되 추비는 2회로 나누어 주는 것이 비료의 손실을 막을 수 있다.

(6) 제 초

일부 농가에서는 옥수수 밭의 잡초도 사료로 이용할 수 있다는 생각을 가지고 있으나 잡초의 수량보다 옥수수 수량이 떨어지는 것이 더 크며 사

제초제 사용법

제 초 제 명	10 a 당 사용량	사 용 법
씨마네수화제(씨마진)	200 g	물120~150 l 에 타서 발아 전 처리
알라유제 (라쏘)	300~350cc	물120~150 l 에 타서 파종 후 3일 이내 처리
알라입제 (라쏘)	4~5kg	모래와 섞어 파종 후 3일이내 고루 뿌림
부타유제(마세트 매끄란)	250~300cc	물120~150 l 에 타서 파종 후 3일 이내에 처리
씨마네+알라	씨마네100~150 g 알라 150~200cc	

※ 가물 때에는 물 200 l 에 타서 사용

료가치도 낮으므로 철저히 제초를 해주어야 한다. 제초는 옥수수가 어릴 때 해줄수록 좋으며 생육중기 이후에는 옥수수가 무성하여 잡초의 세력이 낮아지기 때문이다.

옥수수 재배의 성력화 등을 위하여 제초제를 사용하는 것이 좋으며 제초제로는 알라유제, 씨마네수화제 등을 사용할 수 있고 이들 제초제는 파종 후 3일 이내에 사용하는 것이 효과가 높다.

그러나 모래땅에는 제초제가 토양에 흡착되는 양이 적고 약층이 깊게까지 스며들므로 적량을 꼭 살포하도록 하고 모래가 아주 많은 땅에서는 사용하지 않는 것이 안전하다.

(7) 병충해 방제

옥수수를 재배하는 농가중에서 병충해방제를 실시하는 농가는 많지 않은 것으로 생각이 되나 옥수수에도 많은 병충해가 발생하고 있다.

병으로는 호마엽고병, 매문병, 위축바이러스, 흑조위축병 등이 있으며 충으로는 조명나방, 멸강나방, 거세미나방 등을 들 수 있다. 그러나 병해는 한번 발생하면 방제가 힘드므로 사전에 종자 선택 등 예방이 중요하며 충해로 문제가 되는 것은 멸강나방이다. 멸강나방은 생육초기에 다른 화본과 잡초, 목초로부터 어린벌레가 옮겨와서 잎을 갉아 먹어 큰 피해를 주고 있으며 멸강나방은 5월하순과 6월중순 경에 2회 발생하므로 수시로 발생상황을 조사하여 발생하게 될 때는 즉시 살충제를 뿌려 피해가 없도록 한다.

거세미나방은 파종 후 발아하기 시작할 때부터 피해를 주므로 사전 방제를 위하여 파종시 토양살충제를 뿌려 주도록 한다.

(8) 수 확

옥수수는 수확기에 따라 생산량과 담근먹이의 질에 큰 차이가 있다. 종래에는 생체수량이 많은 유숙기에 수확하는 일이 많았는데 생체중은 수분함량이 많은 유숙기나 호숙기에 많지만 성숙이 진전될수록 수분함량이 줄어 생체중은 떨어지나 총건물 중은 황숙기까지 증가한다. 총건물 중에 대한 알곡비율은 성숙함에 따라 증가하여 황숙기에는 47~48 %, 완숙기에는 약 50 %가 되며 황숙기는 육안으로 보았을 때 옥수수 이삭껍질이 황변하여 마르기 시작하고 대부분의 옥수수알이 마치형으로 오목하게 들어갔을 때가 황숙기에 해당된다.

그러나 너무 일찍 수확하면 건물수량이나 총가소화양분수량이 떨어지며 수분함량이 높으므로 중력에 의하여 수분과 함께 양분이 흘러나와 손실이 크며 가용성무질소물의 함량이 낮아 바람직하지 않고 낙산발효를 하여 담근먹이의 질이 떨어진다는 보고도 있다.

담근먹이용 옥수수 수확기별 건물수량　　　　　(단위 : kg / 10 a)

	유숙기	호숙기	황숙기	완숙기
황 옥 3 호	1,425.3	1,461.9	1,821.9	1,854.4
수 원 19 호	1,534.4	1,874.9	2,137.0	2,019.9
광옥(수원29호)	1,589.9	1,820.0	2,306.4	2.145.3
평 균	1,516.5	1,718.9	2,088.4	2.006.5
지 수 (%)	100	113	138	132

（자료 : 축시 '79)

2. 수수계통 재배

(1) 품종 및 특성

품종에는 여러 가지가 있으나 이용 목적에 따라 재배하는 것이 좋으며 담근먹이용으로는 silo－Milo, T－E－silomaker, pioneer 931, 청애용으로는 pioneer 988 TE－Haygrazer , piper, sudan이 적당하다.

근래에는 수수와 수단그라스의 교잡종인 잡종수수가 보급되고 있으며 이것은 청애용으로 주로 재배되고 있다. 이들 품종은 재생력이 왕성하고 도복에 강하며 당분함량이 많아 가축이 즐겨먹는다. 또한 내병 내충성이 강하고 가뭄에도 잘 견디는 장점이 있다.

그러나 초기생육이 느리고 청산함량이 많으며 줄기가 굳어서 기호성이 떨어지는 단점도 있다.

도입되는 수수 및 수수×수단그라스 교잡종은 모두 잡종1세대이므로 이를 자가채종하는 경우 다음대의 수량이 감소하므로 매년 구입하여 재배해야 다수확을 할 수 있다.

(2) 파종시기

수수계통의 파종은 다른 작물보다 폭이 넓으며 옥수수보다 10일정도 늦게 파종해야 하고 생육 적온도 옥수수보다 높아 섭씨 25~31도이다. 그러나 5월 하순 이전에 파종을 하는 것이 바람직하다.

(3) 파종량 및 파종방법

파종량은 10 a 당 3kg 내외이며 조파(條播) 할 때에는 종자를 약간 늘려 파종하는 것이 좋으며 너무 밀식시키면 솎아 주는데 많은 시간이 소요된다. 청애로 베어 먹일 때에는 휴폭40~50㎝ 좁게하여 줄뿌림한다. 그리고 복토는 2~3㎝ 정도로 얇게 하고 토양이 과습하지 않는 한 진압해 주는 것이 좋다.

(4) 시비량 및 방법

비료를 많이 주어야 하며 토양이 산성일 경우에는 석회를 시용하여 산도를 교정하여야 한다.

시 비   량

구 분	질 소	인 산	칼 리
kg / 10 a	20~30	15~20	15~20

시비방법은 인산 칼리 및 농용석회의 경우 전량 기비로 주고 질소비료는 기비로 30％, 1회추비 20％는 잎이 6매정도 나왔을 때, 2회 추비는 1회 수확 후 30％, 2회 수확 후 20％로 나누어 시용한다.

(5) 제 초

옥수수보다 파종시기가 늦어 잡초의 발생이 더욱 심하므로 제초에 철저를 기해야 한다.
제초제로서는 씨마네수화제, 아트라진유제 등이 있으며 사용시 희석농도를 준수해야 하며 씨마네수화제는 파종 후 토양처리를 해야하나 아트라진은 파종 전후에 모두 사용할 수가 있다. 그러나 수수에 적당한 제초제를 사용해야지 잘못 선택하면 약해를 받게 된다.

(6) 수 확

청애용은 년간 3~4회정도 애취가 가능하며 초장1m이상 자랐을 때 베어 주는 것이 좋고 벨 때에는 10㎝정도 남기고 베는 것이 재생력이 왕성하여 차기 수량이 높다. 그러나 주의해야 할 점은 1m이하 될 때와 가뭄이 계속되거나 가을 늦게 서리 맞은 것은 청산함량이 많아 위험하게 되므로 청초 상태에서 그대로 먹이면 안 된다.

담근먹이용으로 재배하였을 경우에는 출수기에서부터 유숙기 사이에 수확하여 담근먹이를 만든다.

옥수수와 수수 담근먹이의 품질비교   (단위 : %)

구 분	옥 수 수	수 수
총 소 화 율	64.6	59.9
세 포 막 물 질 (C W C)	58.1	59.1
A D F	28.8	34.9
조 섬 유	22.5	27.5
산 세 척 리 그 닌	3.0	4.3
헤 미 셀 루 로 스	29.3	24.2
조 단 백 질	9.0	7.9
조 지 방	3.7	3.4
조 회 분	5.2	5.7
N F E	59.6	55.8

(Marten 등, 1975)

3. 답리작 사료작물 재배

(1) 재배현황

우리나라에서는 여름철에는 산야초, 겨울철에는 볏짚 위주로 가축을 사육하고 있으나 점차 풀사료의 중요성을 인식하고 값비싼 배합사료를 절약,

경영의 합리화를 기하기 위하여 논을 이용한 답리작 사료작물 재배면적이 해마다 늘고 있는 실정이며 이는 매우 바람직한 현상이라고 볼 수 있다.

년도별 재배 현황
(단위 : 천ha)

77	78	79	80	81	82	83	84	85	86	87
12.1	13.3	30.8	37.7	361.2	43.4	58.0	77.2	86.4	100.3	109.5

(2) 품종 및 특성

답리작 사료작물 재배에 적합한 것으로는 호맥, 이탈리안 라이그라스, 보리, 밀 등이 있으나 이중 호맥은 뿌리가 깊게 뻗고 척박한 땅에서도 잘 자라며 추위에 매우 강하기 때문에 중북부 지방에서 재배하기에 알맞으며 이탈리안 라이그라스는 겨울철에 비교적 따뜻한 남부지방에서 재배하는 것이 적당하다. 또한 이탈리안라이그라스는 품질이 우수하고 수량도 많으며 청초, 말린꼴(건초) 및 담근먹이를 만들어 이용할 수 있다.

호맥의 품종으로는 호맥1호, 호맥2호, 충남재래, 광산재래, 코디악(Kodiak), 닥홀드(Dakold) 등이 재배되고 있으며 이탈리안 라이그라스는 달리타(Dalita)와 테트론(Tetrone)이 도입하여 보급되고 있다. 이탈리안 라이그라스는 추위에 약하기 때문에 중북부지방에서는 월동할 수 없으므로 충남 이남 지방에서만 재배가 가능하다.

(3) 파종시기

호맥은 가을에 파종하므로써 생육초기에 겨울을 맞이하므로 어느 정도 자라게 한 다음 월동을 할 수 있도록 해주어야 한다.

그리고 되도록 일찍 파종하므로써 수량을 높일 수 있으나 답리작 재배라는 제한때문에 일찍 파종하기가 곤란하다. 왜냐하면 벼를 수확해야만 파종할 수 있으므로 벼를 수확한 다음 호맥을 파종하고 그 후에 벼의 건조 및 탈곡을 하는 것이 좋다.

지역별로는 중북부지방이 10월상순부터 10월중순까지, 남부지방은 10월상순부터 10월하순까지가 파종하기에 가장 적당한 시기가 된다.

이탈리안 라이그라스도 가능한 일찍 파종하는 것이 수량이 많으므로 벼

수확 즉시 파종하는 것이 좋으며 10월상순부터 10월하순 사이가 적기이다.

남부지방에서 이탈리안 라이그라스는 입모중(立毛中) 파종이 가능하기 때문에 남부지역 농가에서는 파종이 간편한 이 방법을 많이 이용하고 있으며 입모중 파종시기는 벼베기 10일 전에 뿌려야 토양 수분 등으로 보아 가장 적합한 때가 된다. 또한 입모중으로 일찍 파종한 포장은 월동 전에 1회 수확이 가능하므로 청초가 없는 시기에 이용할 수 있어 가축의 건강유지는 물론 사료비를 절약할 수도 있다.

파종기에 따른 수량

호 맥 파 종 기	9월 30일	10월 10일	10월 20일	10월 30일
	kg / 10 a			
생 초	4,324	4,377	3,884	3,586
건 물	977	825	768	701
지 수 (%)	100	84	78	72

(자료 : 축시 '85)

(4) 파종량

밭상태가 아니고 논에 파종하기 때문에 토양상태가 좋지 못하므로 종자를 많이 뿌려 주는 것이 좋으며 호맥은 10 a 당 16~20kg, 이탈리안 라이그라스는 3~4kg이 적당하다.

그러나 늦게 파종할 때나 종자의 발아상태가 불량할 때라든가 파종하고자 하는 논의 포장상태가 불량할 때에는 파종량을 늘려야 한다.

(5) 파종방법

답리작 사료작물 파종시기가 되면 벼수확과 파종작업이 중복되기 때문에 노동력 부족현상이 심하게 된다.

파종시기는 기간이 짧은 관계로 단시간내에 파종해야 하는 어려움이 있다. 그러므로 휴립로타리 파종기 등을 이용하는 것이 시간단축은 물론 정밀작업이 되어 발아율 등이 향상된다.

경운기 로타리를 이용할 경우에는 파종상을 90~120cm 정도로 하고 넓이와 깊이가 30㎝ 정도 되는 배수구를 설치한다.

이탈리안 라이그라스를 입모중에 파종할 때에는 벼가 서 있는 상태에 종자를 뿌리는 방법이다.

여기에서 주의할 점은 어떠한 방법으로 파종하든간에 배수구를 설치하여 습해를 미리 막아야 한다는 점이다.

(6) 시비량 및 방법

청애용은 생육기간이 매우 짧은 반면 수량을 많이 얻기 위해서는 충분한 양의 비료를 주어야 한다.

시   비   량   (kg / 10 a)

작 목	질 소	인 산	칼 리
호 맥	20	12	12
이 탈 리 안	25~30	15	15

시비방법은 인산과 칼리질비료는 전량기비로 주고 호맥의 경우 질소비료는 기비로 50%, 나머지 50%는 이른봄 해동 즉시 추비로 준다.

이탈리안 라이그라스는 질소비료의 30%를 기비로 주고 70%는 추비로 주는데 1차 추비는 월동 후 언땅이 풀리는 즉시 주고 2차 추비는 1회 수확한 다음 준다.

입모중으로 파종할 경우에는 파종시 함께 시용하든지 벼 수확 즉시 비료를 주어 초기생육을 촉진하도록 해야 한다.

(7) 월동 전후 관리

월동 전후에 가볍게 흙을 넣어 주면 파종당시 흙이 적었던 곳은 피복이 되므로 뿌리발육이 좋으며 흙넣기는 배수구 정비시 나오는 흙을 이용하는 것도 좋다.

또한 만파(晩播)포장이나 서릿발이 서는 포장은 밟아주기를 하므로써 뿌리가 들떠 말라 죽는 것을 막을 수 있고 가뭄이 계속될 때 토양수분 증발을 억제할 수도 있다. 그리고 혹한이 예상되는 지역에서는 퇴비 왕겨 등으로 덮어 주어 얼어 죽는 것을 막아야 한다.

(8) 수   확

청초를 이용하고자 할 때에는 초장이 30cm이상 자랐을 때부터 베어다 먹일 수 있으나 그대로 먹이는 것보다 예건후(予乾后) 먹이는 것이 채식량이 많고 설사를 방지할 수 있다.

건초 및 담근먹이를 만들 경우에는 출수기부터 개화기 사이이 하는 것이 수량도 많고 품질도 좋다. 호맥의 경우 출수 후부터는 줄기가 점차 굳어져서 품질이 떨어진다.

그러나 수확시기는 모내기 시기와 깊은 관계가 있기때문에 이용계획 및 벼품종 선택 등 사전 계획을 세워서 두 가지 모두 지장이 없도록 해야 한다.

4. 청애연맥(귀리)재배

(1) 품종 및 특성

현재 우리나라에서는 사료용으로 연맥을 재배하고 있으며 연맥은 습기가 많고 서늘한 기후를 좋아하지만 춥고 건조한 곳에서는 생육이 부진하다.

연맥은 대부분 외국에서 도입되고 있는 실정이며 전진, 풍엽, 태풍, 퀜(Queen), 포라게(Forage) 등이 도입된 바 있다.

(2) 파종시기

호맥보다 내한성이 약하기 때문에 늦가을 파종하여 월동이 어려우나 제주도 등 겨울철에 따뜻한 지방은 월동이 가능하다.

그러므로 월동할 수 없는 지역에서는 이른봄 언땅이 풀리는 즉시 파종해야 한다. 또한 옥수수를 재배한 다음 8월 중순 경에 옥수수 후작으로 재배하여 10월 중순에 수확한 다음 월동작물인 호맥이나 이탈리안 라이그라스를 파종하는 등 작부체계를 수립하여 계획 생산하는 것이 바람직하다.

(3) 파 종

연맥의 파종량은 파종방법에 따라 차이가 있으며 줄뿌림(조파)할 때에는 5~7kg / 10 a , 산파할 때는 8~10kg / 10 a 이 필요하다.

조파할 때에는 휴폭 18~20cm로 세조파함이 좋고 산파할 때에는 종자를 뿌린 다음 경운기로 얕게 로타리 작업을 한다.

(4) 시 비

비료를 빨아들이는 힘이 강하므로 비료를 많이 주는 것이 좋다. 또한 토양이 척박한 곳에는 반드시 퇴비를 2,000kg이상 시용하여 토양내 유기물이 많도록 한다.

시비량은 질소 20kg, 인산과 칼리질비료는 각각 10~15kg이 알맞으며 인산과 칼리질 비료는 전량 기비로 주고 질소비료의 반은 기비로 나머지 반은 웃거름으로 준다.

(5) 수 확

이용목적에 따라 다르나 청애로 이용할 때에는 30cm이상 자랐을 때 부터 베어 먹이고 건초 및 담근먹이 조제를 위해서는 출수기부터 개화기 사이에 수확하여 만든다. 그러나 여름철에 파종하여 가을철에 수확할시는 수확량을 높이기 위해 생육기간을 2개월 이상 되도록 해야 한다.

5. 초지조성

우리나라의 국토면적중 약 65%를 차지하고 있는 산을 개발하여 초지를 조성하면 값비싼 배합사료 위주의 사양에서 벗어나 풀사료위주 사양으로 경영비를 줄일 수 있을 뿐 아니라 외국과 같이 넓은 초지에서 가축을 사육하는 초지농업이 발달할 것이다. 그렇다고 산지를 전부 초지화 할 수는 없다. 그러나 아직은 많은 면적을 초지로 만들 수 있으므로 매년 확대 조성해 나가야 할 것이다.

년도별 초지조성 및 관리면적
(단의 : ha)

년 도	조 성 면 적	관리제외면적	년말관리면적
'78	5,536	5	41.574
'79	3,733	24	45.574
'80	3,125	58	48.350
'81	3,052	295	51.107
'82	7,053	6	58.154
'83	1,123	115	65.973
'84	10,068	202	75.905
'85	5,111	184	80.732
'86	3,871	36	84.567
'87	3,203	217	87.553

(자료 : 농림수산부 '87)

조성방법별 초지조성 실적
(단위 : ha)

년도	경운조성	불경운조성	임간조성	계
'81	2,812 (92)	240 (8)	—	3,052
'82	4,354 (62)	1,472 (21)	1,227 (17)	7,053
'83	2,929 (43)	2,813 (41)	1,069 (16)	6,811
'84	3,611 (36)	5,956 (59)	461 (5)	10,028
'85	1,623 (32)	3,255 (64)	233 (4)	5,111
'86	1,324 (34)	2,460 (64)	87 (2)	3,871

(자료 : 농림수산부 '86)

적지 선정기준

구 분	1 급	2 급	3 급	4 급
경 사 도	20°이하	21~30°	31~35°	36° 이상
유효토심	100cm이상	100~50cm	49~30cm	29cm이하
자갈함량 바위노출	5 %이상	6~20 %	21~30 %	31 %이상
토 성	사양토, 양토	식양토, 식토	사토, 중점토	입사질토

조성방법의 적용

조 성 방 법 별	경 사 도	장 애 물 상 태
경 운 조 성	15℃ 미만	장애물이 없고 흙살이 깊은 곳
불 경 운 조 성	0~35 ℃	경사지로 경운이 곤란한 곳
(겉뿌림, 제경법)		평탄지라도 장애물이 많고 흙살이 낮은 곳

(1) 조성방법

초지조성을 하려면 조성하고자 하는 대상지의 경사도, 토성, 장애물 등 여러 가지 여건을 고려하여 이에 알맞는 방법으로 조성해야 한다.

대상지가 평탄하고 트렉타 등 기계작업이 가능한 곳에서는 경운조성(耕耘造成)을 하는 것이 좋으며 경사가 비교적 심하여(35°이하) 경운을 할 수 없는 곳과 자갈(암석)등이 많은 곳에서는 불경운(不耕耘)으로 조성한다. 불경운법은 겉뿌림법과 제경법 그리고 임간(林間)조성 등으로 구분하고 있다.

(2) 작업순서

ㄱ. 경운조성

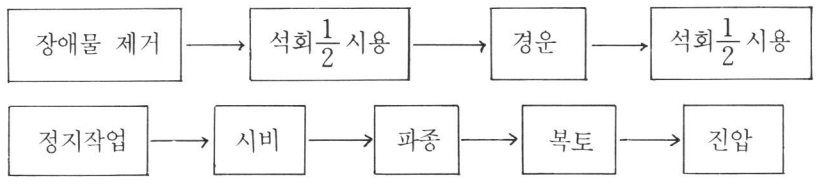

ㄴ. 불경운 조성
* 겉뿌림법

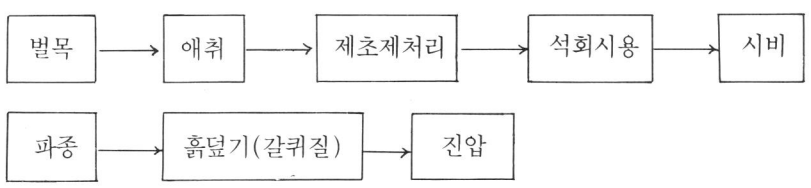

겉뿌림초지조성의 장단점

장 점	단 점
㉠ 기계사용을 못하는 곳에도 초지조성 가능 ㉡ 토양유실의 염려가 적음 ㉢ 작업이 간편하고 비용이 적게 듦 ㉣ 토양수분이 많을 때도 파종 가능 ㉤ 비교적 소의 발굽에 의한 피해가 적음	가물때는 종자 발아에 피해를 입기 쉬움 싹트는 기간이 늦고 조류의 피해를 받기 쉬움 2~3년 계속적인 보파등 관리가 필요

- 제경법(蹄耕法)

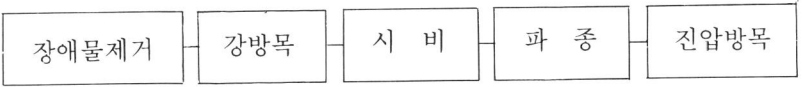

제경법으로 조성할 때에는 먼저 목책을 설치해야함.

- 임간조성법

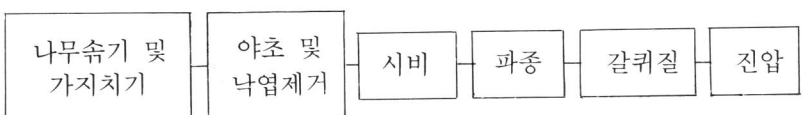

나무를 솎고 가지치기 할 때에는 햇빛이 50%이상 쪼일 수 있도록
해야 함.

임간초지의 생산성(자료 : '74 축시)

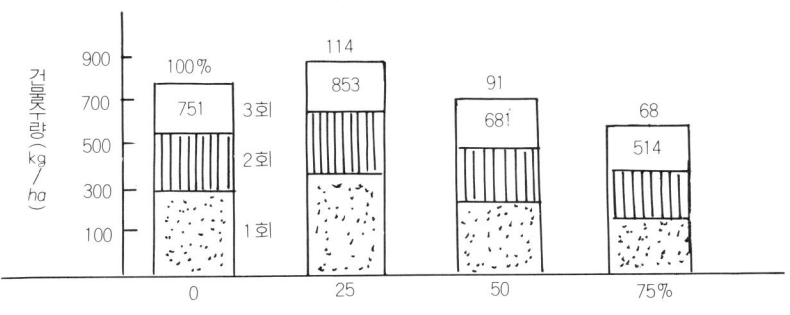

(3) 조성시기

초지는 봄과 가을에 조성할 수 있으나 근래에 와서는 가을에 많이 조성하고 있다. 우리나라에서 재배되고 있는 목초는 거의 북방형목초로 야초에 비하여 생육적온이 낮아 봄에 파종을 하게 되면 야초와의 경쟁을 이겨내지 못하여 생육이 부진하게 되며 또한 토양의 수분보유상태가 불량하여 목초의 발아율이 떨어지기 쉽다.

가을파종이라도 발아한 목초가 겨울이 시작되기 전에 10cm 내외는 자라야 무난히 월동을 할 수 있으므로 지역에 따라 첫서리 오기 60~80일 전에 파종하는 것이 적당하다.

지대별 목초파종기

해발높이(m) 지대별	0~250 월 · 일	250~500	500~750	750~1,000
중 북 부	8.20~ 9.10	8.15~ 9. 5	8.10~ 8.31	8. 5~8.25
중 부	9. 1~ 9.30	8.25~9.15	8.20~9.10	8.15~9. 5
남 부	9.10~ 9.30	9. 5~ 9.25	9. 1~ 9.20	8.25~9.15
제 주	9.20~10.15	9.15~10.10	9.10~10.10	9. 5~9.30

(4) 목초의 종류와 특성

① 오차드그라스

기후와 토양에 대한 적응범위가 넓고 기호성도 약간 좋은 편이나 추위에 견디는 힘이 약간 약하며 상번초에 해당하는 목초로서 우리나라에서 초지조성 할 때 가장 많이 파종되고 있는 초종이다.

품종으로 포토백, 스터얼링, 메리타 등이 있다. 생육온도는 5~30℃이나 가장 자라는데 좋은 온도는 15~21℃이다.

② 톨페스큐

기후와 토양에 대한 적응성이 아주 강하나 기호성이 낮은 단점이 있다. 초기에는 생육이 느리므로 큰 문제가 없으나 사후관리가 부실한 초지에서는 우점되기 쉬우므로 파종량을 너무 많지 않도록 해야 하며 오차드그라스와 같은 상번초이나 추위에는 오차드그라스 보다 강한 편이다.

품종으로는 파운, 켄터키귀페스큐, 루디온 등이 있으며 알맞는 온도는 15
~21℃이며 25℃이상 더운날이 계속되면 자라는데 지장을 가져오게 된다.

③ 티모시

추위에 대한 적응성이 가장 크므로 강원도의 고산지대에 아주 적합한
상번초로 가축의 기호성도 높으나 건조에는 약한 결점이 있다.

품종으로는 클레이어, 오덴벨더, 하일브링크 등이 있으며 7월의 평균기온
이 25℃ 이하인 서늘한 지방에 적합하다.

④ 페레니알라이그라스

초지조성 초기의 생육이 빠르고 수량도 높으며 기호성도 좋으나 더위와
가뭄에 약한 결점이 있는 하번초이다.

품종으로는 S-24, 빅토리아, 리바일레 등이 있으며 비교적 추위에 약하
기 때문에 중부 이북지방에서는 적합하지 못하다.

⑤ 이탈리안 라이그라스

이탈리안 라이그라스는 다른 목초와는 달리 일년생 목초로서 옛날에는
초지조성초년도 수량을 높이기 위하여 혼파하였으나 현재는 혼파하지 않고
있으며 남부지방에서 논뒷그루(답리작) 사료작물재배에 많이 이용되고 있
다.

품종으로는 달리타, 프레고, 밀라모 등이 있으며 기후가 습윤하고 겨울철
에 따뜻한 지방에 가장 알맞는 작물이며 가뭄과 추위에 약한 편이다.

⑥ 켄터키블루그라스

다년생 목초로 하번초이며 땅 속 줄기에 의해서 쉽게 번지게 된다. 키가
작기때문에 잔디대용으로 재배가 가능하다.

품종으로는 스톨라-310, 애퀼라, 푸라토 등이 있으며 여름철 고온과 건
조의 장해가 크나 음지에 견디는 힘이 강하여 그늘에서도 잘 자란다.

⑦ 레드클로우버와 라디노클로우버

혼파초지 조성시 파종되는 두과목초로는 레드클로우버와 화이트클로우버
의 일종인 라디노클로우버가 주종인데 라디노클로우버는 월년생 목초로 기
온이 낮은 고산지대를 제외하고는 생존기간이 2~3년에 불과하고 서늘하고
습윤한 지대를 선호하는 경향이 있으며 방목지보다는 채초지에 적합한 초
종이다. 라디노클로우버는 두과 목초중에서 뿌리혹박테리아에 의한 공중질
소, 고정작용이 가장 왕성한 초종으로 종자의 크기가 작고 포복경을 뻗어

서 번져나가게 되므로 파종량을 적게하여도 쉽게 번식하며 특히 일반 저지대의 더운 여름철 기후에도 생육이 계속된다. 또 제상(소발굽)에도 강하여 여름철의 과방목이나 비옥도가 낮은 초지에서는 짧은 기간에 클로우버가 우점하게 된다.

(5) 혼파조합

혼파의 목적을 요약하면 다음과 같다.

첫째, 목초의 수량을 증대시킬 수 있다.

상번초와 하번초를 혼파하므로써 빈공간이 생기지 않으므로 수량이 많아진다.

둘째, 영양분함량이 높아진다. 화본과 목초에는 단백질이 적으나 두과 목초에는 단백질함량이 높다. 그러므로 두과와 화본과 목초를 혼파하므로써 영양분함량이 높아진다.

세째, 지력이 유지된다.

두과 목초의 뿌리에는 뿌리혹박테리아가 공기중의 질소를 고정하여 이용하므로 화본과와 혼파하여 시비량의 감소 및 지력소모를 막을 수 있다.

네째, 이용기간이 길어진다. 이른 봄철과 늦은 가을에 잘 자라는 목초와

각지역의 이용목적 및 조성방법별 혼파 조합과 파종량 (단위 : kg / ha)

조성방목	완전경운(기계작업)			겉뿌림조성(제경법포함)			경운및겉뿌림
이용목적	채초전용 채초위주 · 일부방목			방 목 이 용 중 심			방목 · 채초
지 대 별 초 종	낮은구릉지 제주도	중 부 구릉지	고산지	중 부 구릉지	고산지	제주도	저 습 지
오 차 드 그 라 스	10	15	8	16	16	16	10
톨 페 스 큐	10	10	7	9	8	8	—
티 모 시	—	—	7	—	8	—	—
퍼레니얼라이그라스	—	—	—	7	—	10	6
리드카나리그라스	—	—	—	—	—	—	8
레 드 톱	—	2	—	2	2	3	—
켄터키블루그라스	—	—	—	3	3	—	3
알 팔 파	10						
레 드 클 로 버	—		5	—	—	—	—
라디노클로버	—	3	3	3	3	3	3
계	30	30	30	40	40	40	30

더위에 잘 자라는 목초를 혼파할 경우 이용기간이 길어지게 된다.

그러나 관리하는데 어려움이 있다. 즉 한가지만 재배할 때에는 그것에 알맞게 관리를 할 수 있으나 여러가지를 함께 재배할 때에는 기준을 맞추기가 어렵기 때문이다.

(6) 시비량

초지조성시의 시비량은 토양의 비옥도 혼파조합 등에 따라 달라질 수 있겠으나 방목지로 이용할 혼파초지의 시용량은 대략 다음과 같다.

시 비 량   (단위 : kg / ha)

질 소	인 산	칼 리	녹용 석회
50~100	170~250	50~100	3 000

또한 우리나라에서는 초지조성용 복합비료가 판매되고 있다.

(7) 파종요령

정지작업이 끝남과 동시에 시비와 파종을 해야하는데 넓은 면적이므로 이때 여러 개의 적은 면적으로 나눈 다음 종자와 비료도 적은 구역수 대로 나누어 파종을 해야만 종자가 남거나 부족되는 일이 없게된다.

파종시 한 사람은 좌에서 우로 다른 한사람은 위에서 아래로 파종해야 빈자리가 생기지 않는다.

(8) 복토 및 진압

목초종자는 크기가 매우 작으므로 2cm이내로 얕게 덮이도록 하는 것이 중요하며 늦게 파종하였거나 토양수분이 부족한 지역에서는 로울러나 드럼통을 이용하여 진압을 실시하므로 발아율을 높일 수 있다.

그러나 겉뿌림초지는 대체로 경사가 심한 곳이므로 진압이 불가능하며 복토하기도 곤란하므로 가벼운 갈퀴질로 대신하는 것이 좋다. 갈퀴질을 할 때 한방향으로 계속 긁어 내려가면 목초종자가 몰리는 수가 있으므로 유의해야 한다.

'88 *ha* 당 초지조성사업비 기준

비 목 별	단 가	경운 초지		불경운초지		임간 초지	
		물 량	금 액	물 량	금 액	물 량	금 액
장 애 물 제 거	7,040	35	246	34	239	23	162
개 간	7,040	56	394	—	—	—	—
살 초 제	14,000	—	—	3	42	3	42
석 회	33,074	3	99	3	99	3	99
비 료	—	1,290	139	1,290	139	1,290	139
종 자	—	30	63	40	97	40	97
시 비 · 심 종	7,040	16	113	15	106	17	119
목 도	—	100	86	100	59	—	—
측 량 비	45,000	1	45	1	45	1	45
전 목 기	200	—	—	1/3	66	1/3	66
목 책 시 설	—	—	—	1	110	1	110
주 변 식 수	—	280	62	—	—	—	—
계	—	—	1,247	—	1,002	—	879

(자료 : 농림수산부 '88)

6. 생산물 이용 기술

(1) 담근먹이 조제

담근먹이란 청초, 근채류 등 물기가 많은 사료를 저장하기 위하여 싸이로에 넣고 압력을 가해서 젖산(유산) 발효를 시켜 오랫 동안 저장이 가능토록 하고 낙산균 등 다른 부패균이 번식하지 않도록 만든 것을 말하며 엔실레이지 또는 사일레지라고도 불러지고 있으며 소의 겨울철 먹이로서 없어서는 안 될 매우 중요한 풀사료가 되고 있다. 그러나 우리나라에서는 주로 젖소를 사육하는 농가에서 옥수수를 이용하여 만들고 있으나 앞으로는 한우 등 소를 기르는 농가에서도 담근먹이를 만들어 겨울철에 이용하여야 할 것이다. 현실적으로 농가에서는 겨울철에 볏짚에 의존하여 소를 기르기 때문에 사료의 질이 매우 낮으므로 볏짚만 먹고 소가 제대로 자랄 수 있는지 고려해 볼 필요가 있다.

특히 젖소를 사육하는 농가가 볏짚에만 의존하면 당연히 젖소는 젖의 양이 적게 된다.

그러므로 영양을 보충하기 위해 배합사료를 많이 먹이기 때문에 사료비가 많이 들 뿐 아니라 과비(過肥)에 의한 번식장애가 발생하여 큰 피해를 가져온다. 또한 소를 기르는 농가는 겨울철에 먹일 담근먹이를 간드는 것이 매우 중요하다. 특히 돈을 적게 들이고 비닐을 이용한 토굴싸이로를 만들면 매우 손쉽고 비용 또한 절약 되므로 소규모사육 농가에서는 이러한 방법으로 싸이로를 만드는 것이 바람직하다.

우리나라에서는 주로 옥수수로 담근먹이를 만들고 있지만 외국에서는 목초를 이용하여 담근먹이를 만들어 연중 급여하는 예도 있다.

① 담근먹이의 장단점
• 장점
청초상태의 물기가 많고 영양분이 풍부한 풀사료를 1년중 저장하면서 가축에게 이용할 수 있다. 청초 100kg을 담근먹이로 만들었을 때 담근먹이의 무게는 약 80kg정도가 되니까 담근먹이는 청초와 거의 비슷하다고 생각할 수 있다.

그러나 연중 기온이 높아 사료작물 등을 재배할 수 있는 나라에서는 담근먹이가 필요하지 않으나 우리나라와 같이 겨울철이 길고 겨울철에 청초를 이용할 수 없는 경우에는 담근먹이가 매우 중요하다. 또한 젖소를 사육하고 있는 농가에서 말린꼴(건초) 만을 먹이면 유지율은 향상되나 산유량이 담근먹이를 먹이는 것보다 떨어지게 된다. 그러므로 젖소 사육농가에서는 담근먹이가 더욱 필요하게 된다.

담근먹이를 만들 때에는 날씨와 관계없이 만들 수 있다. 그러나 말린꼴을 만들 때에는 날씨가 계속 좋아야 한다. 만약 말린꼴을 만드는 도중 계속 비가 온다든가 날씨가 흐려지게 되면 마르지 않을 뿐만 아니라 썩어버리고 만다. 그러나 담근먹이는 일기에 구애를 받지 않고 만들 수 있다.

담근먹이는 싸이로 등 좁은 장소에 많은 양을 저장할 수 있으며 일단 젖산발효가 되면 저장중 영양분 손실이 적다. 그러나 말린꼴은 저장중 습기가 많다든가 비를 맞게 되면 곰팡이 등이 발생하여 품질이 떨어지게 된다. 특히 말리는 도중 비나 이슬을 많이 맞게 되면 영양분의 손실이 매우 높아진다.

담근먹이는 청초와 거의 비슷하기 때문에 가축이 즐겨 먹으며 남기는 것이 없어 사료의 손실이 없다고 보아도 좋다.

그리고 물기가 많고 잘 마르지 않아 말린꼴을 만들 수 없는 작물이나 농산부산물까지도 담근먹이는 만들 수 있다.

말린꼴은 수분이 15％정도 함유하고 있기 때문에 어린아이들의 불장난이라든가 담배꽁초 등에 의해서 불이 날 위험성을 가지고 있는 반면 담근먹이는 수분함량이 많아 불에 타지 않을 뿐 아니라 일정한 곳에 완전 밀봉하여 저장하기 때문에 화재의 위험성이 없다.

담근먹이는 저장중에 발효가 일어나기 때문에 기생충알 등이 모두 죽고 잡초종자까지 발아력을 상실하기 때문에 기생충 오염방지와 잡초방제의 효과도 가져올 수 있다고 볼 수 있다.

● 단점

싸이로를 만들어야 하기 때문에 비용이 많이 든다. 큰 목장에 설치된 하베스토아 같은 싸이로는 몇천 만원이 필요하고 시멘트로 만드는 탑형싸이로도 많은 비용이 들어가게 된다. 그러나 요즈음은 비닐이 많고 값도 싸기 때문에 토굴싸이로를 이용하면 싸이로 설치비용에는 크게 부담되지 않는다고 볼 수 있다.

그리고 재료를 절단하기 위하여 캇타기 등의 구입비용이 들게 된다. 옛날에는 소규모 농가에서 작두를 이용하여 재료를 절단 하였으나 요즈음에는 대부분 캇타기를 이용하고 있다. 대형캇타기는 담근먹이 만들 때에나 필요하기 때문에 소를 기르는 몇 농가가 공동으로 구입하여 사용하는 것이 경제적이다.

담근먹이는 수분함량이 많아 운반과 취급이 말린꼴보다 어렵다. 외국에서는 완전히 기계작업에 의하여 이용되므로 별 문제가 없지만 우리나라에서는 싸이로에서 담근먹이를 꺼낸 다음 축사까지 운반해야 하므로 취급에 어려움이 다소 따른다.

외국에서는 담근먹이를 집어내는 기계가 싸이로 속에서 담근먹이를 집어 가지고 축사 안으로 들어와서 소 앞에다 놓아주도록 설계가 되어있다.

담근먹이는 일시에 수확해야 하므로 2~3일 동안 일이 집중된다. 그러나 이러한 것을 단점으로 보기에는 너무 미약하다고 생각된다. 몇 농가가 서로 날짜를 정해 담근먹이를 만들면 여러해 담근먹이를 만든 경험이 있기 때문에 보다 빨리 또는 잘 만들 수 있을 것이라 생각한다.

그러나 담근먹이는 말린꼴에 비하여 비타민 D의 함량이 적으므로 담근먹이를 급여할 때에는 비타민의 공급이 필요하다.

② 담근먹이가 되는 원리

담근먹이는 유산균의 발효작용에 의해서 만들어지며 이 유산균은 공기를 싫어하기 때문에 잘 밟아주어 싸이로내에 공기가 없도록 해야 한다. 또한 유산균은 당분을 좋아하기 때문에 옥수수로 담근먹이를 만들 경우 유산균의 발효가 잘 된다. 옥수수대에는 당분함량이 높아 어린아이들이 가끔 옥수수대를 씹어 먹는 것을 보았을 것이다. 일단 유산균의 번식이 왕성하게 되면 낙산균 등 다른 세균의 번식이 억제되어 오랫 동안 저장하면서 먹일 수 있게 된다.

그러나 싸이로 안에 공기가 많이 남아 있게 되면 낙산균 등 공기를 좋아하는 세균의 번식이 왕성해져 담근먹이의 품질이 저하 될 뿐 아니라 곰팡이 등의 번식이 왕성하여 실패하게 된다.

그러므로 유산균의 번식을 촉진시키기 위해서는 싸이로 안에 가능한 공기가 적게 남도록 잘 밟아 주어야 유산균의 번식이 왕성하여 좋은 담근먹이가 된다.

③ 담근먹이 만드는 재료

담근먹이 만드는데 이용되는 것으로는 수분이 많은 청애작물, 근채류, 야초류, 농산부산물 등 그 범위는 대단히 넓다.

ㄱ 청애작물 : 옥수수, 수수, 호맥, 연맥, 이탈리안 라이그라스 등.
ㄴ 목초 : 오차드그라스 등 화분과 목초, 클로우버, 두과 목초 등.
ㄷ 기타 : 산야초, 고구마덩굴, 채소류, 칡잎, 뽕잎 등.

④ 만드는 방법

• 만드는 시기

담근먹이는 어느 시기든 만들 수 있으나 담근먹이 만드는 재료가 옥수수와 산야초가 주종을 이루기 때문에 여름부터 초가을까지가 보통이며 고구마덩굴로 만들 경우에는 첫서리 내리기 직전이 적기라고 할 수 있다.

그리고 채소류 즉 김장을 하고 나머지 채소부산물로 만들 경우에는 초겨울에도 가능하다.

- 재료의 애취 적기

담근먹이를 만드는 재료는 여러 종류가 있지만 생육 및 사료가치로 보아 당분함량이 많고 단백질함량이 비교적 적은 재료가 좋은데 이에 해당하는 작물은 옥수수가 되겠으며 우리나라에서는 옥수수로 담근먹이를 가장 많이 만들고 있다.

㉠ 옥수수

담근먹이를 만들기 위하여 재배하고 있는 옥수수는 황숙기 즉 옥수수알이 굳기 전으로서 출사후(出絲后) 약40~45일에 해당되며 황숙기에는 담근먹이 만들기에 가장 적합한 70~75%의 수분을 함유하고 있을 때다.

㉡ 목초 및 산야초류

오차드그라스 등 화본과 목초나 산야초는 이삭이 팬 뒤 꽃이 피기 시작할 때가 애취적기이며 클로우버나 알팔파 등 두과목초는 꽃이 ⅔가량 피었을 때가 수량 및 영양상태로 보아 애취적기이다.

㉢ 농산부산물

고구마덩굴이나 무우잎, 배추잎 등은 서리를 맞게 되면 잎이 누렇게 변하기 때문에 서리맞기 이전에 만들어야 한다.

- 재료의 수분조절

황숙기 때 옥수수를 이용하여 담근먹이를 만들면 수분조절에 신경을 쓸 필요가 없으나 수분이 많은 재료를 그대로 만들게되면 담근먹이가 부패할 뿐 아니라 즙액이 많이 나와 영양분의 손실이 크다. 반대로 수분함량이 적으면 곰팡이가 생기는 경우가 있게 된다. 그러므로 반드시 70~75%로 수분을 조절하는 것이 안전하다.

특히 수분함량이 부족하면 재료내에서 즙액이 적게 나와 잘 밟아지지 않아 싸이로내에 공기가 많이 남아 유산발효가 지연되고 불량잡균인 낙산균 등이 발생하여 담근먹이의 품질이 떨어지게 된다.

그러므로 수분이 많은 경우에는 수분이 적은 재료와 혼합하여 만들거나 한나절 정도 말린 다음에 만들고 수분이 부족한 재료일 때는 수분이 많은 재료와 혼합하든가 적당히 물을 뿌려가며 만들면 된다.

담근먹이 만들 재료의 수분함량을 알기 위해서는 자른 재료를 두손으로
한웅큼 쥔 다음 힘을 주어 짤 때 손가락 사이로 물기가 비치게 되면 이때
가 담근먹이 만들기에 가장 알맞는 수분함량이라고 생각하면 된다.

각종 재료별 수분함량

재 료 명	수분(%)	재 료 명	수분(%)
청애옥수수(유숙기)	80	레 드 클 로 버	80
청애옥수수(황숙기)	75	오 차 드 그 라 스	80
청애 맥류	75	수 단 그 라 스	80
청애 대두	75	칡 잎	80
무 우 잎	90	화 본 과 야 초	75
고구마덩굴	80	나 뭇 잎	70~75
자 운 영	90	잠 사	50

재료의 수분과 담근먹이의 양분손실(%)

수분함량	손실총계	상부손실	발효손실	싸이로내 손실합계	밭에서의 손 실
80%	25	3	10	10	2
70%	14	4	7	1	2
60%	19	4	9	0	6

● 재료의 절단

재료를 짧게 자르는 목적은 재료의 압착이 잘 되어 싸이로 안의 공기를
배제하므로 식물의 호흡작용을 억제하고 온도상승을 막아 양분손실을 적게
하며 짧게 자름으로써 즙액이 많이 나와 유산발효가 잘 되도록 하는데 있
다.

수분이 많은 재료나 연하고 잎이 많은 재료는 비교적 길게 자르고 옥수
수 밑부분과 같이 딱딱한 재료는 짧게 자르는 것이 좋다. 우리나라에서 보
급되고 있는 캇타기는 재료를 자르기만하나 외국의 경우에는 옥수수대를
자르고 부수므로 매우 이상적인 담근먹이를 만들 수 있다. 우리나라에서도
앞으로는 자르는 것에서 부수는 기계가 보급되어야만 옥수수 밑부분과 같
이 딱딱한 부분도 연하게 되어 소가 남기는 것 없이 잘 먹게 된다.

재료절단과 담근먹이의 품질

	산　도	유　산	휘발산
길게 절단	4.3	5.2　%	1.5　%
짧게 절단	4.0	8.0	2.3
파쇄 및 절단	3.9	10.2	3.1

● 재료충진

재료를 싸이로에 채워 넣기 전에 싸이로 안을 깨끗이 청소한 다음 채워 넣어야 한다. 또한 토굴싸이로의 경우에는 내부를 깨끗이 함은 물론 매끈 하게 다듬은 다음에 비닐을 둘러친다.

재료를 잘라 넣을 때 한번에 많은 양을 넣게 되면 잘 밟아지지 않으므 로 30㎝정도씩 넣고 밟도록 한다. 요즈음은 캇타기에서 잘라진 재료가 직 접 싸이로 안으로 들어가기 때문에 작업을 계속하기 위해서는 싸이로의 크 기에 따라 몇명의 사람이 들어가 계속 밟게하면 된다.

그리고 트렌치싸이로일 경우 큰 목장에서는 트랙타 또는 불도저 등으로 진압을 하는 경우도 있는데 소규모 농가에서는 경운기를 이용하여 진압해 주는 것이 바람직하다. 그러나 이때 주의해야 할 점은 조금씩 넣어가며 경 운기로 왔다 갔다 해야 된다. 한번에 많은 양을 넣고 갑자기 경운기를 넣 게 되면 푹 빠져 진압을 할 수 없게 되고 경운기를 밖으로 꺼내기 위해 많은 시간을 낭비하는 경우가 있다.

둥근형태의 싸이로나 트렌치싸이로를 막론하고 벽쪽을 더욱 잘 밟아 주 어야 한다. 그러나 벽쪽은 잘 밟아지지 않는 곳이며 그렇다고 제대로 밟아 주지 않으면 벽쪽의 담근먹이가 변질되기 쉽다.

작업을 시작한 날에는 재료를 모두 채운 후 윗부분을 비닐 등으로 적당 이 마무리해 며칠을 지나게 되면 재료가 가라앉게 된다. 그러면 다시 재료

진압에 따른 품질변화

압착도	유 산	초 산	낙 산	산 도
무	0.33 %	0.85 %	1.20 %	5.2
보　통	0.30	0.78	1.22	5.1
강	1.15	0.48	－	4.1

를 채워 넣어야 하며 이때 중앙부분은 약간 높게 재료를 채워야 한다. 그리고 재료를 다시 채워 넣을 때 원통형싸이로의 경우 재료의 호흡작용이나 발효작용으로 발생되는 탄산가스 또는 이산화질소가 싸이로 안에 있게 된 경우도 있으므로 유의해야 한다.

● 마무리

재료를 싸이로 안에 충분히 다 채워 넣은 다음에는 비닐을 덮어 공기와의 접촉을 막아야 부패 되는 것을 막을 수 있다. 그리고 비닐 위에 가마니나 이엉 등을 덮고 흙으로 눌러 준다.

트랜치싸이로의 경우에는 중앙부분이 벽쪽부분보다 낮게 되면 빗물이 고이게 되어 좋지 못하다. 외국에서는 트랜치싸이로의 경우 재료를 트렉타로 진압한 다음 비닐을 덮고 그 위에 헌 자동차 타이어로 눌러 주기 때문에 꺼내먹일 때 흙으로 덮어 제거하는 것보다 헌타이어를 제거하는 것이 매우 편리하다.

그리고 싸이로 주변은 배수구를 설치하여 빗물이 싸이로 내부로 스며들지 않도록 해주어야 한다.

⑤ 담근먹이의 품질

담근먹이의 품질을 감정하는 방법은 담근먹이를 보고 직접 현장에서 감정하는 방법과 실험실에서 감정하는 방법 등이 있으나 여기서는 우리가 직접 보고 좋은 것인지 아니면 나쁜 것인지 식별할 수 있는 것을 설명하고자 한다.

● 색깔

담근먹이의 색깔은 재료에 따라 다르나 담황색, 담황갈색 등의 것이 좋으며 갈색 또는 암갈색의 것은 좋지 못하다. 다만 고구마덩굴로 만든 담근먹이는 농갈색이 정상이다. 그러므로 담근먹이를 보아 색상이 밝은 것은 좋은 것이고 어두운 색상은 좋지 못한 것으로 판단하면 된다.

● 냄새

말로 표현하기는 곤란하나 담근먹이 특유의 냄새가 나는 것이 좋은 것이며 담근먹이 냄새 이외 곰팡이 냄새라든가 퇴비냄새 등 좋지 못한 냄새를 풍기는 것은 품질이 나쁜 것으로 판단하면 된다.

그러므로 우선 색상이 밝은 계통의 담근먹이 냄새를 기억해 두었다가 냄새를 비교하여 판단하는 것이 좋다.

- 맛

담근먹이는 원래 유산균의 발효에 의하여 만들어진 것이므로 유산은 신맛이 난다. 그러므로 담근먹이를 혀에 대보아 상쾌한 신맛이 나는 것은 좋은 것이며 신맛이 없거나 다른 맛이 나게 되면 품질이 나쁜 것이다.

- 기호성

쉽게 말해서 소가 잘 먹으면 좋은 담근먹이이고 소가 먹지 않는 것은 나쁜 담근먹이로 판단하면 쉽다. 그러므로 직접 소에게 먹여보는 것도 좋은 방법이다. 즉 담근먹이 색상이 밝은 것과 어두운 것, 상쾌한 신맛이 나는 것과 나지 않는 것 또한 담근먹이 특유의 냄새가 나는 것과 그렇지 못한 것을 여러 그릇에 담아 소에게 먹이면 소는 좋은 것부터 먹게 되므로 이를 잘 관찰하는 것도 재미 있는 방법이 될 것이다.

담근먹이 등급 판정법

육 안 적 특 성	산 도	등 급
담근먹이 특유의 냄새와 맛이 있음	3.5~4.1	우
좋지 않은 냄새는 없으나 신맛이 있음	4.2~4.4	양
다소의 좋지 않은 냄새가 있으나 신맛이 남아 있는 것	4.5~4.8	가
좋지 않은 냄새가 나고 너무 마른 것	4.8 이상	열

⑥ 담근먹이 이용

- 급여

담근먹이는 만든 후 30~40일 정도 지나면 젖산균의 발효가 완전히 끝났기 때문에 가축에게 먹일 수 있다. 그러므로 담근먹이는 청초가 없는 시기부터 먹이는 것이 좋다. 즉 10월하순부터 다음해 3~4월까지 이용하는 것이 보통이다.

아무리 잘 만든 담근먹이라도 트랜치싸이로의 경우 윗부분은 변질되기 쉬우므로 이것은 걷어서 버리고 변질되지 않은 것을 먹이기 시작한다. 그리고 한번 꺼낸 다음에는 공기와 접촉하지 못하도록 비닐로 잘 덮어 주어야 변질되는 것을 막을 수 있다.

그리고 추운 겨울철 하루 하루 꺼내다 먹이기가 불편할 경우에는 한번에 2~3일 먹일 양을 꺼내어 축사에 보관하면서 먹이는 것도 좋으며 이때 담근먹이가 얼지 않도록 해야 한다. 언 담근먹이를 가축에게 먹이면 설사 등 소화기 질병이 발생 할 우려가 있다.

• 담근먹이 급여량

담근먹이는 가축의 종류, 가축의 크기, 건강상태 등에 따라 급여량을 다르게 해야 한다.

담근먹이 소요량 (단위 : kg)

	1일 급여량	여름철(30일)	겨울철(200일)	총소요량
젖 소	20~25	600~750	4,000~5,000	4,600~5,700
한(육)우	15~20	450~600	3,000~4,000	3,450~4,600
산 양	3~4	90~120	600~800	690~920

※ 큰소 1두기준(육성우는 큰소량의 ½~⅓량 급여)

각종 싸일레지의 중량

재료의 종류	1m³당중량(kg)	재료의 종류	1m³당중량(kg)
옥 수 수	560~ 720	감 자	1,100
목 초	640~ 800	고 구 마	1,100
청 애 맥 류	640~ 800	자 운 영	900
고 구 마 덩 굴	800	야 초	650
청애해바라기	960~1,280	클 로 버	800

싸일로내에 있어서 깊이와 옥수수싸일레지의 중량

일정깊이에 있어서 평균중량		일정깊이까지의 평균중량	
깊 이 (m)	중량(kg / m²)	깊 이 (m)	중량(kg / m²)
표 면	284	—	—
1.5	637	1.5	506
3.1	754	3.1	610
4.6	809	4.6	670
6.1	839	6.1	710
7.6	860	7.6	738
9.1	871	9.1	759
10.7	878	10.7	777

⑦ 싸일로의 종류와 특징

싸일로는   담근먹이(사일레지)를 만들 때 재료를 넣는 것으로 싸일로의
종류는 형태, 재료의 종류, 모양, 설치위치 등에 따라 다음과 같이 구분한다.

- 싸일로의 형태에 의한 분류
㉠ 탑형싸일로
㉡ 벙커싸일로
㉢ 스태크싸일로
㉣ 트렌치싸일로
- 싸일로를 만드는 재료에 의한 분류
㉠ 콘크리트싸일로
㉡ 시멘트벽돌싸일로
㉢ 목제싸일로
㉣ 강철판싸일로
㉤ 플라스틱백싸일로
㉥ 비닐트랜치싸일로
- 싸일로 모양에 따라
㉠ 원형싸일로
㉡ 각형싸일로
- 싸일로 설치위치에 따라
㉠ 지상식 싸일로
㉡ 지하식 싸일로
㉢ 지상, 지하 절충식 싸일로 또는 반지하식 싸일로
- 탑형원형 콘크리트싸일로

가장 널리 보급된 것으로 원형인 것이 설치면적이 가장 적게 들고 표면
적이 적어 손실이 적고 담근먹이의 답압이 비교적 잘 되어 좋다.

건축비가 많이 들고 사람이 올라가서 싸일로 안의 담근먹이를 가마니에
담아 아래로 떨어뜨려야 하는 어려움이 있으나 기계장치를 하면 기계조작
에 의하여 자동으로 꺼낼 수가 있다.

대부분 콘크리트로 이용하고 있으나 나무가 풍부한 나라에서는 송판을
이용하여 싸일로를 만들기도 하는데 나무를 이용하게 되면 이동이 자유롭
게 된다.

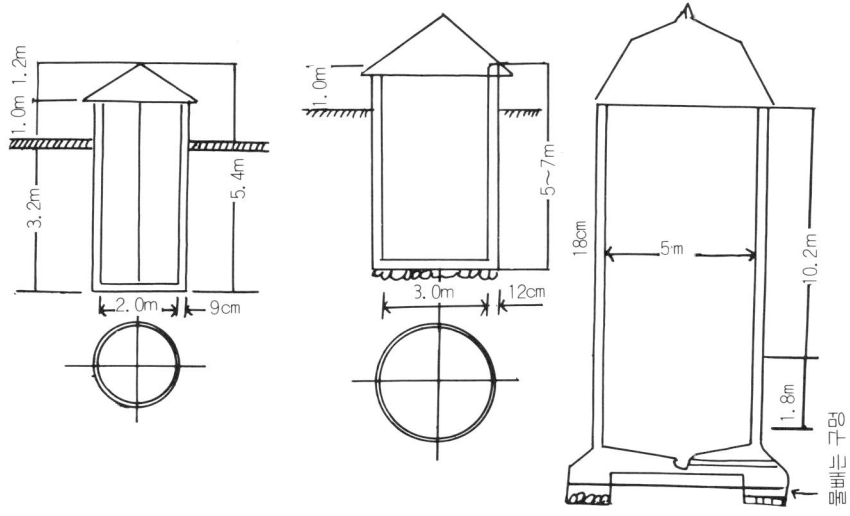

2 마리용(지하식 원통형)   **5 마리용**(지하식 원통형)   **70마리용**(반-지하식 원통형)

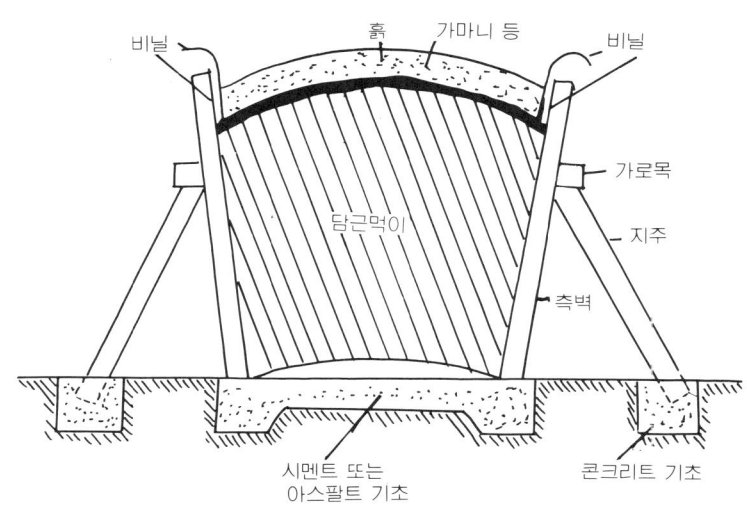

〈방카 싸일로의 구조〉

- 벙커싸일로

땅바닥과 양쪽 벽을 콘크리트로 만든 트랜치싸일로형으로 설치 공사가 쉽고 설치비가 적게 들며 트렉타를 써서 답압을 대신할 수 있는 편리함이 있다. 담근먹이 톤당 투자액과 담근먹이 10톤당 연간비용이 탑형싸일로의 1/1.2, 기밀싸일로(하베스토아)의 1/2밖에 들지 않아 경제적이나 설치장소의 면적이 많이 든다. 우리나라에서는 대규모 목장에서 주로 이용하고 있는 싸일로이다.

- 스태크 싸일로

스태크싸일로는 지상에 담근먹이를 쌓고 비닐로 덮어 두고 담근먹이를 만드는 것으로 용기가 전혀 설치되지 않으나 이 방법은 주로 기온이 0도 이하로 내려가지 않는 곳과 담근먹이 재료의 수분이 적을 때 주로 이용된다. 기온이 따뜻한 지방에서 재료를 쌓고 답압한 다음 비닐을 덮고 그 위에 헌타이어를 눌러 둔다. (외국에서 이용하는 방법임)

- 트랜치싸 일로

지하수가 낮은 곳에 땅을 보통 1.5m 정도 깊이로 파고 길이는 재료의 양에 따라 조절하여 판 다음 비닐을 두른 후 재료를 넣고 답압하는 것으로 설치비용이 매우 적게 드나 벽이 무너지기 쉽게 되어 매년 사용할 수 없으며 담근먹이의 변질되는 양이 많다.

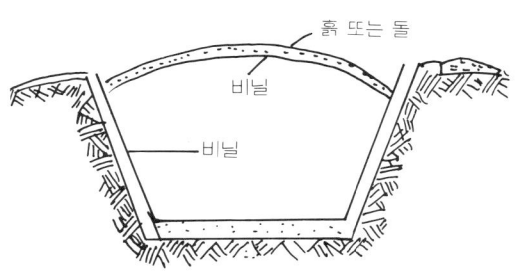

〈트렌치 싸일로의 벽면보호와 지붕의 종류〉

- 기밀싸일로

이것은 진공상태이며 하베스토아라는 상품명으로 소개되고 있다. 담근먹

이 만들기에 가장 이상적이나 가격이 매우 비싸며 안쪽의 벽이 유리면으로
되어 있다.
  우리나라에도 몇개 대규모 목장에 설치 활용하고 있다.

원통형 싸일로의 용적

(단위 : ㎥)

높이(m)	2.0	3.0	4.0	5.0	6.0	7.0	8.0	9.0	10.0	12.0
직경(m) 1.2	2.26	3.39	4.52	5.65						
1.3	2.65	3.98	5.31	6.64	7.96					
1.4	3.08	4.62	6.15	7.70	9.24					
1.5	3.53	5.30	7.07	8.85	10.60					
1.6	4.02	6.03	8.04	10.05	12.06					
1.7	4.54	6.81	9.07	11.35	13.61					
1.8	5.09	7.63	10.17	12.72	15.26	17.8				
1.9		8.50	11.34	14.17	17.00	19.8				
2.0		9.42	12.56	15.70	18.84	22.0	25.1			
2.1		10.39	13.85	17.31	20.77	24.2	27.7			
2.2		11.83	15.20	19.00	22.79	26.6	30.4	34.2		
2.3			16.61	20.77	24.92	29.1	33.2	37.4		
2.4			18.09	22.61	27.13	31.7	36.2	40.7	45.2	
2.6			21. 2	36.50	31.80	37.1	42.5	47.8	53.1	
2.8			24. 6	30.80	36.90	43.1	49.2	55.4	61.5	
3.0				35.30	42.30	49.3	56.4	63.5	70.6	84.7
3.2				40.20	48.70	56.3	64.3	72.3	80.4	95.5
3.4				45.40	54.50	63.5	72.6	81.7	90.7	108.9
3.6				50.90	61.00	71.2	81.4	91.5	101.7	122.0
3.8					68.00	79.3	90.7	102.0	113.4	136.0
4.0					75.40	87.9	100.5	113.0	125.6	150.7
4.2					83.10	97.0	110.8	124.7	138.5	166.2
4.4						106.4	121.6	136.8	152.0	182.4
4.6						116.3	132.9	149.5	166.1	199.3

〈산출공식〉

• 원통형싸일로의 용적$=\dfrac{(싸일로직경)^2}{2} \times 3.14 \times$ 싸일로의 높이

• 트렌치싸일로의 용적=폭×높이×길이(벽면이 수직일 때)

(2) 말린꼴(건초) 조제

말린꼴은 풀이 많은 여름철에 생풀을 이용하여 만드는 것으로써 건초라고도 하며 초지를 조성한 농가에서 목초가 무성하게 자랐을 때 청초로 이용하고 남은 것을 말린꼴로 만드는 경우가 많다. 기타 양축농가에서도 여름철에 산야초를 베어다 건초를 만들어 겨울철에 담근먹이 또는 볏짚 등과 함께 소에게 먹이고 있다. 담근먹이에는 비타민D가 부족하나 말린꼴에는 비타민D가 많이 들어 있으며 젖소에게 말린꼴을 먹이면 유지율이 향상된다.

① 만드는 시기

말린꼴을 만들 수 있는 것은 여러 종류가 있으나 단위면적당 가소화건물 수량이 최고로 많을 때에 수확해야 한다. 화본과 목초는 수잉기~출수초기까지 그리고 두과목초는 개화직전~개화초기에 수확하여 말린꼴을 만들어야 한다. 그러나 이보다 일찍 수확하면 단백질 함량은 많으나 전체 수량이 적고 적기보다 늦게 수확하여 만들면 섬유질이 많아 사료가치가 떨어진다.

그리고 논뒷그루(답리작)로 재배한 호맥이나 이탈리안 라이그라스는 출수초기~개화기에 수확하여 만드는 것이 좋다. 그러나 논뒷그루 사료작물 재배의 경우에는 모내기에 좌우되므로 모내기에 지장이 없는 시기에 베어 말린꼴을 만들어야 한다.

애취시기별 사료가치 비교

두 과		화 . 본 과	
애 취 시 기	사료가치	애 취 시 기	사료가치
꽃봉우리가 생기기 전	92 %	출 수 1 주 전	99 %
꽃봉우리가 올 라 옴	100	출 수 기	100
개 화 시 작	95	출 수 1 주 후	94
만 개	85	출 수 2 주 후	79
꽃 이 짐	82	개 화 시	67

② 말린꼴을 만드는 방법

화력건조법, 송풍건조법, 양건법 등 여러 가지가 있으나 농가에서 쉽게 만들 수 있는 양건법에 대하여 설명하고자 한다.

• 포장건조법

풀을 적기에 채취하여 포장에서 햇볕에 말리는 방법을 말하며 농가에서 가장 많이 이용하고 있는 방법이다.

포장건조 시킬 때에는 날씨가 좋은날 아침이슬이 마른 다음 베어 포장에 얇게 널어 말려야 하므로 맑은날이 3～4일 계속될 때를 택하여 말려야 한다. 그리고 말리는 도중 하루에 2～3차례 뒤집어 주어 빨리 마르도록 해야 하며 저녁에는 한곳에 모아놓아 비나 이슬에 맞지 않도록 비닐 등으로 덮어 주고 다음날 다시 얇게 펴 널어야 한다. 특히 말린꼴을 만들 때에는 짧은 기간내에 말릴 수 있도록 해야 영양분 손실이 적다.

그리고 논뒷그루에 재배한 호맥이나 이탈리안 라이그라스는 비어서 집주변의 잘 마를 수 있는 곳에 얇게 펴 널어야 한다. 그러나 일부 농가에서는 논두렁에서 말리기 때문에 비나 이슬을 계속 맞게 되어 영양분 손실이 크다.

기상조건별 건초조제중의 양분손실

기 상 조 건	양분손실량 (%, 전분가환산)
강우 없고 기계적 손실이 없을 때	23
강우 없고 기계적 손실이 있을 때	39
소나기 1～2회 맞음 (1～20mm)	44
소나기 5～6회 맞음 (12～63mm)	54

• 초가건조법(草架乾燥法)

습기가 많은 곳이라든가 또는 물기가 많은 재료를 빠른 시간 안에 말리기 위해서 나무로 삼각대 형식으로 만들어 그 위에서 말리거나 철사줄을 맨다음 그곳에 걸쳐 말리는 방법을 말한다. 이 방법은 특히 두과 목초와 같이 잎이 잘 떨어지기 쉬운 것과 고구마 덩굴과 같이 마르기 힘든 것을 말리는데 적당하다.

그러나 재료를 벤 즉시 초가에 말리는 것이 아니고 수분이 40～50％정도까지 포장에서 말려도 잎이 떨어질 염려가 없으므로 일단 포장에서 적당히 말린 다음 초가에서 완전히 건초시켜야 재료의 운반 등 작업하기가 손쉬워진다.

초가건조와 포장건조의 건물손실량   (단위 : %)

날 씨	초가건조(건 물)	포장건조(건 물)
좋 음	7~8	11~12
보 통	9~10	14~16
나 쁨	12~14	20~30

③ 말린꼴의 평가
말린꼴의 품질은 재료의 종류, 애취시기, 건조방법, 녹색의 유무 등 여러
가지에 의하여 품질이 좌우 되지만 보통 다음과 같은 구비조건을 갖춘 것
은 우량건초라고 평가할 수 있다.
㉠ 녹색을 많이 함유하고 있는 것
㉡ 잎이 되도록 많이 있는 것
㉢ 말린꼴 이외의 협작물이 적게 들어 있는 것
㉣ 수분함량이 15%이하이며 곰팡이 등이 발생하지 않은 것
㉤ 줄기가 가능한 가늘은 것
질이 좋은 말린꼴을 만들기 위해서는 적기에 애취하여 단시간내에 건조
시키고 비나 이슬에 맞지 않도록 하며 잎과 가는 줄기가 떨어져 나가지
않도록 해야한다. 그러나 일부농가에서 산야초를 이용하여 말린꼴 만든 것
을 보면 땔감으로 이용할 나무인지, 말린꼴인지를 구분하기 조차 힘든 경
우가 많다.

건초 저장중의 성분변화

구 분	단백질(%)	당 분(%)	섬 유(%)	카로틴(PPM)
저 장 당 일	9.7	6.3	36.5	69
192일 후	8.8	5.1	34.2	13
증 감(%)	-9.3	-19.0	-7.4	-81.0

④ 말린꼴의 저장
아무리 잘 만든 말린꼴이라도 저장을 잘못하면 곰팡이 등이 발생하여
품질이 떨어지게 된다. 그러므로 말린꼴은 반드시 수분 15%이하가 되도록
저장하여야 하며 저장 장소로는 축사2층 다락이나 건초 창고에 보관하는

것이 안전하다.

그러나 노천에 저장할 경우에는 밑바닥에 통나무 등을 깔고 그 위에 말린꼴을 쌓아 올려 빗물 등이 들어가지 않도록 비닐이나 거적을 덮어 주고 주위에는 배수구를 설치하여 물이 잘 빠지도록 한다.

그러나 일부농가에서는 말린꼴을 처마밑에 쌓아 놓아 비를 맞음은 물론 계속 햇빛을 받기 때문에 녹색의 함량이 적어져 누런색으로 변하게 된다. 정성들여 만든 말린꼴을 잘 저장하여 질이 좋은 상태로 가축에 이용해야 할 것이다.

가축별 말린꼴 필요량 (단위 : kg)

가 축 별	1일급여량	여름(30일)	겨울(200일)	총소요량
젖 소	5~7	150~210	1,000~1,400	1,150~1,610
한(육)우	4~6	120~180	800~1,200	920~1,380

※ 큰소 1두 기준

제10장   축사의 구비조건 및 설계

우리나라에서 옛부터 사육해 오고 있는 한우는 농경을 위하여 한 마리씩 사육해 왔으며 축사도 집 한쪽에 마련하여 축사라고 하지 않고 외양간이라고 불러왔다.

그러나 경제개발 등 국민소득이 향상되고 농기계가 개발 확대 보급되어 소에 의한 농경에서 경운기, 트렉타 등 농작업이 기계화 됨에 따라 소는 점차 농경에서 멀어져가고 있는 실정이다. 반면 쇠고기 소비량의 증가에 따라 소사육은 쇠고기 생산적인 측면에서 사육되고 있으며 한농가당 1두 사육으로는 고소득을 기대하기 어렵게 되었다.

그러므로 점차 많은 두수를 사육하게 되었고 축사도 다두사육에 맞게 지어 사육하고 있으며 앞으로는 특히 관리에 편리한 축사를 만들어 사육하여야 할 것이다.

1. 비육우에 알맞는 환경

가축은 몸의 건강유지와 발육 등을 정상적으로 유지하기 위해 적합한 환경조건이 주어져야 한다.

이와 같이 발육, 건강유지에 영향을 주는 주요 환경요인으로는 온도, 습도, 공기로 크게 나눌 수 있으며 이중 각각의 요인에 의해서 가축에 큰 영향을 미치며 이것이 복합적으로 작용하여 영향을 미치게 된다.

특히 열환경이 비육우의 증체에 미치는 영향이 가장 크다. 즉 무더운 여름철에는 고온으로 인하여 가축에 피해를 주고 겨울철에는 너무 춥기 때문에 열 소모가 많아 사료를 더 많이 먹게 되므로 이와 같은 열환경에 유의해야 한다. 이를 위해서는 축사를 지을 때 단열재료를 이용하여 여름철에는 시원하게 하고 겨울철에는 따뜻하게 해야 한다.

그러나 축사를 짓는 데에도 많은 자금이 필요하게 되므로 자금을 적게 들이면서 가장 이상적인 축사를 짓는 것이 바람직하다.

① 온도

소의 사육적온은 그 범위가 넓으며 성장단계별로도 온도범위가 달라지게 된다. 특히 가축이 어릴수록 높은 온도를 요구하므로 이에 따라 온도유지에도 유의해야 한다.

소사육 적온과 생산환경 한계온도 (단위 : ℃)

구 분	적 온	적온범위	생산환경 한계온도	
			저 온	고 온
송 아 지	18	13~25	5	30
육 성 우	16	4~20	−10	32
비 육 우	16	10~20	−10	30
착 유 우	16	0~20	−13	27

온도가 가장 알맞을 때 비육우는 살이 잘 찌고 육성우는 발육이 촉진하게 된다.

우리나라는 연중 4계절이 뚜렷하게 구분되어 있으며 봄과 가을은 소의 생산환경에 가장 이상적인 계절이라 할 수 있다. 그러나 여름철에는 높은 온도로 인하여 식욕이 떨어지고 활동이 자유롭지 못할 뿐 아니라 외부기생충 특히 파리, 모기 등의 피해를 받아 소의 발육 및 비육에 큰 지장을 주는 계절이다. 또한 겨울철에는 기온이 매우 낮아 체온을 정상으로 유지하기 위하여 많은 열량을 소모하기 때문에 더 많은 사료를 먹여야 하는 등 봄, 가을에 비하여 비육우는 살이 잘 찌지 않는 계절이다.

비육은 여름보다는 겨울이 좋으며 이는 가축이 더위에 견디는 힘보다 추위에 견디는 힘이 강하기 때문이다. 그러므로 소는 축사에 약간의 보온시설만 해주면 무리없이 겨울을 지낼 수 있다.

그렇다고 여름철은 비육우 사육에 아주 나쁜 것은 아니다 축사에 바람이 잘 통하게 해주고 또한 여름은 축사내로 뜨거운 직사광선이 들어오지 못하도록 축사주변에 나무를 심든가 차광막을 설치해주면 큰 무리없이 여름을 지낼 수 있다. 또한 무더운 한낮에는 지붕에 찬물을 뿌려주면 어느정도의 복사열은 막을 수 있다. 이와 같은 방법은 간단한 방법에 지나지 않지만 특별히 관리하는데는 축사에 대형선풍기를 설치하기도 하그 천정에 스프링쿨러를 설치하여 더울 때 수시로 가축의 몸에 물을 뿌려주어 더위를 식혀주기도 한다. 이러한 시설은 젖소사육 등 대규모 사육에 이용되고 있다. 그러나 소규모 사육농가에서는 돈이 적게 들고 손쉽게 할 수 있는 방법을 응용해야 한다.

우리나라 기온 분포는 −12~31℃ 정도로서 소의 생산환경 한계를 벗어나는 일수가 많다. 그러나 고산지대인 강원도 대관령지방의 여름철은 평야지보다 온도가 높지 않은 반면 겨울철에는 기온이 낮고 낮은 기온이 오래 지속된다.

대관령의 초지는 여름철 하고현상이 나타나지 않아 청초 이용에 유리하나 겨울철 기간이 길어 평균적으로 초지이용 기간은 평야지와 거의 비슷하다.

우리나라의 지역별 온도차이

지역별	최고기온26℃ 이상 일수	최저기온 영하일수	1월 중 초상 최저온도	얼 음	
				첫 날	마지막날
	일	일	℃	월일	월일
대관령	4	162	−13.4	10. 1	5.18
수 원	87	134	−12.4	10.23	4.13
대 구	116	103	− 8.2	10.29	3.28
광 주	106	97	− 6.9	10.27	4. 1

(기상자료)

온혈동물이 환경온도보다 높은 자기 체온을 유지하기 위해서는 항상 일정한 열을 체내에서 발생해야 하며 이 열발생량은 환경온도에 따라 달라지게 된다.

가축은 자기의 체온을 유지하기 위하여 능동적으로 체온을 조절하는 기능이 있다. 즉 표피로의 혈액이동, 땀, 호흡량을 변화시키면서 체온을 조절하는데 고온에서는 모세혈관을 이완시켜 표피로의 혈류를 증가시켜 방산하든가 또는 표피의 기공을 확대하여 열의 증발을 돕는 등 여러 가지 방법으로 체열의 방산을 촉진하며 저온의 조건하에서는 위에 반대되는 작용으로 체열의 손실을 방지한다. 이와 같이 체내조절에 의하여 체온을 조절하는 작용을 물리적 조절이라고 한다.

한편 기온이 내려가 물리적 조절만으로 체온을 유지하지 못하게 되면 다시 체내 축적에너지를 분해하여 부족한 열을 보충하게 한다. 이와 같이 체성분의 화학적 변화를 일으키며 체온을 조절하는 작용을 화학적 조절이라고 한다. 이 화학적 조절을 하게 되는 조건으로는 결국 사료에너지가 낭비되고 생산적으로 쓰이는 비율이 적게 된다.

열손실량이 적은 환경온도는 가축이 가장 좋아하는 쾌적온도(快適溫度)이다. 쾌적온도에서는 가축이 특별히 체온을 조절할 필요가 없으므로 이를 위하여 소비되는 에너지가 추가로 필요하지 않다. 일반적으로 쾌적온도는 임계온도(臨界溫度)와 고온한계점(高溫限界點) 사이의 온도를 말한다.

그러므로 가능한 쾌적온도에서 가축을 사육하는 것은 급여한 사료 에너지를 최대한 생산적인 방향으로 이용되도록 하는 간접적인 방법이라 할 수 있다.

그리고 겨울철 축사에 보온시설이 안 되어 춥게 되면 호흡기 등 각종 질병이 발생하기 쉽다. 젖소의 경우 다음과 같은 발생상황을 볼 수 있다.

젖소의 계절별 질병발생률

질 병	발병두수(두)	계 절 별 (%)			
		봄	여 름	가 을	겨 울
호 흡 기 계 통	141	21	12	13	54
소 화 기 계 통	327	12	22	8	58
기 타	400	28	44	13	15
계	868	21	30	11	38

(자료 : 농진청 '82)

결론적으로 말해서 축사는 가축의 생산능력과 밀접한 관계가 있으므로 여름철에는 시원하게 해주고 겨울철에는 따뜻하게 해주는 것이 비육우의 경우 살이 잘 찌게 되므로 이에 따르는 적합한 조치를 취하여야 한다.

② 습도

가축은 호흡과 땀의 분비, 똥, 오줌을 통하여 체내의 수분함량을 조절하게 된다. 그러나 높은 기온과 함께 습도가 80%이상 높아지면 수분조절기능에 지장을 받아 체내 수분조절이 제대로 이루어지지 않는다.

특히 여름철 고온기에 축사내에 수분함량이 높으면 더위를 더욱 크게 느끼며 열사병에 걸리기 쉽다. 그러므로 여름철에는 축사내의 습도가 낮도

기온별 적정습도

구　　　분	온　　　도	습　　　도
최　고　습　도	0∼15℃	75 %
최　적　습　도	〃	60∼70 〃
최　저　습　도	〃	25 〃
상　한　습　도	26.7℃ 이상	60 〃 이내

0∼15℃의 온도내에서는 60％∼70％가 최적습도가 되나 생산 상한 온도에서는 습도를 60％이하로 낮추어주어야 생산성을 높일 수 있다.

록 조절해 주어야 한다. 특히 여름 장마철에는 풀에 물기가 많기 때문에 그대로 가축에게 먹이면 설사 등 소화기 질병을 일으킬 우려가 있어 물기를 적당히 말린 다음 이용해야 하는데 이때 축사내에서 젖은 풀을 말리면 축사내에 습도가 매우 높아져 가축에 해를 가져오게 되므로 이러한 사소한 일이라도 주의해서 축사내가 습하지 않도록 해야 한다.

겨울철에는 습기가 많게 되면 습기가 천정에 붙어 물방울로 변한 다음 소등에 떨어져 소가 추위를 느낀다든가 신경이 예민한 소는 찬 물방울이 떨어질 때마다 깜짝깜짝 놀라게 되는 경우도 있다.

그러므로 축사내의 습도 조절에도 신경을 써야 하며 여름철에는 축사내로 바람이 잘 통하게 해주고 겨울철에도 소가 배설한 똥과 오줌을 자주

가축별 수증기, 체열, 탄산가스 발산량과 환기요구량

가　　축	체중 (kg)	수증기 (g / 시간)	열 (W / 시간)	탄산가스 (l / 시간)	환기요구량 (㎥ / 시간)
송 아 지	60	77	180	28	8.7
육 성 우	150	140	360	56	17.3
착 유 우	⎰ 300	230	621	95	29.4
	⎱ 500	322	887	133	41.2
육　　성 비 육 우	⎰ 150	157	360	56	17.3
	⎰ 300	258	621	95	29.4
	⎱ 500	361	887	133	41.2

＊ : 외기온 −12℃ 습도 70％
　　축사내　 16℃ 습도 80％ 유지시(DIN, 18910)

제거하여 습도가 높아지는 것을 막아야 하며 가장 적당한 습도는 60~80
% 정도이다.

③ 공기

여름철에는 환기창과 출입구를 최대로 열어 환기가 잘 되도록 해주어야
나쁜 공기가 축사내에 머무르지 않고 밖으로 나가게 된다.

특히 겨울철에는 보온에 치중하다 보면 환기에 소홀한 경우가 많게 된
다. 일부 농가에서는 보온을 위하여 출입문, 창문 등에 비닐을 부착하여
보온은 잘 되지만 축사내에서 발생한 유해가스가 밖으로 나가지 못하여 이
로 인한 피해가 더욱 커지는 경우도 있다.

가축에 영향을 주는 가스는 주로 암모니아가스와 탄산가스로 크게 분리

축사내 유해가스의 농도별 생리적 반응

구분 유해가스	중력	냄새	최소환기량 (ppm)	최대한계 함량(ppm)	농 도 (ppm)	생 리 적 반 응
암 모 니 아 (NH_3)	0.6	매우 코를 찌름	5.3	50	50 400 700 1,700 3,000 5,000	안전 기관지 자극 눈을 자극 기침과 거품 질식 치명적 질식
탄 산 가 스 (CO_2)	1.5	없음	—	3,500	3,500 20,000 30,000 40,000 60,000	안전 호흡증가 졸음, 두통 호흡곤란, 질식 치명적 질식
유 화 수 소 (H_2S)	1.2	썩은 계란 냄새	0.7	10	10 100 200 500 1,000	안전 눈, 코자극 두통, 현기증 멀미, 흥분 질식, 치사
메 탄(CH_4)	0.5	없음	—	—	500,000	두통, 독성없음

(C.F.M.A Nutrition Council. 1970)

할 수 있다.

● 암모니아 가스

암모니아 가스는 신선한 공기 중에서는 극히 미량이나 축사내의 똥과 오줌, 깔짚 등의 질소물이 분해되거나 부패하면 많이 발생한다.

암모니아 가스는 공기보다 가벼워 축사내의 비교적 높은 곳에 머물러 있기 때문에 가축의 눈이나 호흡기 점막에 강한 자극을 주어 염증을 일으키게 한다. 암모니아 가스 발생은 깔짚 등의 수분함량이 22.5% 이상이 되면 급속적으로 발생하고 17~20% 정도에서는 가스의 발생이 중지되므로 깔짚 등을 건조시켜 가스의 발생을 미리 막는 것이 중요하다.

● 탄산가스

탄산가스는 공기보다 무겁기 때문에 축사내에서 공기가 정지 상태로 있을 경우에는 밑층에 깔려 있으며 공기가 흐르고 있을 때는 공기의 유동으로 탄산가스는 축사내 각 층의 공기중에 분산하게 된다.

그러므로 탄산가스는 축사내가 따뜻할 때는 천정 등 높은 곳으로 빠져 나가도록 하고 겨울철에는 바닥면으로부터 가까운 곳에서 나가도록 환기창을 설치해야 한다.

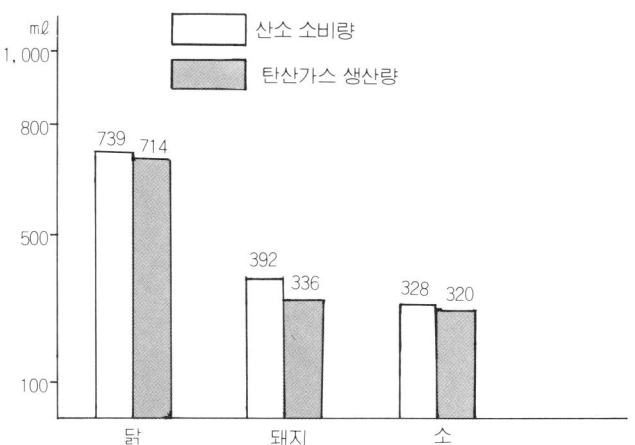

산소 소비량과 탄산가스 생산량(체중1kg, 1시간당)

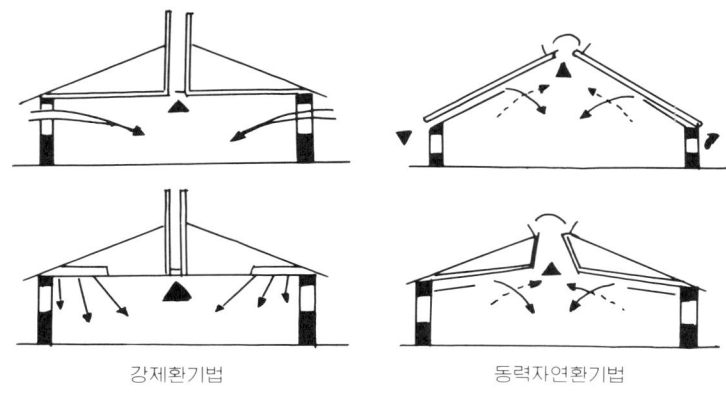

강제환기법   동력자연환기법

우사환기법의 종류

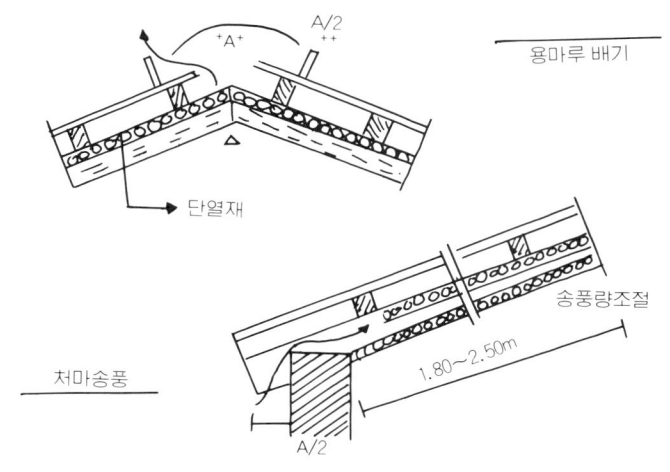

용마루 배기

단열재

처마송풍

송풍량조절

1.80~2.50m

A/2

중력에 의한 자연환기 시설 요령

2. 우사의 유형별 특성과 설계

축사시설은 아래의 시설계획 과정도에 따라 진행하며 모든 과정은 건설단가와 내용년한, 자연환경조건, 작업의 능률화라는 삼각관계를 고려하여야 한다.

소를 사육하기 위한 우사로서는 천정과 벽이 막힌 축사와 천정과 먹이통 위에만 지붕을 해준 개방식우사로 구분할 수 있다.

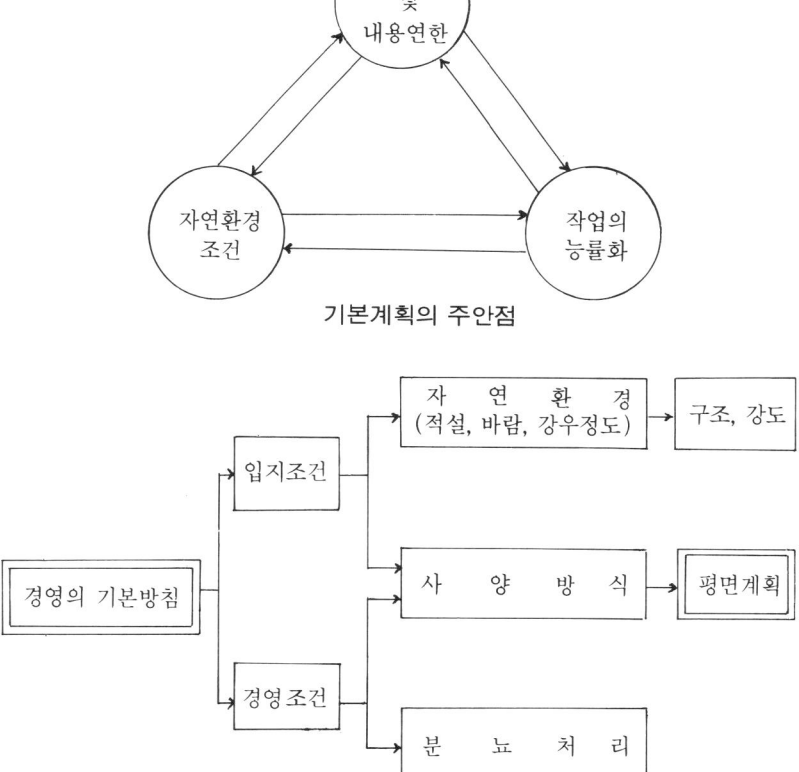

기본계획의 주안점

시설계획 과정도

(1) 계류식 우사

① 특성

좁은 면적의 시설로 소를 집약관리 할 수 있는 완전폐쇄 우사이며 개체별로 목사리를 설치, 고정하여 사육하는 형태이다.

- 장점

㉠ 좁은 면적의 시설로 소를 집약관리 할 수 있다.

㉡ 우군의 체급이 불균일해도 사육이 가능하다.

㉢ 사료의 개체급여 관리가 가능하다.

㉣ 소수의 사육두수도 시설이 가능하다.

㉤ 우사의 청소, 피부손질, 질병의 확인, 인공수정, 분만관리 등 소에게 접근이 쉬워 개체관리를 철저히 할 수 있다.

㉥ 전염성 질병의 확산을 방지할 수 있다.

㉦ 암소 사육에 적당하다.

- 단점

㉠ 사육규모의 제한을 받는다.

㉡ 단위면적(또는 두당)당 시설비가 많이 든다.

㉢ 두당 관리작업 소요량이 많다.

㉣ 활동의 제한으로 생산성이나 번식률이 떨어질 수 있다.

㉤ 축사의 구조가 소에게 알맞게 설비되어야 한다.

계류우사는 우상의 배치 형태에 따라 단열우상(소가 1줄로 있는 것), 복열우상(소가 2줄로 있는 것) 등으로 나눌 수 있으며 복열우상에는 다시 대두식(소가 2줄로 있을 경우 머리를 마주 대는 형식) 우상과 대미식(서로 꼬리를 마주하고 있는 형식) 우상 배치 형태가 있는데 단열우상은 5~10두 규모 이내에서 기존 축사를 이용하거나 또는 적은 면적으로 시설할 수 있으며 복열우상 우사는 10두~40두 규모에서 우사의 면적을 효율적으로 시설할 수 있다.

○ 대미식 복열우상

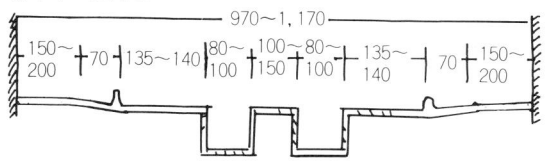

• 장점

㉠ 소의 축사출입이 편리하다.

㉡ 분뇨구와 통로가 축사 중앙에 위치하므로 분뇨청소 작업이 편리하다.

㉢ 환기창으로부터 들어 온 신선한 공기가 소의 앞부분으로 들어와 환기 효율이 높다.

• 단점

㉠ 사료의 운반 및 급여작업이 불편하다.

㉡ 사료상이 좁아진다.

㉢ 지붕에 건초저장시 이용이 불편해진다.

㉣ 사료의 운반, 급여 기계화가 어렵다.

○ 대두식 복열우상

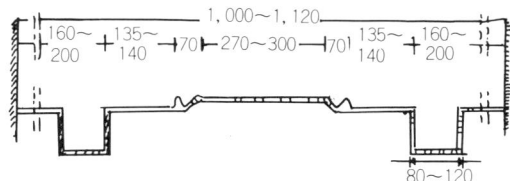

• 장점

㉠ 사료상이 축사 중앙에 있으며 넓게 사용할 수 있어 사료의 운반, 급여작업이 편리하다.

㉡ 축사의 중앙 출입구로 대형농기계 출입이 가능하여 청애사료 및 사료급여 자동화가 가능하다.

㉢ 지붕의 건초저장 이용시 편리하다.

㉣ 축사내 지붕받이 기둥설치와 함께 계류장치의 견고성을 가져올 수 있다.

㉤ 개체관찰이 편리해진다.

• 단점

㉠ 분뇨구가 축사의 양면에 위치하므로 분뇨청소 작업이 많아진다.

㉡ 가축의 출입이 불편해진다.

② 설계기초

축사의 방향은 가능한 남향을 하여야 주 풍향인 남풍과 북풍에 의한 축

사내 환기를 합리화 할 수 있으며 일광을 잘 이용할 수 있다. 우사의 규격
은 관리작업의 편리성과 가축의 행동습성을 고려한 체위에 맞도톡 잘 갖추
어 주어야 그 기능을 발휘하므로 생력화 될 수 있다.

　계류우사의 설계규격은 사육하는 소의 품종이나 성장단계에 따라 차이가
있으나 부분적으로 간단히 고려사항을 들면, 사료상의 높이는 사조의 높이
와 수평하게 하여 사료급여 작업을 편리하게 하고, 사조의 바닥권은 수분
의 침투성을 막고 매끄럽게 하여 사료의 즙액이나 침액 등이 흡수되어 시
멘트 내부의 부패나 세균 번성을 막고, 사료의 급여 및 청소관리를 편리하
게 할 수 있다. 또한 사조의 깊이는 사조 앞턱의 높이와 가축의 사료섭취
행동과 관계가 깊으며 사조 앞턱의 높이를 25㎝로 할 때 사조 바닥의 높
이는 우상면으로부터 10~15㎝가 되어야 하는데 사조의 깊이가 너무 낮으
면 용적이 적어져 사료의 유실과 이용효율이 나쁘게 되므로 깊이가 적어도
15~20㎝ 되어야 한다. 계류장치의 고정은 사조 앞턱에서부터 5㎝ 떨어진
우상에서 매어지는 것이 사조의 이용면에서 유리하게 된다.

한우의 성별 체위　　　　　　　　　　　　　　　（단위 : cm）

성 별 체 중(kg)　월 령	수 소		암 소		
	3	18	3	18	24
체 위	82.0	422.5	80.1	323.3	393.7
체　　　　장	75.5	134.4	81.3	130.8	137.8
체　　　　고	74.3	119.0	81.7	115.2	121.8
요　각　폭	19.6	36.7	19.2	37.3	40.6
십　자　부　고	77.9	122.9	84.3	121.3	126.3
흉　　　　위	96.6	175.8	99.4	165.1	176.8

　　　　　　　　　　　　　　　　　　　　　　（자료 : 축시 ’84）

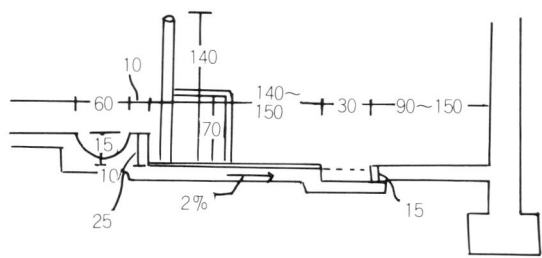

계류식 우상의 단면도（단위 : cm）

　소는 축사내에서 사료를 급여할 때 하루중 사료섭취 행동 시간이 6~8시간 소요되며 여러번 누웠다가 섰다가 하게 되므로 우상의 경사는 1~2%로 하여야 임신우의 후구 중량 부담을 덜어 주게 되고, 바닥면이 너무 거칠거나 미끄러우면 소의 뒷다리 비절부위와 앞다리 전관 부위의 손상이 생기며 안전사고와 발굽이 쉽게 마모되므로 탄력성이 좋은 고무 깔판을 깔아 주어 위생적 관리와 소의 기호성을 부여해 주는 것이 바람직하다.

우사의 내부시설 규격(복열 계류우상)　　　　　　(단위 : cm)

형 태 구 분　규 모	대　미　식		대　두　식	
	5~20두	20~50두	5~20두	20~50두
사료상　넓　이	100	150~200	150~200	270~300
사 조　넓　이	60	60	60	60
깊　이	15	15	15	15
앞턱높이	25	25	25	25
앞턱넓이	10	10	10	10
우 상　길　이	140~150*	135~140**	140~150*	135~140**
분뇨구　넓　이	30	80~100	30	80~100
깊　이	15~20	100~120	15~20	100~120
통 로	150	100~150	90~150	80~100
축 사　넓　이	830~850	970~1,170	800~1,000	1,000~1,120

※ : 낮은 분뇨구, ※※ : 깊은 분뇨구 자유유형식 분뇨처리

(2) 방사식 우사

① 특성

　적은 축사면적에서 많은 두수의 소를 집약적으로 사육할 수 있으며 우사의 구조에 따라 시설비의 차이가 많아지게 된다.

　소를 성장단계별로 구분하여 풀어서 사육하게 되므로 집단내에는 가축의 사회 순위가 있게 되며 수소는 체중 250kg인 때 순위투쟁이 가장 심하게 된다.

　이렇게 되면 집단을 형성하여 준 무리는 순위투쟁에 의한 생산성의 영향이 1주일 정도 걸리므로 체중 130~150kg일 때 일찍 집단화 해주는 것

이 좋다.

- 장점
㉠ 단위면적당 다두사육 할 수 있다.
㉡ 수소비육에 적합하다.
㉢ 환경조건에 조절을 폭넓게 할 수 있다.
㉣ 작업관리를 생력화 할 수 있다.
㉤ 우사 전체가 자유로운 활동 공간이 된다.

- 단점
㉠ 우사의 구조에 따라 시설비의 차이가 많다.
㉡ 가축 사회 순위의 영향으로 불균형 발육이 생길 수 있다.
㉢ 소규모 사육형태에는 적합하지 못하다.
㉣ 전염성 질병 확산이 가능하다.
㉤ 개체관리의 집약화가 어렵다.
㉥ 수소비육에 국한되어 이용된다.

② 설계 기초

완전 폐쇄 난방우사(warm stall)로서 슬러트를 이용한 방사식우사(slotted system free stall)인 경우 시설비가 많이 드는 반면 집약적으로 생력화 할 수 있는 우사이다.

소의 성장단계별로 4~5등급으로 구분하여 사육하는 형태로 평면 우상우사, 깊은 우상 우사, 슬러트를 이용한 우상우사로 나눌 수 있다.

- 평면 우상 우사(paved surface)

소가 활동하고 쉬는 공간이 모두 우상이 되므로 장소의 구분 없는 배설로 우상의 전체면적이 항상 과습하게 되기 쉬우며 깔짚을 사용한다 하더라도 그 효율이 떨어지게 되어 구조상 소 사육 환경으로 적합하지 못하다.

- 깊은 우상 우사(deep litter stall)

깊은 우상 우사 또는 분뇨구와 사료섭취대를 병용하여 우상을 높여 쉬는 공간을 주는 형태가 있다.

사조에 잇대어 사료섭취 공간이 있으며, 그뒤에 깔짚 축적식 깊은 우상을 만들어 주는 형태와 분뇨구와 사료섭취 공간을 주고 그 뒤에 우상을 높여 우상으로의 분뇨 오염을 막아주는 형태가 있다.

그러나 우리나라에서는 깔짚사용이 경영 경제성에 맞지 않는다.

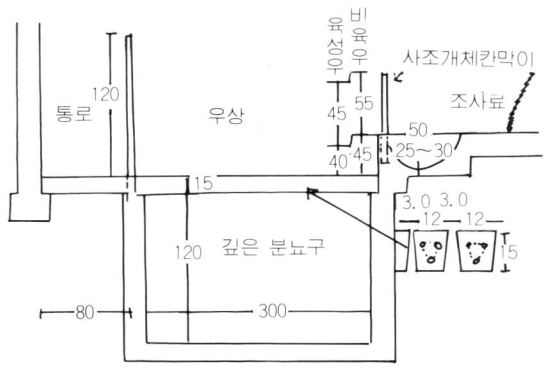

(낮은 사조, 개체 칸막이 설치) (단위 : cm)

슬러트를 이용한 방사식 육우사

• 슬러트를 이용한 방사식 우사(Full slotted system free stall)

우사의 전체 면적을 슬러트(철근콘크리트 발판)로 깔아 우사의 바닥 아래로 분뇨가 빠지게 하므로 우사의 환경을 건조하게 유지할 수 있을 뿐만 아니라 우사의 아래 부분이 직접 분뇨 저장조가 되거나 또는 외부의 별도 저장조로 흘러 들어가게 하여 분뇨의 집약적 관리를 할 수 있다.

이러한 경우 깔짚 사용은 오히려 분뇨처리의 기능을 마비시키게 되므로 깔짚을 사용하지 않는 사육방식이 된다.

슬러트의 규격은 사육되는 소의 체중에 무너지지 않도록 견고성이 필요하며, 윗부분의 넓이보다 아랫부분을 넓게하여 분뇨 빠짐을 좋게 하여야 하며, 소의 체중이 200kg까지는 발판의 넓이를 10~13cm, 발판 사이 간격을 3cm로 하고 200kg 이상에서는 12~13cm에 3.5~4.0cm간격으로 하는 것이 소를 깨끗이 유지 관리할 수 있고 분뇨의 빠짐이 좋아 이상적이다.

이때 우사의 밑부분은 깊은 분뇨구가 되는데 깊이를 120cm로 하고 분뇨구의 바닥은 경사를 0~1%로 주어야 똥과 오줌이 섞여 흘러가게 되며 분뇨가 빠져나가는 부위에는 15~20cm 높이의 둑을 쌓아 액상 분뇨가 자연적으로 끊임없이 흘러넘어가게 하여 분뇨저장조로 유입되게 하거나 또는 축사시설 비용을 줄이기 위하여 직접 우상의 바닥 아랫부분을 분뇨저장조로 이용하기도 한다.

〈자유 유형식 분뇨처리(단위 : cm)〉

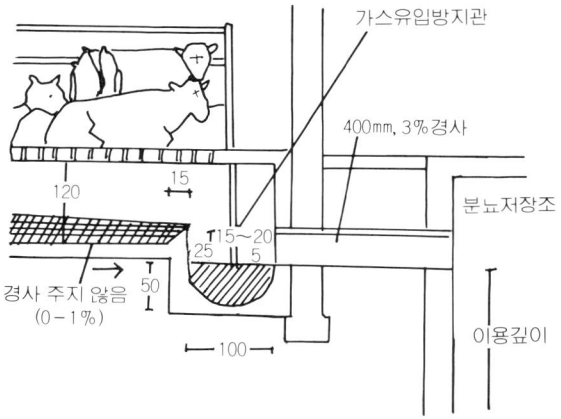

분뇨저장조의 용적계산은

분뇨저장조 용적(m^3)=사육두수×분뇨배설량(m^3 / 월)×저장기간(개월)이
다.

비육우의 배설량   (단위 : m^3 / 월)

액 상 분 뇨	분	뇨
1.0	0.35	0.43

분뇨저장조를 이용할 때 운동장이나 방목지로 부터 묻어온 흙이나 모래
가 분뇨저장조로 들어가 퇴적되지 않도록 예비 맨홀을 이용함이 좋고 저장
조로 부터 생성된 고농도의 유해가스가 축사내로 유입되는 것을 방지해야
한다.

액상분뇨가 통과하는 토관은 직경이 400~500mm가 되어야 분뇨의 통과
를 안전하게 할 수 있고 가능한 한 직선을 이루는 것이 안전하다.

특히 우상 아래의 깊은 분뇨구에서는 20~40cm깊이의 액상분뇨가 쉬지
않고 느린 속도로 흐르며 담겨있게 되어, 여기서 발생한 생물가스로 하여
금 축사내 공기의 오염이 염려되나 환기요구량에 맞는 충분한 환기로 큰

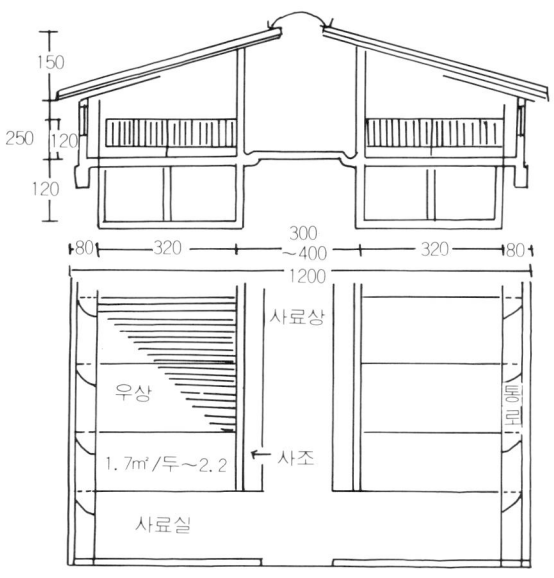

〈완전 축사를 이용한 비육우 군사시설〉

문제는 되지 않는다.

(3) 개방식 우사

① 특성

강추위나 강우, 강설량이 많지 않은 지방에서 사조와 우상만 지붕을 설치하여 보호하고 무벽상태에서 연중 사육할 수 있다. 여름철에는 일광을 차단하고 겨울철에는 일광을 최대로 이용함으로써 시설비는 절약되나 소요면적을 많이 필요로 하는 자연환경 조건에서 사육하는 조방적 관리형태이다.

  • 장점
ㄱ 조방적 관리로 작업효율이 높고 다두사육이 가능하다.
ㄴ 단위면적당 시설비와 유지비가 저렴하다.
ㄷ 행동의 자유와 넓은 공간을 제공하므로 운동량을 충분히 줄 수 있다.
ㄹ 일광, 신선한 공기 등 자연환경을 그대로 줄 수 있다.

ⓜ 소를 청결히 관리할 수 있다.

ⓑ 육우의 번식, 비육 등 일관사육이 가능하다.

- 단점

㉠ 자연환경 조절이 어렵다.

㉡ 넓은 면적이 소요된다.

㉢ 지대와 지역간 이용도가 국한된다.

㉣ 지형이나 방향에 대한 영향을 많이 받는다.

㉤ 개체관찰의 기회가 적어 질병에 감염된 소의 조기 발견이 어려우며 개체 고정 격리작업이 불편하다.

㉥ 전염병이 발생하면 확산되기 쉽다.

㉦ 분뇨처리 면적이 넓다.

㉧ 번식우 사육시 송아지 육성이 불리하다.

㉨ 관리자는 악천후에 노출되기 쉽다.

㉩ 겨울철 급수 비용이 많이 든다.

㉪ 사료효율이 낮다.

② 설계기초

우리나라에서 개방식 우사는 사조와 우상만을 지붕으로 보호하는 무벽우사로서 고냉지를 제외한 중부 이남지역에서 이용할 수 있으며, 축사의 방향은 남향으로 하고, 지형적으로 경사를 이루어 배수가 잘 되고 북서향이 자연적으로 방풍벽을 이루면 더욱 유리하다.

개방식 우사의 북서면을 조사료 저장공간으로 이용하면 겨울철 북서풍의 방풍역할을 하며 사료의 저장, 공급 작업이 편리해지고 동시에 관리 경영의 생력화를 기할 수 있다. 조사료 저장공간 바로 앞에는 사료상, 사조로 이어져 사료의 운반거리가 짧아지게 된다. 또한 겨울철(12월~3월) 동안 인공방풍벽을 설치하여 한파를 막아 주고 여름에는 개방하여 통풍을 돕는 것도 좋다.

개방식 우사는 특히 일광의 이용이 중요한데 겨울철에는 일사각(동지 정오 일사각 : 28°)이 우상 깊이까지 들어가도록 하고 여름철에는 일사각 (하지 정오 일사각 : 78°)이 가능한 한 우사에 들어가지 않도록 지붕의 높이를 150㎝로 하며 처마의 길이는 120~140㎝로 하면 관리작업에도 불편하지 않으며 여름철 복사열의 영향도 덜 받게 된다.

처마의 끝이 분뇨구를 덮어 강우나 강설에 의해 분뇨구로 유입됨이 없도록 하여 분뇨처리시설의 효율을 높이는 것이 좋고 처마에는 빗물받이를 설치하여 주는 것이 바람직하다.

사료상의 넓이는 150㎝ 정도로 사료의 저장, 급여공간을 충분히 하며, 사조의 넓이는 50㎝, 깊이는 25~30㎝로 사조의 용적을 충분히 하여 주고, 사조 앞턱의 높이는 소의 성장단계별로 40~50㎝로 하고 사조개체 칸막이를 설치 이용함이 좋다.

우상의 길이는 240㎝로 하여 소의 충분한 휴식공간을 주는 것이 좋다.

분뇨구의 형태는 깊이를 10㎝, 넓이는 우분 운반기구의 용도에 따라 120~140㎝로 하며 분뇨구의 길이는 우상의 열에 따라 직선으로 배치하고 한쪽 방향으로 약간의 경사를 주어 배수를 돕도록 한다.

운동장은 배수가 잘 되고 부드러운 흙바닥이 좋은데 매일 한번씩 제분작업을 하는 것이 운동장을 청결히 오래 유지할 수 있으며, 1~2년에 한번씩 신선한 흙으로 20㎝ 정도 깊이로 흙을 갈아 주는 것이 소의 건강과 기호성을 좋게 한다.

한우리에 사육되는 마릿수는 5~10두가 적당하며 소 마리당 운동장의 넓이는 소의 품종이나 체중에 따라 다르나 번식우는 9.0㎡, 육성우 3.5㎡, 비육우는 한우의 경우 5.5㎡, 대형종인 홀스타인이나 샤로레 등은 한우의 면적보다 50% 더 넓게 제공해 주어야 운동장의 평탄상태를 유지할 수 있다.

운동장의 울타리 사이 넓이는 40㎝로 하여 소의 머리가 자유로이 드나들 수 있어야 한다.

개방식 우사는 겨울철 영하기온에서 급수가 불편해지므로 자동가온 급수조를 이용함이 바람직하며, 여러 마리의 소를 인력으로 자유급수 한다는 것은 쉬운 일이 아니다. 더운 여름철의 고온하에서 그늘막 시설은 효과가 많으므로 운동장 밖의 활엽수 그늘이나 간이그늘막 시설은 필요하다.

특히 개방식 우사 이용시 주의할 사항은 완전폐쇄 축사에서 사육하던 소를 무더운 여름철이나 건냉한 겨울철에 개방식 우사로 옮겨 급격한 사육환경을 바꾸어 주는 것은 가축 건강에 해로운 결과를 가져오게 되므로 피한다.

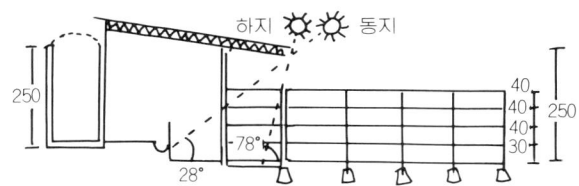

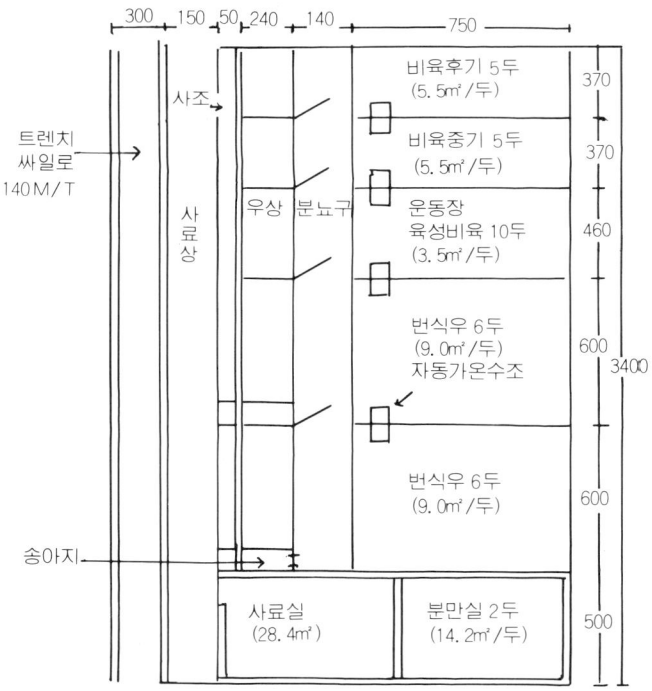

〈개방식 육우사(단위 : cm)〉

③ 사조의 설치 이용
  • 갖추어야 할 사조의 조건
㉠ 소가 자유로이 사료를 섭취할 수 있을 것.
㉡ 사료 운반, 급여작업이 편리할 것.
㉢ 사료의 유실을 막을 것.
㉣ 위생적으로 사료가 관리될 것.
㉺ 시설비용이 저렴할 것.

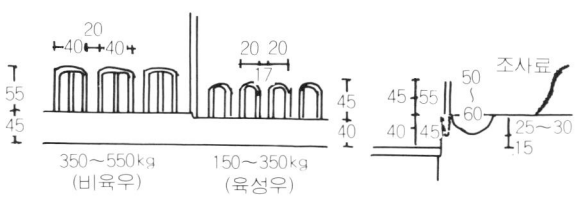

〈사조 개체 칸막이의 규격(단위 : cm)〉

　　사조의 형태는 고사조와 저사조를 들 수 있는데 고사조는 소를 계류하
여 사육할 수 없으며 사료섭취 행동이 자유롭기 때문에 초가 또는 사조로
부터 사료의 유실이 많아지며 초가나 사조의 높이만큼 시설비와 사료급여
노력이 더 들게 된다.

　　또한 가축사회 순위에 의한 발육 불균형을 가져오므로 저사조에 사조개
체 칸막이를 설치하면 상기한 바의 고사조의 여러 가지 결점을 개선할 수
있다. 저사조의 사조 턱 높이는 체중 300kg이하에서 40cm, 300kg이상에서
45cm로 하고 사조의 넓이는 50~60cm, 사료상의 높이는 사조턱의 높이와
수평하게 하거나 약간 낮게 하여 사료급여 작업을 편리하게 한다. 사조의
깊이는 25~30cm로 하여 용적을 충분히 하며 사조바닥의 높이는 우상면으
로부터 15cm는 되어야 한다. 사조앞턱의 넓이는 15cm 콘크리트로 하여 사
조개체 칸막이의 파이프가 소의 힘에 견딜만큼 견고하게 고정되어야 한다.
칸막이의 쇠파이프 직경은 38~42mm의 규격을 사용할 수 있다. 이러한 사
조의 형태로 방사식 완전폐쇄 우사, 개방식 우사 또는 운동장의 한면에 설
치하여 이용하므로 시설비를 줄이고 사료급여 작업이 편리한 사조로 이용
될 수 있다.

④ 기타시설

• 분뇨처리 시설

스탄천식 우사의 요구(尿溝)는 자연유하식(自然流下式)을 많이 사용하며 이때의 요구경사도는 1/200~1/300이내로 하고 요구폭은 개방요구(開放尿溝)시 41cm로 하고 깊이는 우상쪽은 17cm 통로쪽은 14cm를 기준으로 한다.

요조의 크기는 400kg 무게의 소 1두의 1일 배뇨량을 10 l 로 기준하여 60일정도 저장할 수 있는 용량으로 설치하며 요조는 아래와 같이 침전조와 저장조로 분리하여 설치하는 것이 요조관리에 편리하다. 단방식 우사, 소군사식 우사에서는 별도 요구를 설치하지 않고 우방이나 급사장 등의 우상(牛床) 경사를 이용하거나 깔짚에 묻혀서 처리하는 방법을 많이 이용한다.

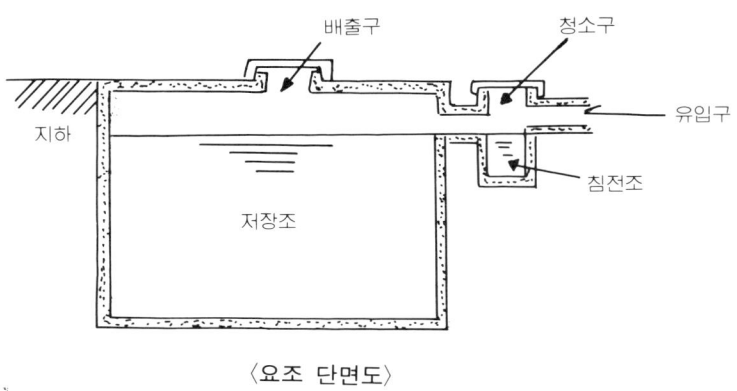

〈요조 단면도〉

• 퇴비장

퇴비장의 용적은 저장 기간을 90일로 기준하여 설치하는 것이 보통이며 (부숙기간을 감안함) 한우 및 육우의 1두 1일 배분량(排糞量)은 20kg을 기준으로 하고 두당 용적의 계산은 20kg/일×90일×1.33㎥=2.4㎥의 계산식으로 한다(1.33㎥는 퇴비 1톤의 용적임). 설치장소는 퇴비를 넣는 곳을 우상면(牛床面)과 같은 레벨로 할 수 있고 퍼내는 곳의 지면을 퇴비장의 바닥면 높이와 같도록 할 수 있는 곳이 좋다.

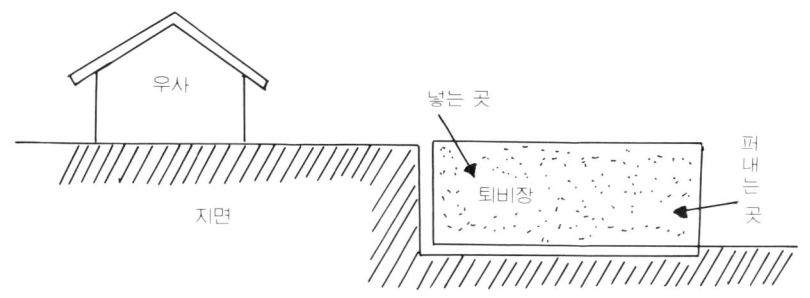

〈우사와 퇴비장의 위치도〉

● 운동장

운동장은 겨울철 찬 바람의 영향을 덜 받도록 서북쪽을 막아주어야 하고 남쪽은 개방된 장소가 좋다. 소요면적은 분만우 두당 10㎡, 비육우 두당 20㎡(단방 사육시)를 기준으로 하고 다두 사육시는 아래 비육용 육우의 운동장 넓이기준을 적용한다.

비육용 육우의 운동장 넓이 기준

육 우 구 분	1두당 소요면적 (㎡ / 두)		
	배 수 보 통	배수좋은곳	포 장 시
272 kg 미 만 우	9.29	6.50	1.39
272 kg 이 상 우	13.94	9.29	1.86
비 고	습윤지, 혹한, 다설지대 50 % 증가 적용		

특히 여름철에는 뜨거운 직사광선을 막기 위하여 차광을 해 주어야 하므로 차광막을 설치하거나 그늘나무를 심어 주어야 한다.

3. 설계도면의 활용

축사를 신축하는데는 축사신축에 따른 일정한 절차를 밟아야 지을 수 있다.

축사를 신축하기 위해서는 먼저 내가 어떠한 구조와 방식에 의하여 지을 것인가를 결정한 다음 설계사무소에 가서 설계서를 의뢰하여야 한다. 이와 같이 설계사무소에 의뢰하면 자기가 하고 싶은 대로 지을 수 있는 반면 설계비용을 지불해야 하는 경제적 부담이 있다.

그러므로 정부에서는 설계비용을 절감할 수 있도록 사육두수별에 따라 표준설계도면을 작성하여 각시군청에 비치해 양축가가 표준설계도에 의해 축사를 짓고자 할 때에는 그 도면에 따라 허가해 줌으로써 설계비용을 절감시키고 있다.

그러므로 축사표준설계도중에서 비육우 20두사육규모의 설계도를 발췌하여 별첨에 소개하고자 하며 더욱 자세히 알고자 할 때에는 각 군청 축산계에 비치되어 있는 것을 참고하고 또한 축산관계관에게 문의하는 것이 바람직하다.

도면목록표(비육우 20두)

승인번호 축사규모 도 면 명 칭	축사 – 80 – 20 – 나 20두
표 지	00
도 면 목 록 표, 특 징 및 내 용	01
시 방 서	02
투 시 도	03
품 및 자 재 총 괄 표	04
품 및 자 재 명 세 서	05~06
평 면 도	07
입 면 도	08
기 초 및 지 붕 복 도	09
바 닥 구 배 복 도	10
주 단 면 도	11
단 면 및 창 호 도	12
부 분 상 세 도	13~17
전 기 배 선 도	18
급 수 배 관 도	19

특 징 및 내 용

가. 이 표준설계도는 축산진흥회 기술지원단에서 작성한 것으로 우리나라 북위 39°이남 해발 500m이하 지역에서 사용할 수 있도록 설계된 것이다.

나. 이 표준설계도는 한우와 육우(헤어포드, 애버딘앵거스)의 체구와 체형에 알맞도록 작성된 것임.

다. 이 표준설계도는 우리나라의 기후와 한우 및 육우의 생리적 특성을 반영하여 시설양식과 규격을 정한 것임.

라. 이 표준설계도는 축사의 방향을 남향으로 하였을 때를 기준으로 하여 시설물을 배치하였으므로 부득이한 경우를 제외하고는 반드시 남향으로 설치하여야 하며, 방향을 바꾸고자 할 때는 전문가의 자문을 받아야 함.

마. 이 표준설계도는 한우와 육우의 비육전용으로 작성되었으나, 육성용 우사로도 이용할 수 있음.

바. 이 표준설계도는 단기비육 전용우사로 사용토록 우상규격을 정하였으므로 중·단기 비육우사로 사용코자 할 때는 50두용 우상규격을 참고로 하여 우상을 설치할 것.

사. 이 표준설계도는 가축의 동선과 사람의 동선을 함께 고려한 것이므로 내부시설의 위치를 변경 않는 것이 좋으며, 경영계획상 부득이 변경하고자 할 때는 전문가의 자문을 받아야 함.

아. 이 표준설계도는 실수요자가 직영하여 건축할 수 있도록 구조 및 재료의 사용을 단순화 시켰으나, 자재수급상 부득이한 경우는 변경도 가능함.

자. 이 표준설계도는 부지조건, 지반상태 등에 의해 설계변경이 불가피한 경우에는 소정의 절차에 따라 변경할 수 있음.

차. 실 별 면 적

실 별	m²	평
우 상	55.66	16.84
다 용 도 통 로	60.97	18.44
급 사 통 로	23.63	7.15
사 료 창 고	8.72	2.64
연 면 적	148.98	45.07

타. 이 설계집은 축소판임.

시 방 서

1. 표준시방서의 준용
이 시방서에 명기되지 않은 사항에 대해서는 건설부제정 건축공사 표준시방서에 따른다.

2. 설계변경
가. 임의변경
다음에 해당될 경우에는 건축주 임의로 변경할 수 있다.
① 마감재료의 변경
② 도장색깔의 변경
③ 지반조건에 따른 기초의 변경(단, 이 경우에는 건축사 또는 지방 공무원의 지시에 따라야 한다)
④ 부분상세 및 창호규격의 건축표준상세도집에 따른 변경
나. 승인변경
① 조적재료의 변경
② 지붕재료의 변경

3. 기초공사
가. 기초는 반드시 잡석다짐위 철근콘크리트조로 하되 독립기초 또는 줄 기초로 하고 간이한 부분은 무근콘크리트조로 한다.
나. 바닥잡석다짐은 지반조건에 따라 생략할 수 있다.
다. 기초깊이
기초깊이는 각 지방별로 다음 동결선보다 깊게 하되 연약지반에는 정도에 따라 기초깊이 또는 판너비를 조정한다.

(단위 : cm)

지 방 별	깊 이	지 방 별	깊 이
서 상	100	전주, 부산, 인천	60
강 릉	90	울산, 광주	50
대구, 포항, 추풍령	80	여수, 목포, 제주도	40

4. 벽공사
가. 조적재료

조적재료는 속이 빈 시멘트블록 이외에 시멘트벽돌, 연탄재벽돌, 토공벽돌등으로 변경할 수 있으나, 내력벽인 경우 그 두께가 190㎜, 간벽은 90mm이상이어야 한다.

5. 철근콘크리트공사
가. 품 질

적 용 개 소	종 류	기준강도(kg / ㎠)	배합비
바 닥	보강 콘크리트	180	1:2:4
보 , 채양, 기초	철근 콘크리트	180	1:2:4
버림 콘크리트	무근 콘크리트	150	1:3:6

나. 철 근

K.S 이형철근을 사용하되 자재수급상 원형철근을 사용할 경우 구부림 (HOOK)을 주어 부착응력을 높이도록 하며, 아래 치수의 것으로 대체 할 수 있다.

D10 : ϕ 9, D13 : ϕ 12, D16 : ϕ 15

6. 단열공사
가. 단열재 사용

단열재는 두께 25mm~50mm로 하고, 열전도저항의 값이 0.9㎥h℃ / kcal 이상이 되는 단열재를 사용한다.

7. 위생공사
가. 강관은 수도용 아연도금강관 KSD 3565를 사용한다.
나. 관 이음쇠는 나사식 가단주철재 KSB 1531 아연도금제를 사용한다.
다. 밸브류는 KSB 2303 청동제 5kg / ㎠ 나사식을 사용한다.

8. 전기공사
가. 전선관은 규격품인 후강전선관으로 하고, 크기 및 치수는 도면에 표

시한 것과 같으며, 특기가 없는 한 옥내배선용은 P.V.C 전선관을 사용한다.

나. 전선은 I.V 전선을 사용한다.

다. 전선의 접속은 와이야콘넥타 또는 크램프로 접속한다.

라. 이음쇠는 K.S규격을 사용한다.

마. 백열등소켓트는 백색사기제품을 사용한다.

바. 옥외 인입중 220 V 지역은 전압강하 변압기를 별도로 설치한다.

9. 별도공사

가. 대지내 빗물 배수공사

대지조건에 맞추어 빗물 배수가 원활히 되도록 충분한 크기의 직경을 가진 배수관을 설치한다.

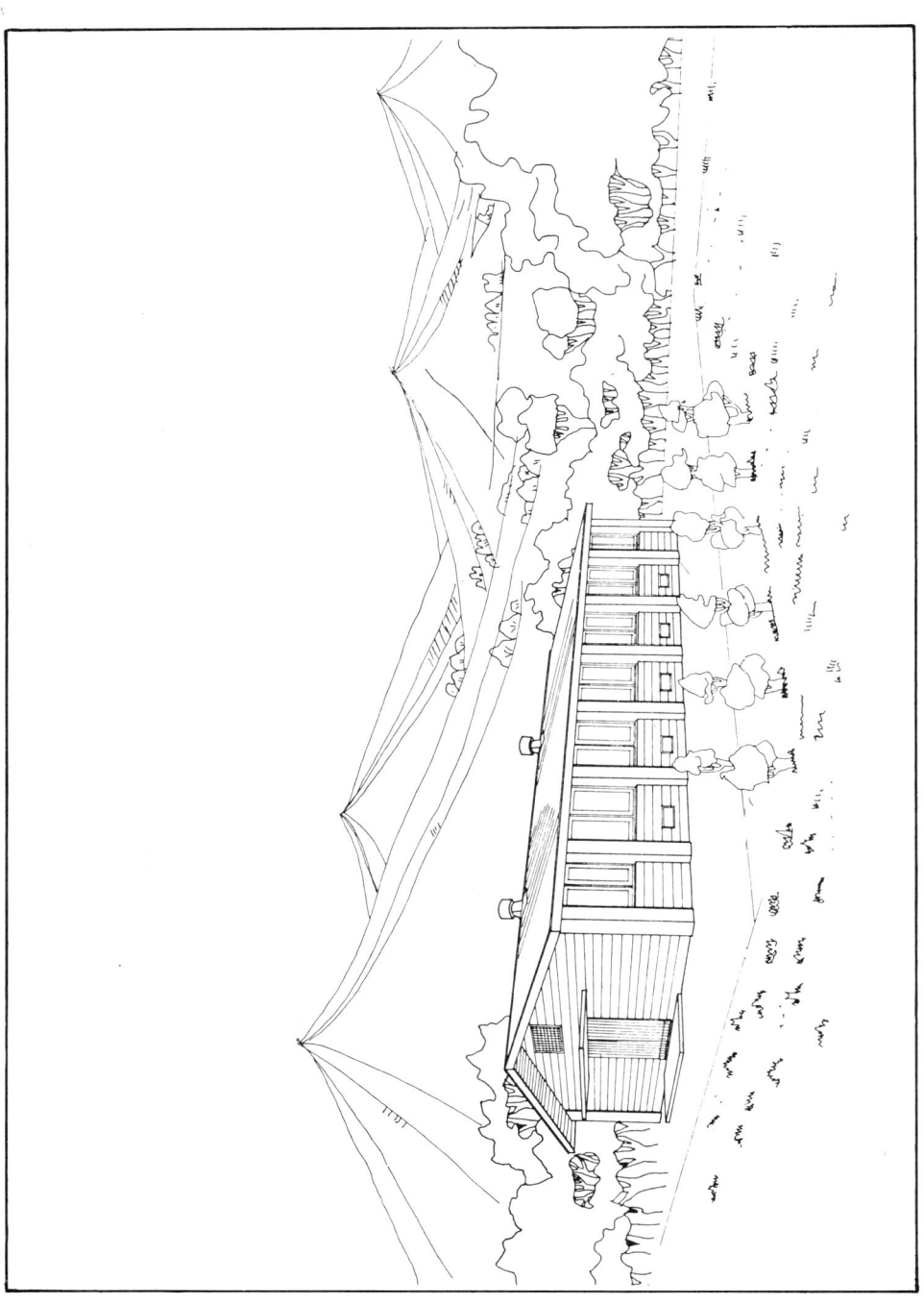

품및 자재 총괄표(비육우 20두)

품 명	규 격	단위	수 량
육 송	각 재	재	761
〃	판 재	〃	41
라 왕	각 재	〃	435
〃	12mm 널	〃	29
합 판	12mm×3′×6′	매	23
〃	9 mm×3′×6′	〃	10
〃	5.5mm×3′×6′	〃	8
통 나 무		m³	1
긴 비 계 목	L=5.4m	m³	1
못	각 종	kg	18
철 선	φ4mm(#8)	〃	53
꺾 쇠		〃	1
시 멘 트		kg	16,050
모 래		m³	24
자 갈		〃	44
잡 석		〃	33
이 형 철 근	D 10	kg	323
〃	D 13	〃	304
〃	D 16	〃	373
결 속 선	φ0.9mm	〃	7
C - 형 강	C-150×50×20×3.2	〃	1,278
〃	C-100×50×20×2.3	〃	224
〃	C-100×50×20×1.6	〃	939
철 판	PL.4.5mm	〃	327
〃	PL.6.0mm	〃	199
앵 글	ㄱ-25×25×3	〃	9
〃	ㄱ-50×50×4	〃	122
볼 트	각 종	〃	2
앵 카 볼 트	φ16 L=200	개	24
〃	φ9 L=400	〃	24
보 통 볼 트	φ6 L=55	〃	252
혹 (HOOK) 볼 트	φ6 L=100	〃	864

품및 자재 총괄표(비육우 20두)

품 명	규 격	단위	수 량
평 철	F. B 50×4	kg	8
흑 파 이 프	B. S $\phi 1\frac{1}{2}''$	m	96
〃	B. S $\phi 3/4''$	〃	8
흑 티	$\phi 1\frac{1}{2}''$	개	44
소 켓 트	$\phi 1\frac{1}{2}''$	〃	44
체 인		m	60
용 접 봉	$\phi 4.0$mm KSE 5016	kg	46
블 록	8″	매	500
〃	6″	〃	1,700
〃	4″	〃	135
와 이 야 메 쉬	♯8- @150×150	m²	146
가 마 니		매	19
대 골 슬 레 이 트	6.5mm×960×1,820	매	46
〃	6.5mm×960×2,120	〃	46
〃	6.5mm×960×2,420	〃	46
용 마 루 슬 레 이 트	L=910	〃	20
감 새 슬 레 이 트	L=1,820	〃	16
조 합 페 인 트	KSM 5317 목부	l	18
〃	KSM 5117 철부	l	45
녹 막 이 페 인 트	알 키 드 형	〃	31
신 너	DR-291	〃	11
우 드 프 라 이 머	DT-700	〃	1
박 리 재		〃	25
방 수 액	몰 탈 혼 화 제	〃	5
산 소		〃	15,602
아 세 틸 렌		kg	7
고 무 박 킹	대 골 형 1″×910	m	35
스 치 로 폴	1″ 두께 대 골 형	m²	202
유 리	3 mm-2′×3′	매	6
연 마 지		〃	124
넝 마		kg	5
개 솔 린		l	27

품및 자재 총괄표(비육우 20두)

품 명	규 격	단위	수 량
퍼 티		kg	1
가 루 분		g	53
실 린 더 정		개	2
스 텐 손 잡 이		〃	52
꼭 지 정 첩	4″	〃	6
평 중 꽂 이 쇠		〃	3
특 수 호 차	행가도어용 ϕ36	〃	8
레 일	P.V.C 피막	m	34
목 오 목 이		개	6
호 차		〃	12
스 치 로 폴	12mm	㎡	17
지 붕 용 환 풍 기		개소	2
비 닐	0.1mm	㎡	53
트 랜 치 커 버	0.45×0.45	개소	7
형 틀 목 공		인	22
비 계 공		〃	20
콘 크 리 트 공		〃	35
철 근 공		〃	4
블 록 공		〃	31
철 골 공		〃	68
용 접 공		〃	6
미 장 공		〃	22
방 수 공		〃	1
건 축 목 공		〃	14
창 호 목 공		〃	23
유 리 공		〃	1
슬 레 이 트 공		〃	10
도 장 공		〃	20
특 수 인 부		〃	1
인 부		〃	244

품및 자재명세서(비육우 20두)

공정	품 명	규 격	단위	수 량
1. 가 설 공 사	육 송	각 재	재	342
	못	각 종	kg	1.7
	통 나 무		㎥	0.58
	꺽 쇠		kg	1.3
	철 선	ϕ4mm(#8)	〃	6.1
	볼 트	각 종	〃	1.9
	긴 비 계 목	L=5.4m	㎥	0.68
	육 송	판 재	재	40.6
	가 마 니		매	19
	형 틀 목 공		인	6.63
	건 축 목 공		〃	1.34
	비 계 공		〃	4.1
	인 부		〃	23.54
2. 기 초 및 토 공 사	잡 석		㎥	32.57
	자 갈		〃	8.88
	인 부		인	46.8
3. 철 근 콘	시 멘 트		kg	12,480.0
	모 래		㎥	17.75
	자 갈		〃	35.49
	이 형 철 근	D 10	kg	323.0
	〃	D 13	〃	304.0
	〃	D 16	〃	373.0
	결 속 선	ϕ0.9mm	〃	6.55
	합 판	12mm	㎥	37.92
	육 송	각 재	재	393.0
	철 선	ϕ4.0mm(#8)	kg	38.05

품및 자재명세서(비육우 20두)

공정	품 명	규 격	단위	수 량
크리트공사	못	각 종	kg	10.5
	박 리 재		l	24.93
	와 이 야 메 쉬	#8 - @150×150	m²	146.0
	콘 크 리 트 공		인	35.44
	철 근 공		〃	4.0
	형 틀 목 공		〃	15.78
	인 부		〃	54.76
			매	
4. 조적공사	블 록	8″	〃	500.0
	〃	6″	〃	1,700.0
	〃	4″	〃	135.0
	시 멘 트		kg	1,450.0
	모 래		m²	1.62
	블 록 공		인	31.48
	인 부		〃	75.14
5. 철근콘크	C - 형 강	C - 150×50×20×3.2	kg	1,278.0
	〃	C - 100×50×20×2.3	〃	224.0
	〃	C - 100×50×20×1.6	〃	939.0
	철 판	PL. 4.5mm	〃	318.0
	〃	PL. 6.0mm	〃	199.0
	앵 글	ㄱ - 50×50×4	〃	122.0
	앙 카 볼 트	φ16 L=200	개	24.0
	〃	φ9 L=400	〃	24.0
	보 통 볼 트	φ6 L=55	〃	252.0
	용 접 봉	φ4.0mm KSE 5016	kg	40.67
	산 소		l	13,860.0
	아 세 틸 렌		kg	6.16

품및 자재명세서(비육우 20두)

공정	품 명	규 격	단위	수 량
리트공사	철 골 공		인	60.83
	비 계 공		〃	14.51
	용 접 공		〃	5.73
	인 부		〃	1.45
6. 지붕공사	대 골 슬 레 이 트	6.5mm×960×1,820	매	46.0
	〃	6.5mm×960×2,120	〃	46.0
	〃	6.5mm×960×2,420	〃	46.0
	용 마 루 슬 레 이 트	L=910	〃	20.0
	감 새 슬 레 이 트	L=1,820	〃	16.0
	고 무 박 킹	대골용 1″×910	m	34.8
	스 치 로 폴	1″ 두께 대골형	m²	202.0
	훅 (HOOK) 볼 트	ϕ6 l=100 L형	개	864.0
	슬 레 이 트 공		인	10.2
	인 부		〃	7.1
7. 미장공사	시 멘 트		kg	2,120
	모 래		m²	4.26
	방 수 액	몰 탈 혼 화 제	l	5.38
	미 장 공		인	21.88
	방 수 공		〃	0.67
	인 부		〃	26.25
8. 목공	라 왕	각 재	재	237.04
	육 송	각 재	〃	26.0
	합 판	5.5mm×3′×6′	매	5
	〃	9.0mm×3′×6′	〃	8
	철 선	ϕ4mm(♯8)	kg	8.4

품및 자재명세서(비육우 20두)

공정	품 명	규 격	단위	수 량
사	못	각 종	kg	5.71
	건 축 목 공		인	13.09
	인 부		〃	5.95
9. 창 호 공 사	라 왕	각 재	재	198.0
	〃	12mm 라 왕 널	〃	29.3
	합 판	5.5mm	㎡	4.4
	〃	9.0mm	〃	2.64
	실 린 더 정		개	2
	꼭 지 정 첩	4″	〃	6
	평 중 꽂 이 쇠		〃	3
	특 수 호 차	행가도어용 ϕ36	〃	8
	스 텐 손 잡 이		〃	52
	레 일	P.V.C 피막	m	34.2
	목 오 목 이		개	6
	호 차		〃	12
	창 호 목 공		인	22.97
10. 도 장 공 사	조 합 페 인 트	KSM 5317 목부	l	18.46
	〃	KSM 5117 철부	l	44.9
	녹 막 이 페 인 트	알 키 드 형	l	31.05
	신 너	DR – 291	〃	11.32
	우 드 프 라 이 머	DT – 700	〃	1.37
	연 마 지		매	123.66
	넝 마		kg	5.32
	개 솔 린		l	26.6
	퍼 티		kg	0.77
	도 장 공	3mm 2′×3′	인	20.11

품및 자재명세서(비육우 20두)

공정	품 명	규 격	단위	수 량
11. 유 리 공 사	유 리	3mm 2′×3′	매	6
	넝 마		kg	0.14
	가 루 분		g	53.1
	유 리 공		인	0.42
	인 부		인	0.42
12. 잡 공 사	흑 파 이 프	B.S $\phi 1\frac{1}{2}''$	m	96.10
	〃	B.S $\phi 3/4''$	m	7.72
	흑 티	$\phi 1\frac{1}{2}''$	개	44.0
	파 이 프 소 켓 트	(P.V.C) $\phi 1\frac{1}{2}''$	개	44.0
	앵 글	ㄱ-25×25×3	kg	8.5
	철 판	PL. 4.5mm	〃	8.5
	체 인		m	60
	평 철	F.B 50×4	kg	7.9
	스 치 로 폴	12mm	m²	16.5
	지 붕 용 환 풍 기		개소	2
	비 닐	0.1mm	m²	52.7
	트 랜 치 커 버	0.45×0.45	개	7
	산 소		l	1,742
	아 세 틸 렌		kg	0.77
	용 접 봉	$\phi 4.0$mm KSE 5016	kg	5.11
	철 골 공		인	7.64
	비 계 공		〃	1.81
	용 접 공		〃	0.72
	특 수 인 부		〃	0.26
	인 부		〃	2.6
13. 전	전 선 관	16C P.V.C	m	34.3
	〃	22C P.V.C	〃	37.0

품및 자재명세서(비육우 20두)

공정	품 명	규 격	단위	수 량
기	콘 넥 타	16C P.V.C	개	20.0
	〃	22C P.V.C	〃	6.0
	커 프 링	16C P.V.C	〃	6
	〃	22C P.V.C	〃	7
	박 스	4 각	〃	1
공	〃	8 각	〃	8
	〃	S. W	〃	4
	스위치플레이트	1 구	〃	4
	〃	2 구	〃	1
	스 위 치 박 스	2 구	〃	1
사	등 기 구	천 정 형	〃	9
	인 입 용 캪	22C	〃	1
	새 들	16C	〃	23
	〃	22C	〃	25
	스 위 치	단 로	〃	6
	전 선	2.0mm	m	216.6
	〃	3.2mm	〃	20
	내 선 공		인	13.11
14.	백 관	φ25	m	7
	〃	φ20	〃	7.2
	〃	φ15	〃	25.5
	엘 보 우	15	개	17
급	티	25	〃	4
	〃	20	〃	8
	레 듀 사	25	〃	1
	〃	20	〃	11
	닛 플	20	〃	5
수	〃	15	〃	12
	유 니 온	25	〃	1

품및 자재명세서(비육우 20두)

공정	품 명	규 격	단위	수 량
공	유 니 온	20	개	1
	〃	15	〃	2
	급 수 전	15	〃	2
	자 동 급 수 기	FN 341 (우사용)	〃	11
사				
	위 생 공		인	24. 6
	배 관 공		〃	4. 79
	인 부		〃	1. 26

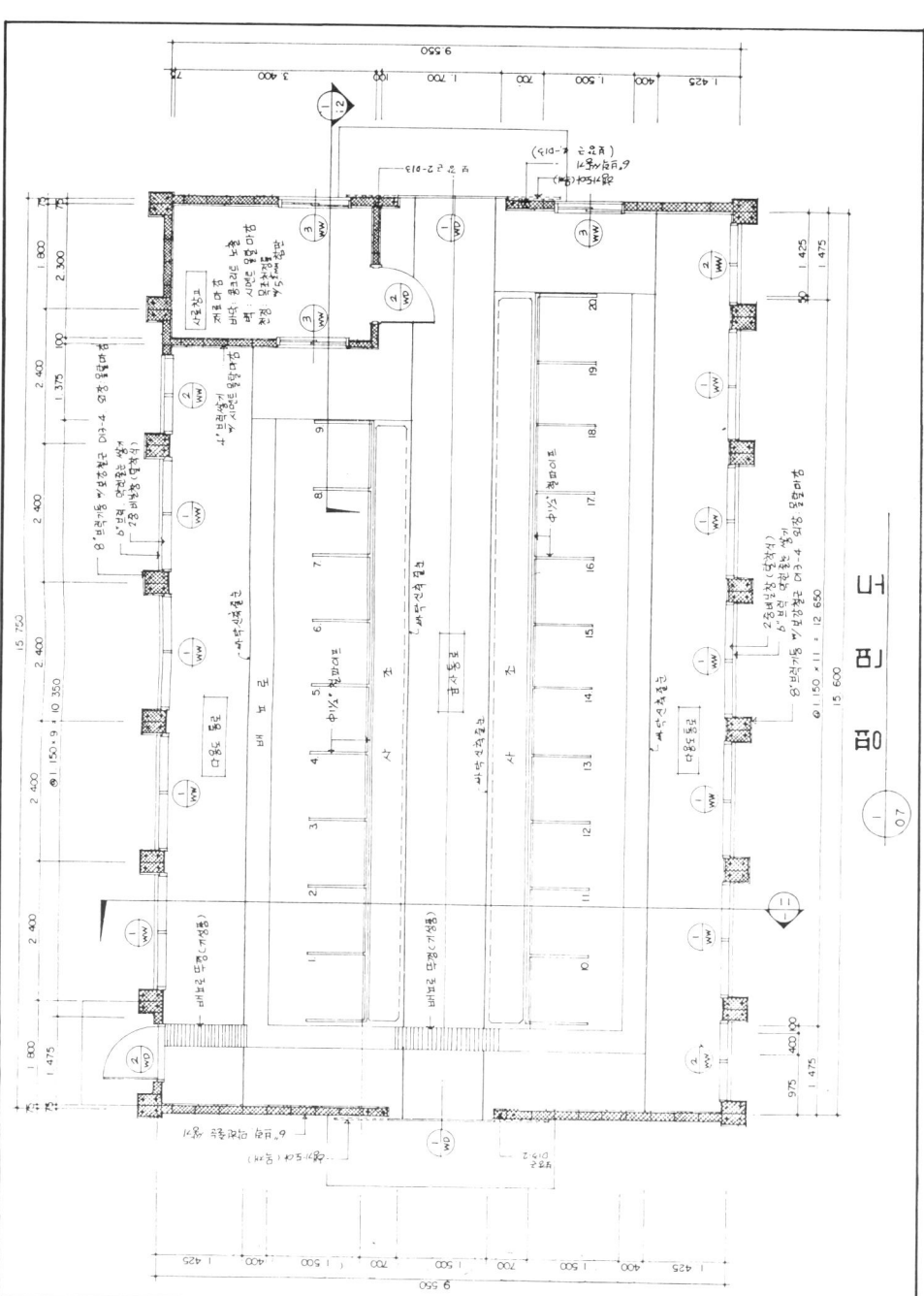

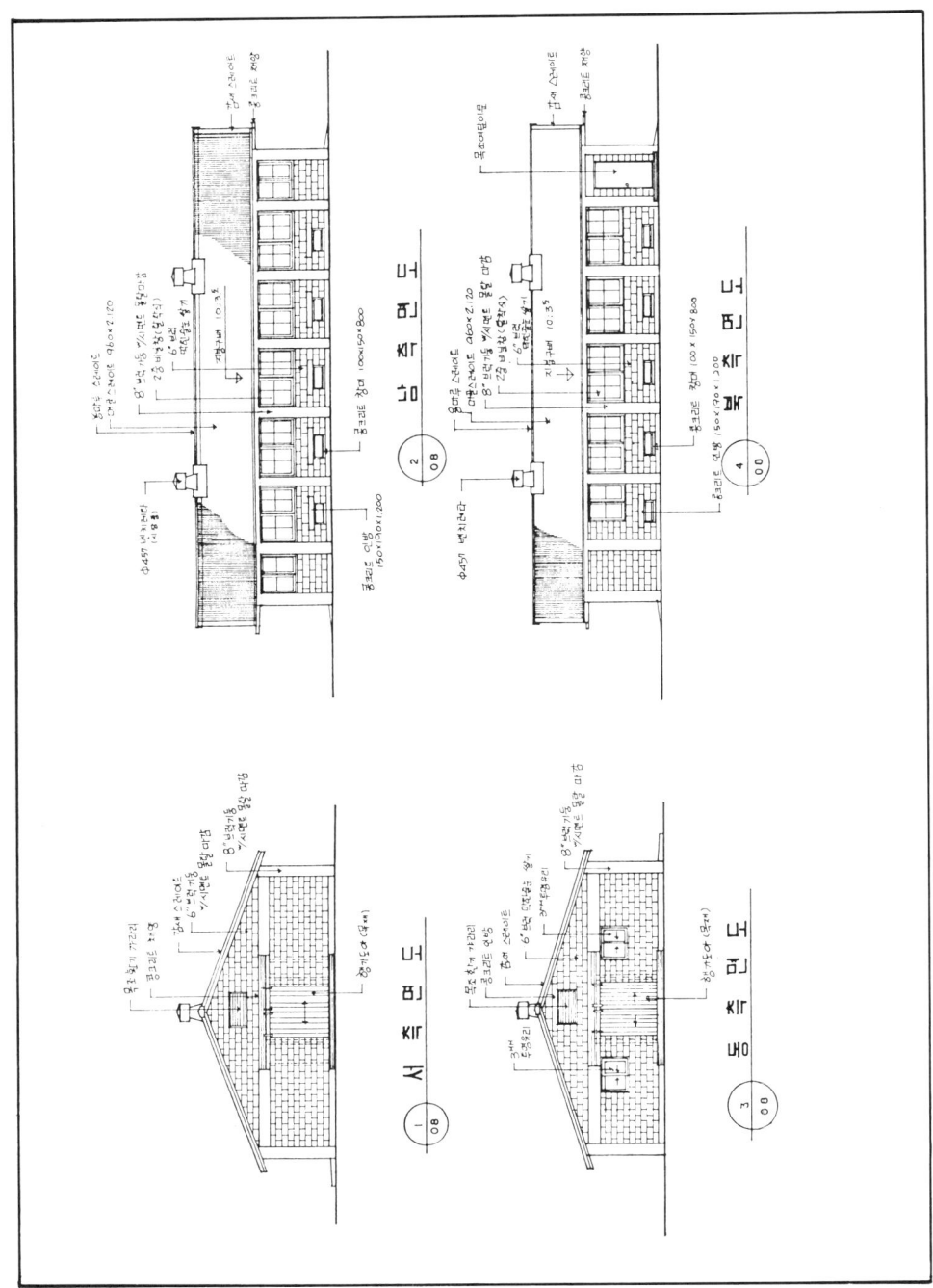

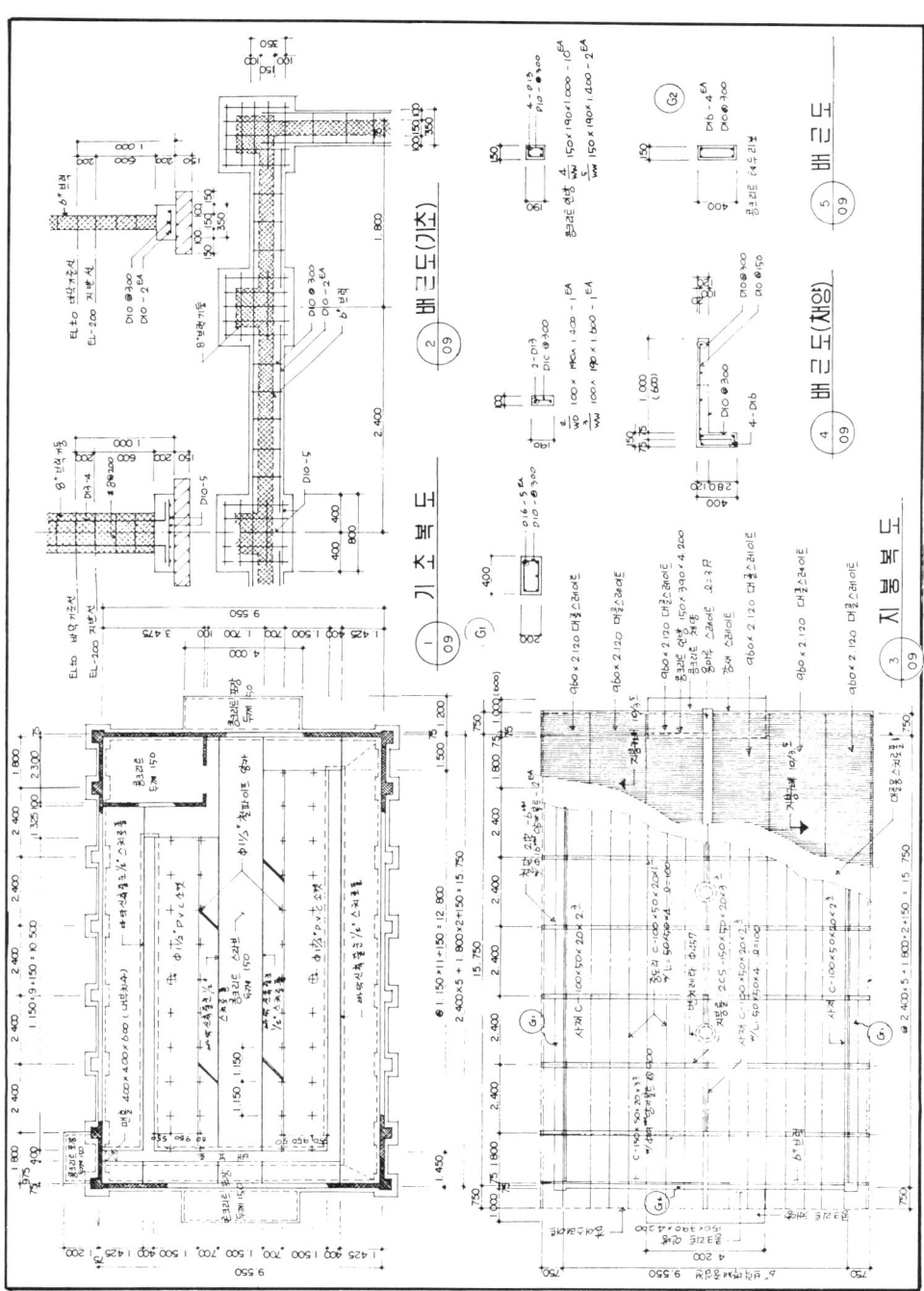

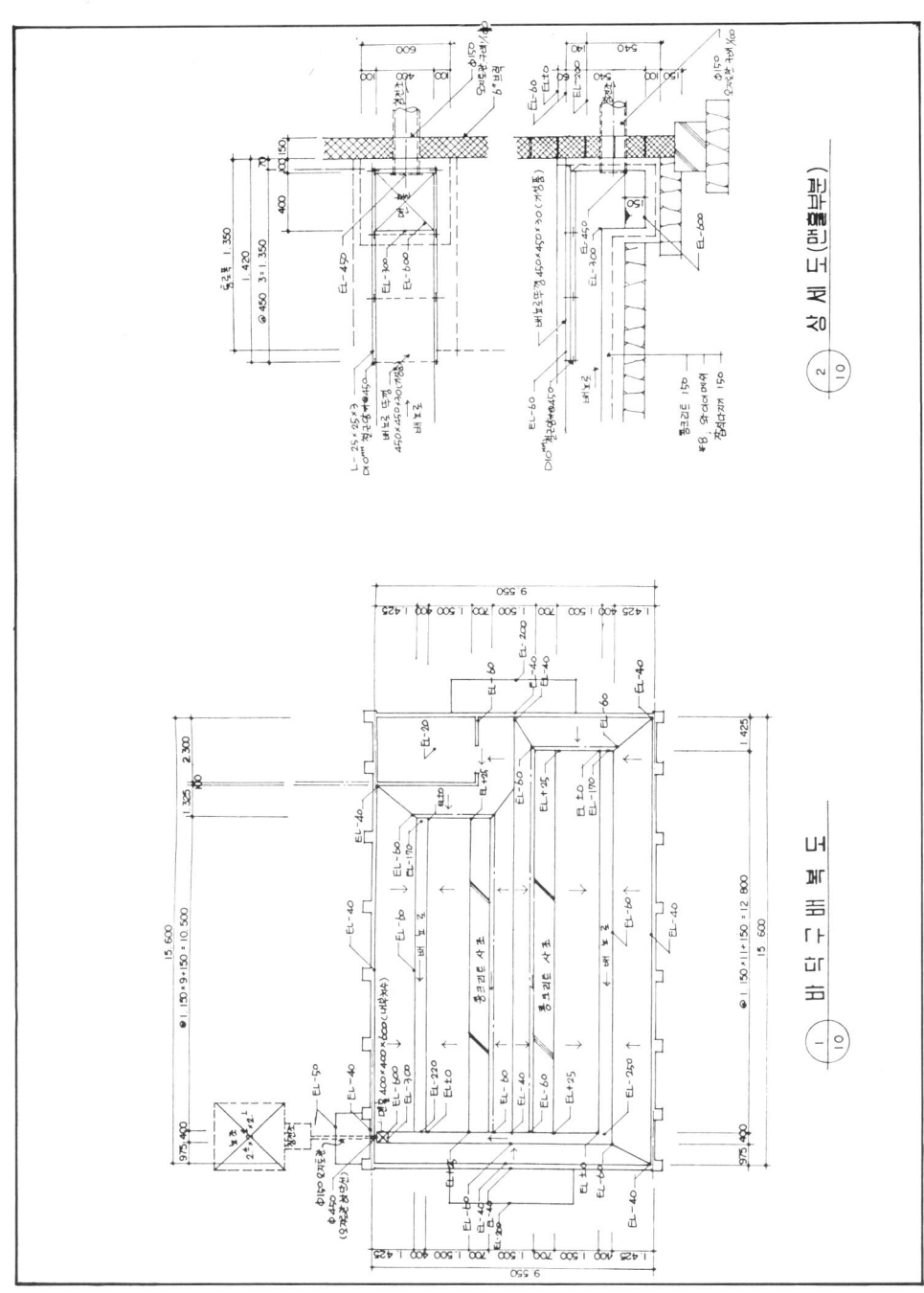

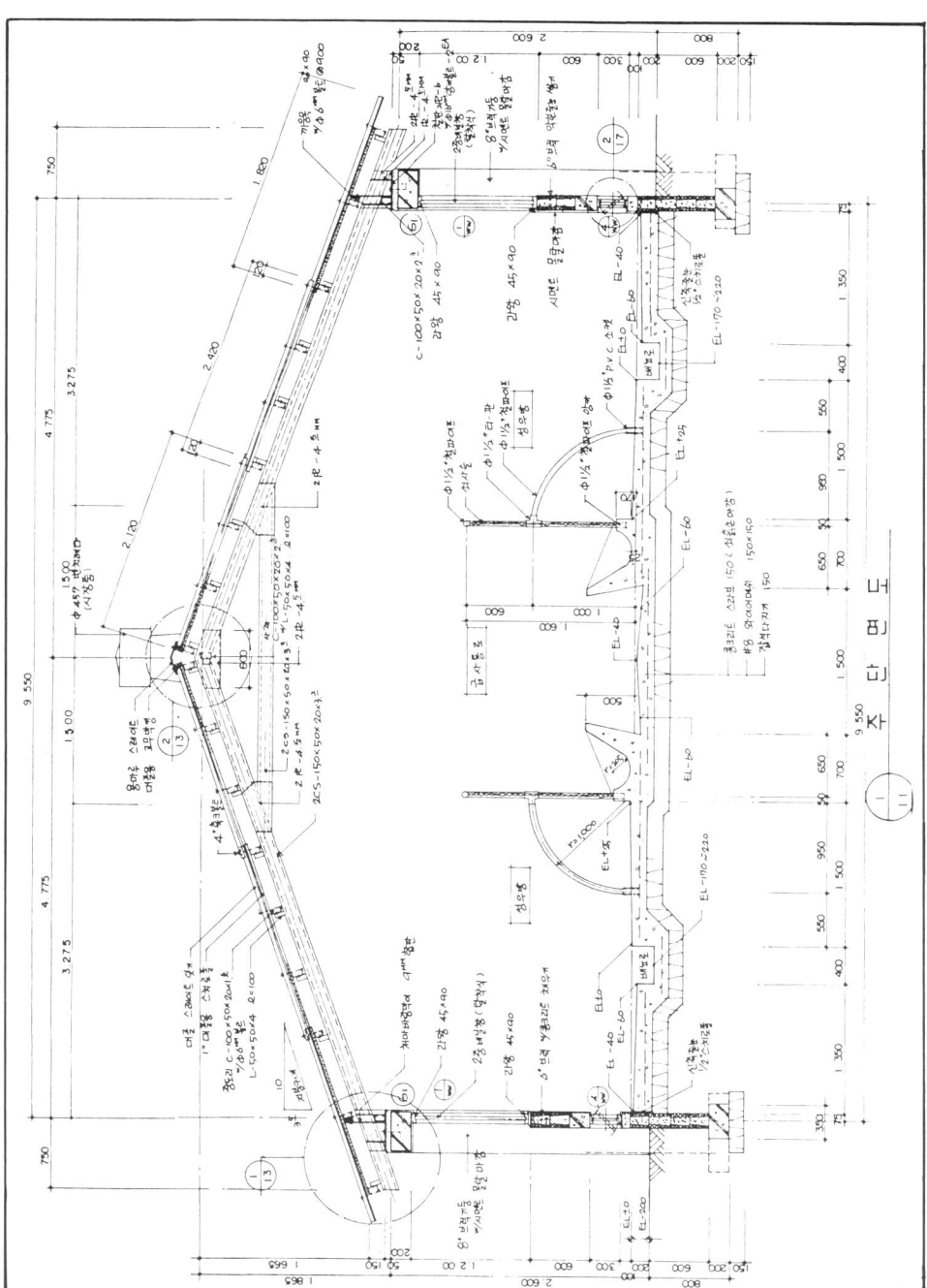

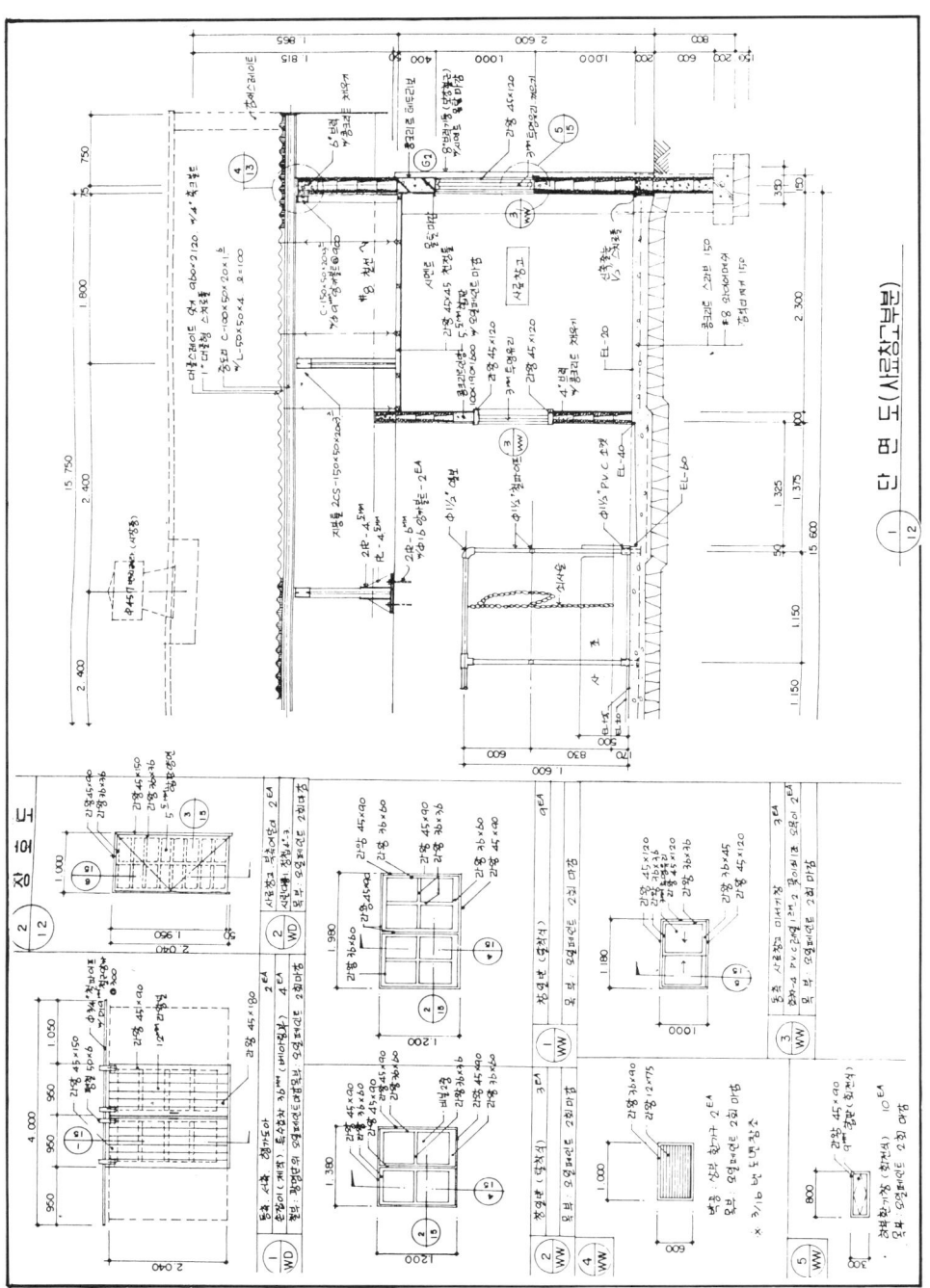

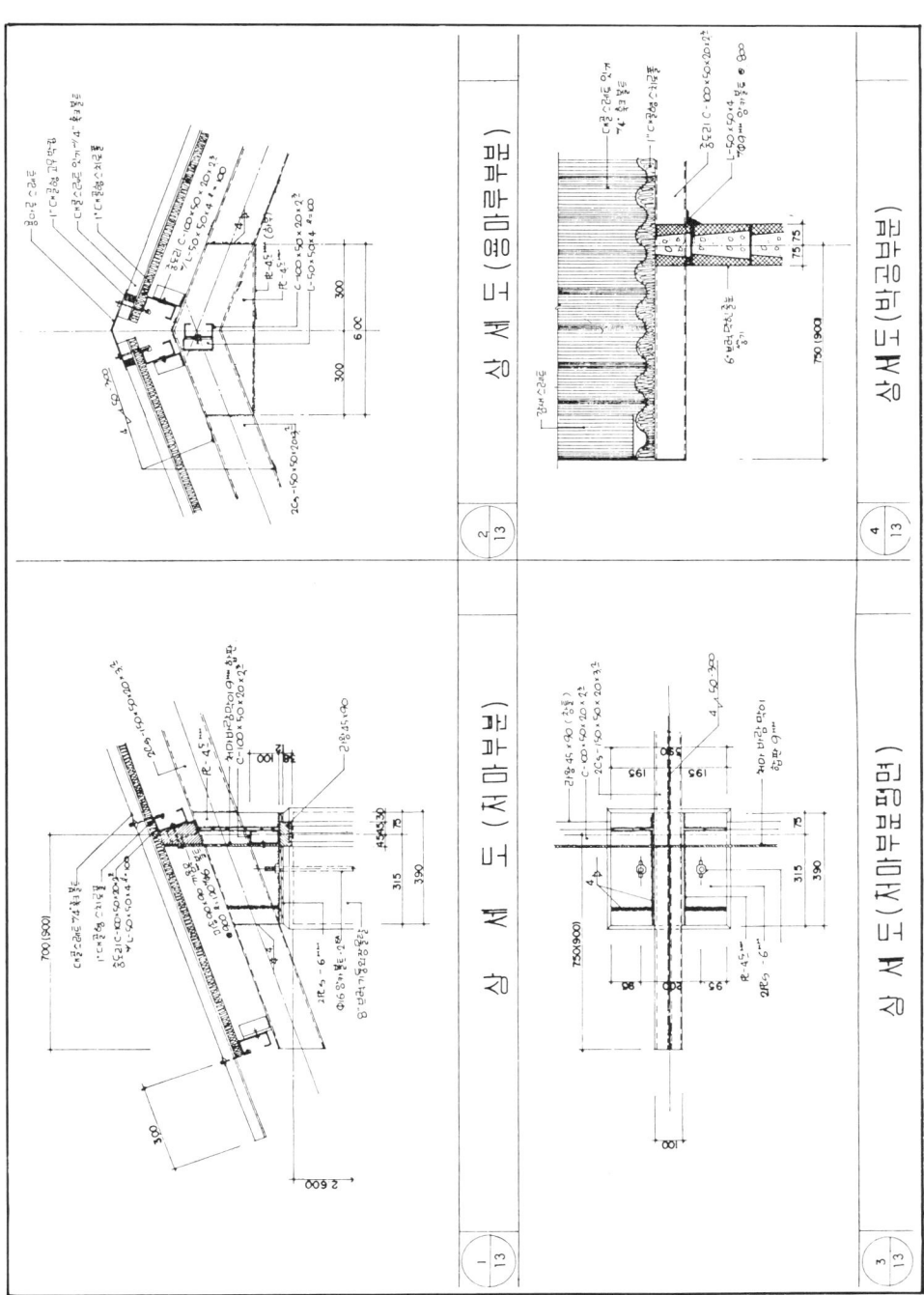

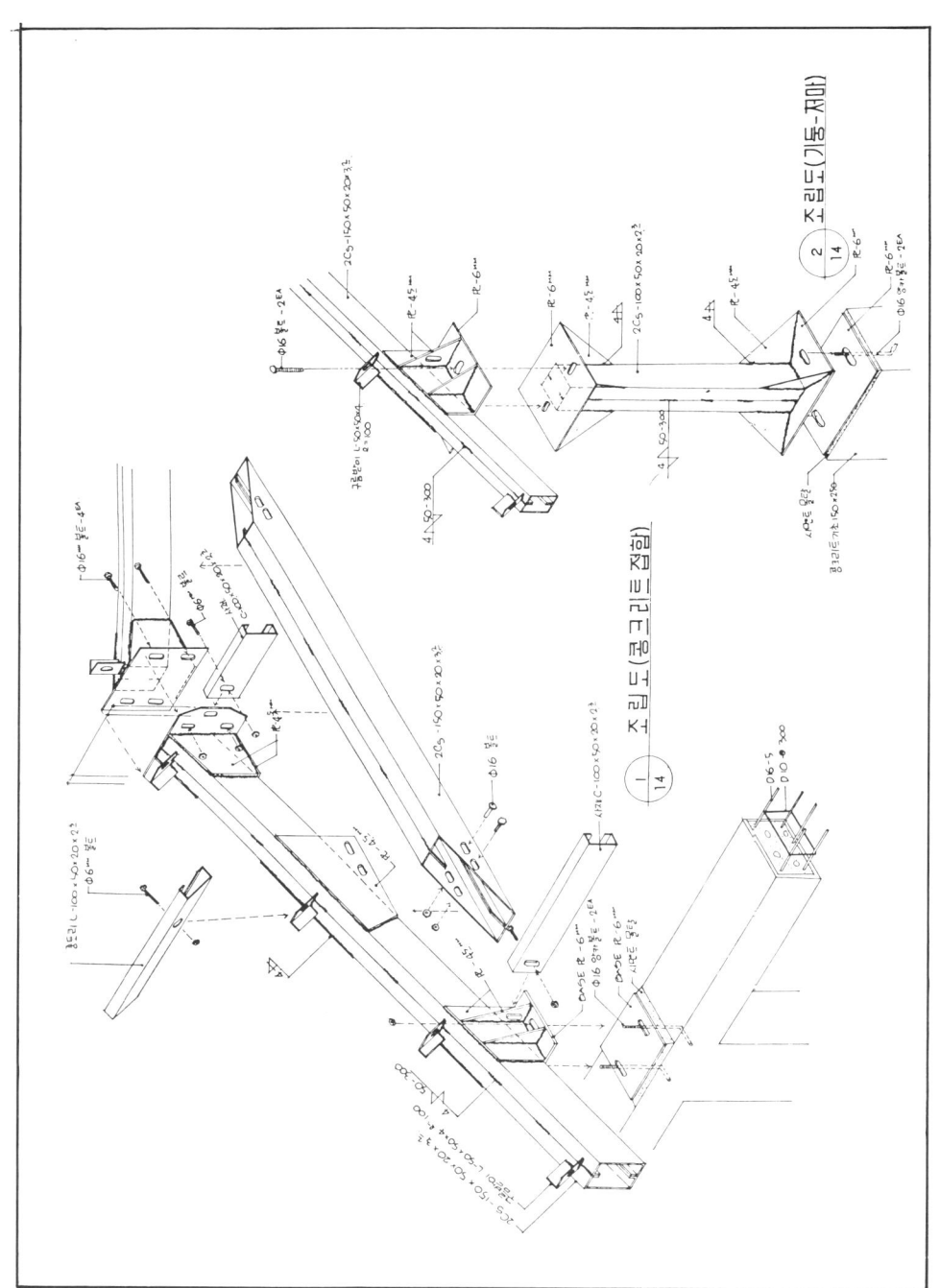

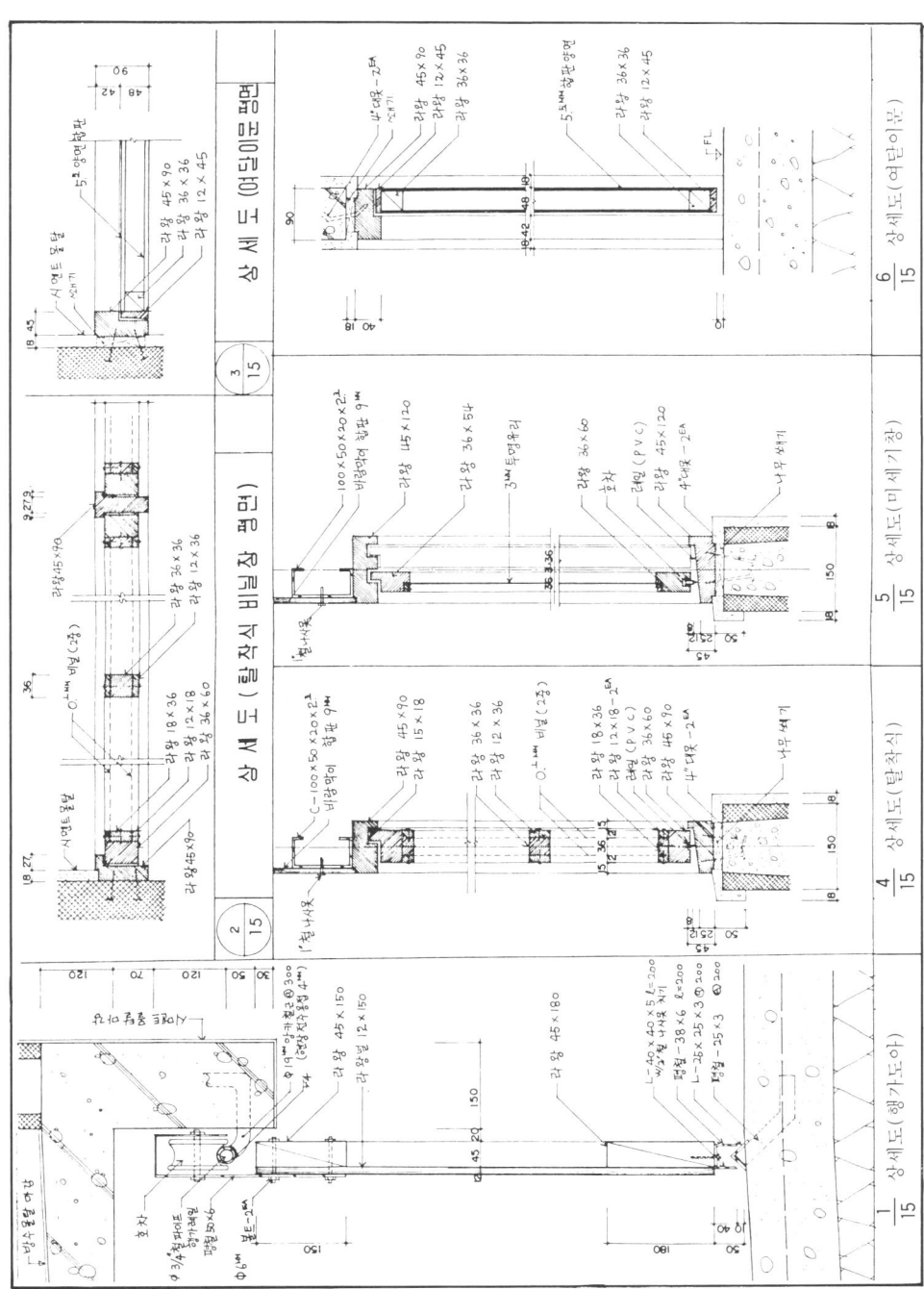

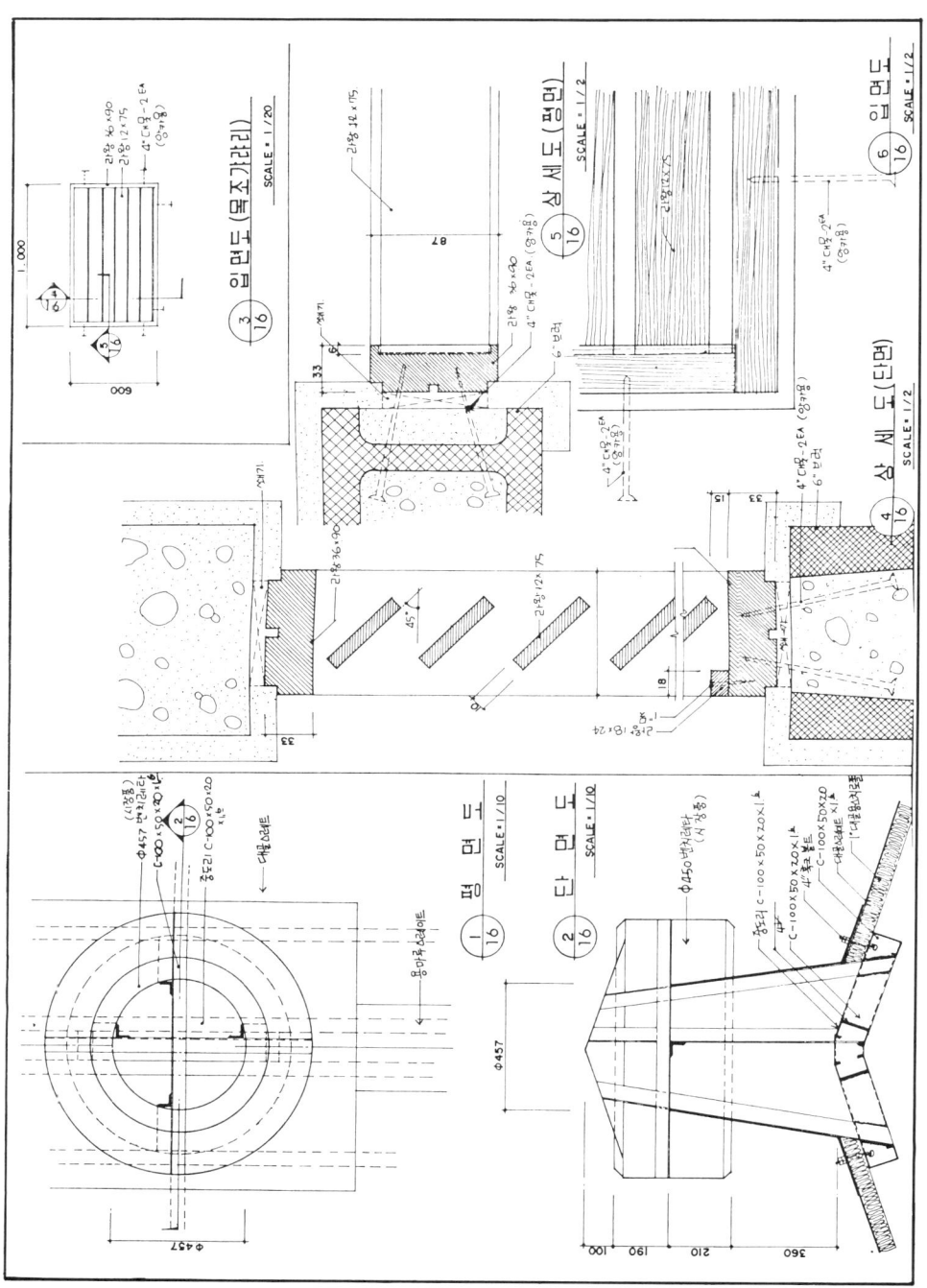

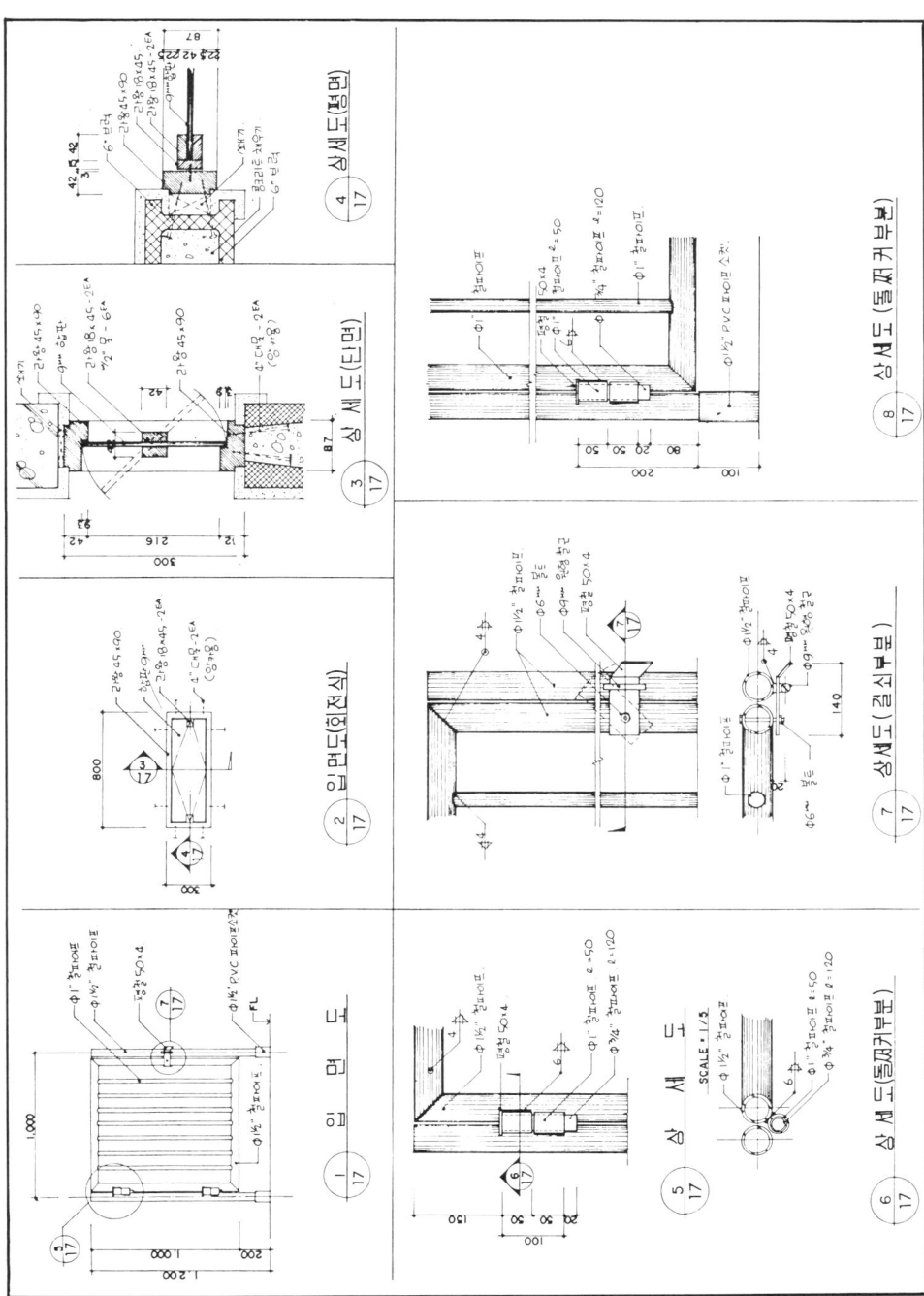

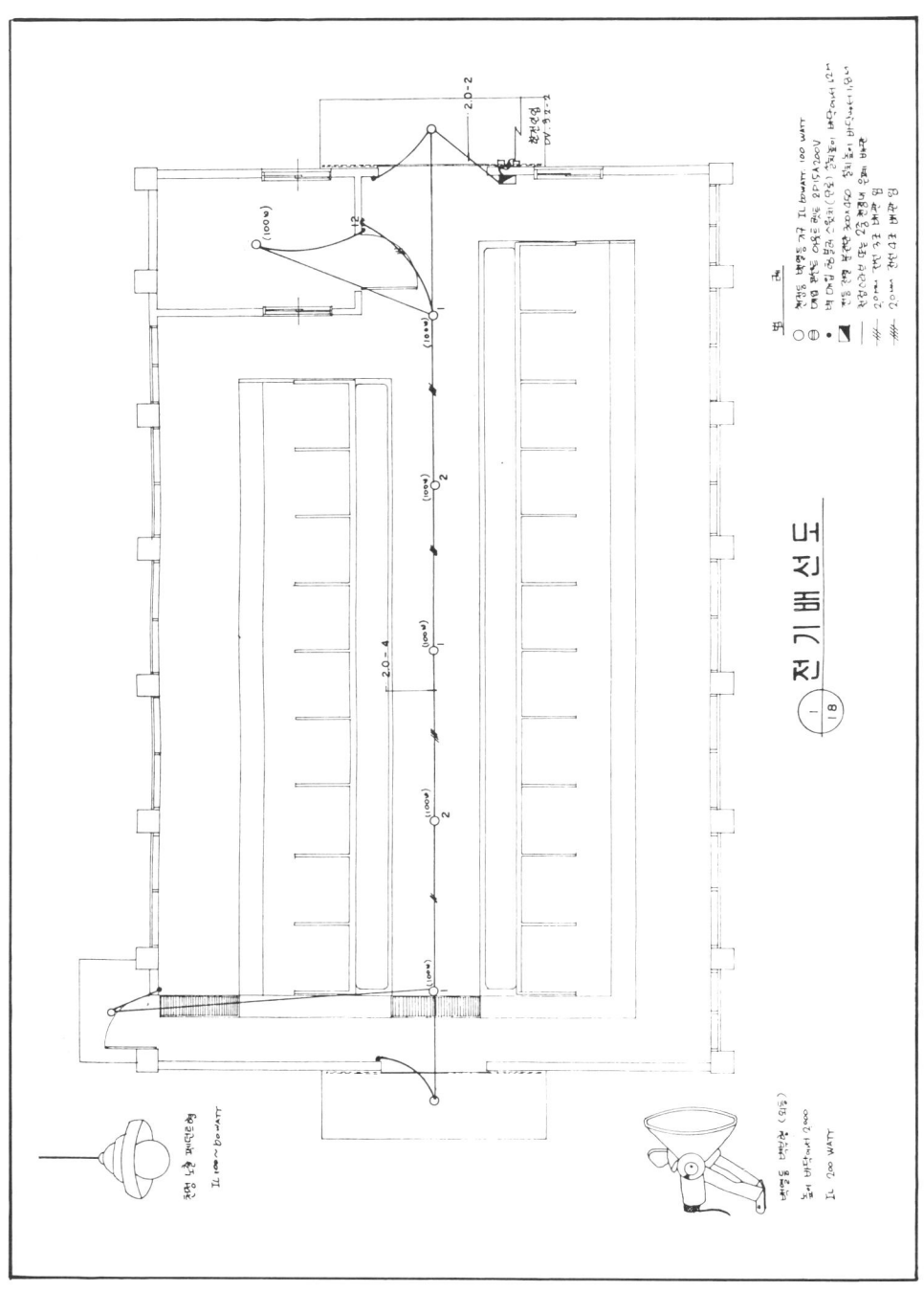

전기배선도

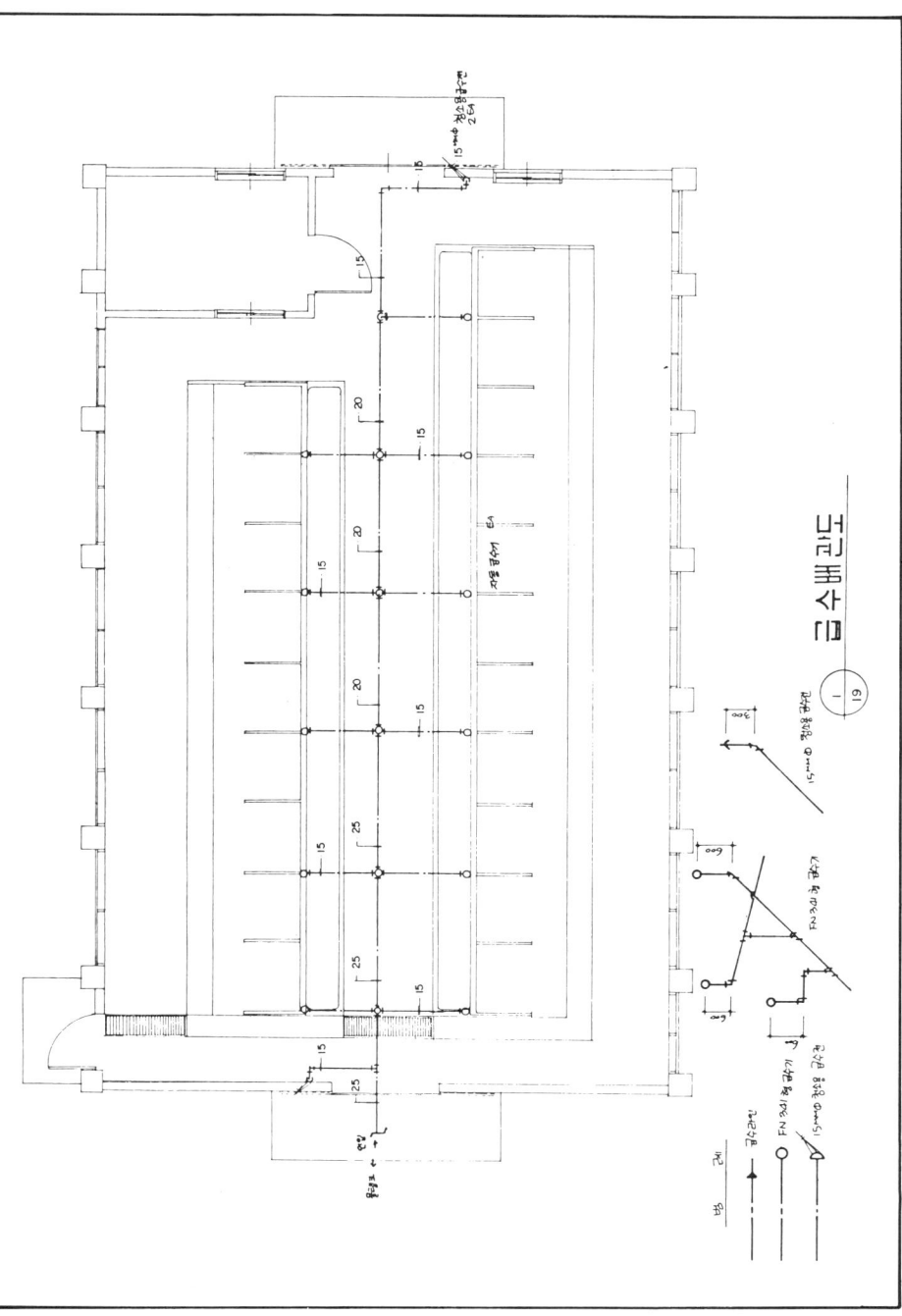

참 고 문 헌

1. 육종륭, 축산학개론(향문사)
2. 강면회 외 가축사양학(향문사)
3. 오세정외, 가축사양과 사료(선진문화사)
4. 이용빈외, 가축인공수정(향문사)
5. 육종륭외, 한우(향문사)
6. 한인규, 가축영양학(한국방송통신대학)
7. 한인규외, 사료학(한국방송통신대학)
8. 한인규외, 사양기술 핸드북
9. 정길생외, 가축번식학(향문사)
10. 김동암외, 초지학(선진문화사)
11. 정창국, 유우의 질병(향문사)
12. 이재구역, 수의 기생충학(대한교과서 주)
13. 이원석, 소의 질병(오성출판사)
14. 山內昭二외, 牛病學(近代出版)
15. 森野一高, 畜舍施設(略技學會)
16. 농림수산부, 가축통계조사보고 '88
17. 농림수산부, 축사표준설계도 '80
18. 농림수산부, 기업축산 안내서 '81
19. 농촌진흥청, 한국가축사료급여 기준 '83
20. 농촌진흥청, 한국표준사료성분표 '81
21. 농촌진흥청, 축산시험장 연구보고서 '75~'87
22. 농촌진흥청, 산지초지조성과 이용 '82
23. 농촌진흥청, 축산경영기술교본 '85~'87
24. 농촌진흥청, 축산기술지도 지침 '85~'88
25. 농촌진흥청, 표준영농교본(한우사육 '85) (가축위생과 질병 '84)
26. 축협중앙회, 축산물 생산비조사 '85
27. 축협중앙회, 축협조사 회보 '87~'88
28. 축협중앙회, 월간 축산진흥다수.

판권
본사
소유

한우 비육과 번식

2016년 12월 15일 1판 11쇄 발행

엮은이 : 편 집 부
발행인 : 김 중 영
발행처 : 오성출판사

서울시 영등포구 영등포동 6가 147-7
TEL : (02) 2635-5667~8
FAX : (02) 835-5550

출판등록 : 1973년 3월 2일 제 13-27호
www.osungbook.com

ISBN 978-89-7336-210-3